MATHEMATIQUES
&
APPLICATIONS

Directeurs de la collection:
J. M. Ghidaglia et X. Guyon

32

T0226117

Springer

Paris
Berlin
Heidelberg
New York
Barcelone
Hong Kong
Londres
Milan
Singapour
Tokyo

L'Analyse des correspondances et les techniques connexes

Approches nouvelles
pour l'analyse statistique des données

Ouvrage édité par
J. Moreau, P.-A. Doudin, P. Cazes

Springer

Jean Moreau
Centre Vaudois de Recherches Pédagogiques
ch. de Bellerive 34
1007 Lausanne, Switzerland

Pierre-André Doudin
Faculté de Psychologie et des Sciences de l'Education
Université de Genève
40 Bd. du Pont-d'Arve
1205 Genève, Switzerland

Pierre Cazes
Lise-Ceremade
Université de Paris-Dauphine
Place de Lattre de Tassigny
75775 Paris, France

Mathematics Subject Classification:

76-01,76-02,76D05,76F05,76F10,76F99,93E11,65C20,65N15,68U20

ISBN 3-540-66346-0 Springer-Verlag Berlin Heidelberg New York

© Springer-Verlag Berlin Heidelberg 2000
Imprimé en Allemagne

SPIN: 10649505   41/3142 - 5 4 3 2 1 0 - Imprimé sur papier non acide

Remerciements

Nous remercions vivement Mme Suzy Assal pour la réalisation et la mise en forme de cet ouvrage, Mme Claire-Lise Mottas pour la correction du manuscrit ainsi que les rapporteurs désignés par Springer-Verlag qui ont contribué à son amélioration.

Table des matières

Partie I. Fondements de la méthode et applications significatives

Le "dual scaling" et ses applications
S. Nishisato

L'analyse des correspondances multiples: un outil pour la classification de données de cursus
P.G.M. van der Heijden, J. Teunissen et C. van Orlé

Analyse statistique de réponses ouvertes: application à des enquêtes auprès de lycéens
M. Bécue Bertaut et L. Lebart

Partie II. Analyse des correspondances de données structurées

**Analyse des correspondances d'un tableau de contingence
dont les lignes et les colonnes sont munies d'une structure
de graphe bistochastique**
P. Cazes et J. Moreau

**Analyse de l'interaction et de la variabilité inter et intra
dans un tableau de fréquence ternaire**
L. Abdessemed et B. Escofier

L'analyse factorielle des interactions
J.-J. Denimal

Partie III. Méthodes connexes

Analyse non symétrique des correspondances pour des tables de contingences
C. Lauro et R. Siciliano

Dualité Burt-Condorcet: relation entre analyse factorielle des correspondances et analyse relationnelle
J.F. Marcotorchino

**Une nouvelle méthode d'analyse de données: la méthode
"points et flèches"**
C. Hayashi

Liste des auteurs

L. Abdessemed
Institut de Recherche
en Infomatique et
Statistiques Appliquées
Université de Rennes
Rennes, France

M. Bécue Bertaut
Faculté d'Informatique
Université de Barcelone
Barcelone, Espagne

H. Benali
Institut Gustave Roussy U66
Institut National de la Santé
et de la Recherche Médicale
Villejuif, France

P. Cazes
Centre de Recherche de
Mathématiques de la Décision
Université de Paris IX Dauphine
Paris, France

J.-J. Denimal
Laboratoire de Statistiques
et Probabilités
Université des Sciences
et Technologies
Lille, France

P.-A. Doudin
Universités de Genève
et de Lausanne
et Centre Vaudois de
Recherches Pédagogiques
Lausanne, Suisse

B. Escofier†
Institut Universitaire
de Technologie
Vannes, France

C. Hayashi
Institut de Statistiques
Mathématiques
Tokyo, Japon

C. Lauro
Département de Mathématiques
et de Statistiques
Université Federico II
Naples, Italie

L. Lebart
Ecole Nationale Supérieure
des Télécommunications
Paris, France

J. F. Marcotorchino
Centre Scientifique
IBM-France
Paris, France

J. Moreau
Centre Vaudois de
Recherches Pédagogiques
Lausanne, Suisse

S. Nishisato
Institut des Sciences de
l'Education de l'Ontario
Toronto, Canada

R. Siciliano
Département de Mathématiques
et de Statistiques
Université Federico II
Naples, Italie

J. Teunissen
Département de Méthodologie
et de Statistiques
Faculté des Sciences Sociales
Université d'Utrecht
Utrecht, Pays-Bas

P. G. M. van der Heijden
Département de Méthodologie
et de Statistiques
Faculté des Sciences Sociales
Université d'Utrecht
Utrecht, Pays-Bas

C. van Orlé
Département de Méthodologie
et de Statistiques
Faculté des Sciences Sociales
Université d'Utrecht
Utrecht, Pays-Bas

Introduction

Jean Moreau [1], Pierre-André Doudin [2] et Pierre Cazes [3]

[1] Centre Vaudois de Recherches Pédagogiques, Lausanne, Suisse
[2] Universités de Genève et de Lausanne et Centre Vaudois de Recherches Pédagogiques, Lausanne, Suisse
[3] Centre de Recherche de Mathématiques de la Décision, Université de Paris IX Dauphine, Paris, France

Ce livre poursuit trois objectifs: (1) présenter différents points de vue sur une même méthode, l'analyse des correspondances; (2) montrer comment la méthode s'est développée pour traiter des données de plus en plus variées et complexes et comment elle s'est enrichie au contact d'autres courants de pensée; (3) présenter un panorama des applications possibles.

Cet ouvrage rassemble des contributions de différents auteurs dont certains sont des représentants majeurs de ce courant méthodologique, l'un d'entre eux étant même à son origine. Ces contributions ont été choisies pour permettre un exposé à la fois progressif sur le plan didactique et suffisamment vaste pour rassembler en un seul volume des développements théoriques récents illustrés par de multiples applications.

Les applications traitées dans cet ouvrage concernent essentiellement les sciences humaines. Le caractère très général de la méthode et la variété des types de données considérées permettent à l'étudiant comme au chercheur d'intégrer cet outil statistique à son domaine d'intérêt.

Ce courant de pensée a des origines multiples (voir à ce sujet Tenenhaus & Young, 1985; Nishisato, ce volume). En effet, différentes méthodes ayant des fondements mathématiques identiques se sont pourtant développées de manière indépendante dans plusieurs pays (par exemple, au Japon, Hayashi, 1950; au Canada, Nishisato, 1972; en France, Benzécri et al., 1973; en Hollande, van Rijckevorsel & de Leeuw, 1979) et sous des dénominations différentes (méthode de quantification, analyse des correspondances, "dual scaling", homogeneity analysis, etc.). Si certains auteurs insistent sur la grande parenté de ces différentes méthodes, d'autres mettent l'accent sur l'originalité de chaque approche: par exemple, dans l'analyse des correspondances (van der Heijden, ce volume), une importance particulière est accordée à l'aspect géométrique, alors que, dans le "dual scaling" (Nishisato, ce volume) ou dans les méthodes de quantification (Hayashi, ce volume), l'accent est mis sur la quantification de variables qualitatives. Ces points de vue multiples expliquent le développement de ces méthodes dans des directions variées.

Conçue à l'origine pour traiter des tableaux de contingences, l'analyse des correspondances s'est enrichie pour être à même de traiter des données plus complexes: par exemple, ensemble de plusieurs variables qualitatives (analyse des correspondances multiples); données ordinales ("dual scaling"); tableaux partitionnés (analyse intraclasse, analyse de l'interaction); tableaux structurés par un graphe (analyse intravoisinage, analyse des différences locales). Certains auteurs (Benzécri, 1973; Pontier, Dufour & Normand, 1990) ont montré que l'analyse des correspondances est un cas particulier de l'analyse canonique. Dès lors, certaines généralisations de l'analyse canonique ont pu être appliquées à l'analyse des correspondances, notamment le traitement conjoint de variables qualitatives et quantitatives (Pontier & Normand, 1992). Elle a également bénéficié de l'apport d'autres courants de pensée, comme l'approche inférentielle classique et peut être alors considérée comme un modèle probabiliste (Lauro & Siciliano, ce volume; Caussinus, 1986; Droesbeke, Fichet & Tassi, 1992). Certains auteurs (Marcotorchino, ce volume; Hayashi, ce volume) ont montré l'intérêt d'utiliser cette approche avec d'autres méthodes (analyse relationnelle, méthode "points et flèches").

La présentation progressive de la méthode et de ses différents développements donne lieu dans cet ouvrage, et dans le cadre des sciences humaines, à l'exposition d'un large éventail de domaines d'application (enquêtes, données textuelles, données longitudinales, données géographiques, etc.) et de types de données (données à choix multiples, données de tri, données ordinales, données de comparaison par paires, tableaux asymétriques, tableaux partitionnés, etc.).

Cet ouvrage comporte trois parties. Dans une première partie, les auteurs rappellent les fondements théoriques de la méthode en distinguant le "dual scaling" et l'analyse des correspondances. Pour le "dual scaling", il s'agit en premier lieu de quantifier de façon optimale des données catégorielles, alors que l'analyse des correspondances est présentée comme un outil permettant d'obtenir des représentations graphiques de tables de contingence. Les différentes contributions proposent un large éventail d'applications, des applications traditionnelles aux applications plus originales, comme les données de cursus et les données textuelles.

Dans une deuxième partie, l'analyse des correspondances est généralisée à l'étude de tableaux structurés. En effet, les données recueillies par les chercheurs ne sont pas toujours homogènes, mais peuvent apparaître comme morcelées. C'est, par exemple, le cas lorsque le recueil des données s'effectue à différents moments ou lorsque les données sont recueillies dans différentes sous-populations définies par des variables signalétiques. On est alors appelé à distinguer dans les données les variables dites de structure, qui jouent un rôle d'organisation des données, et les variables contextuelles: par exemple, dans le cadre d'un questionnaire, on distinguera des questions qui définissent la population (sexe, âge, origine sociale, etc.) et des questions relatives au domaine même de la recherche (variables d'opinion, etc.). Le chercheur est appelé à s'intéresser aux relations entre les variables de structure et les variables contextuelles. Pour ce faire, il est nécessaire de définir d'autres analyses permettant d'explorer ces relations (analyses inter- et intraclasse, analyse de l'interaction, etc.). Dans d'autres situations, les données sont organisées par une structure de proximité géographique, temporelle ou autre. C'est, par exemple, le cas dans les situations où les données sont récoltées dans des lieux géographiques différents ou à des moments différents. Les analyses usuelles ne faisant que peu apparaître la structure des phénomènes locaux, il a semblé nécessaire de considérer d'autres analyses plus adaptées à ce type de données (analyse des différences locales, analyse intravoisinage, etc.).

Dans une troisième partie, les auteurs présentent d'autres méthodes (analyse non symétrique des correspondances, analyse relationnelle, méthode "points et flèches") qui peuvent être des alternatives à l'analyse des correspondances ou utilisées conjointement avec celle-ci. L'analyse des correspondances peut être présentée comme un modèle statistique et on donnera des alternatives à ce modèle (analyse non symétrique des correspondances). Par ailleurs, il est parfois préférable de ne pas utiliser l'analyse des correspondances de façon isolée mais conjointement avec d'autres méthodes. Les résultats de l'analyse des correspondances sont alors éclairés par les résultats d'une autre analyse (par exemple, l'analyse relationnelle), ou alors l'analyse des correspondances n'est qu'une étape dans une stratégie méthodologique, les résultats de l'analyse des correspondances étant alors le point de départ d'une analyse ultérieure (par exemple, la méthode "points et flèches").

Cet ouvrage est organisé selon une succession de chapitres que nous décrivons brièvement.

Après un bref rappel historique du développement de ces méthodes, Nishisato rappelle tout d'abord les fondements théoriques du "dual scaling" à partir d'exemples numériques. Il donne ensuite un panorama des différents types de données (données d'incidence, données à choix multiples, données de tri, données ordinales, comparaison par paires, données avec catégories successives) auxquelles s'appliquent cette méthode. Enfin, il introduit la méthode de classification forcée qui peut être utilisée pour réduire les dimensions dans l'analyse des données.

Après avoir rappelé les fondements de l'analyse des correspondances simples, van der Heijden, Teunissen et van Orlé montrent l'efficacité de cette méthode pour l'analyse des données de cursus. En effet, dans de nombreuses situations, le chercheur est amené à recenser pour des individus les états de leur parcours individuel (toute succession d'états comme, par exemple, un cursus scolaire); il est alors en présence d'un ensemble de cursus qu'il convient de décrire. Les auteurs montrent comment les analyses des correspondances simples et multiples permettent de déterminer des quantifications ou classifications des cursus. Ils traitent également du problème des données manquantes et appuient leurs démonstrations sur l'étude du cursus scolaire et professionnel d'une cohorte d'élèves.

Dans d'autres situations, on peut être amené à envisager l'analyse de données textuelles, comme par exemple une question ouverte dans un questionnaire. Bécue Bertaut et Lebart fournissent un guide méthodologique du traitement statistique des données textuelles. L'analyse des correspondances apparaît comme un outil extrêmement puissant pour décrire une structure lexicale et explorer ces liaisons avec tout autre type de variables. La démonstration s'appuie sur l'analyse d'une question ouverte (pourquoi?) suivant une question fermée et sur un test d'identité (qui suis-je?). Les auteurs montrent comment intégrer dans l'analyse la question ouverte et les questions fermées.

Cazes et Moreau montrent comment l'analyse des correspondances peut se généraliser à des tableaux structurés. Ils examinent le cas d'un tableau simple ou multiple partitionné sur chacune de ses dimensions et considèrent également le cas d'une structure plus générale, la structure de graphe. Ce type de structure permet en particulier de prendre en compte une évolution temporelle ou géographique dans les données. Ils définissent différentes analyses (analyse interclasses, intraclasse, intraclasse multiple, intravoisinage, locale) adaptées à ce type de données. Les applications portent sur la construction d'un test de connaissances et la comparaison d'indicateurs scolaires.

Moreau, Doudin et Cazes développent une approche permettant d'appréhender l'analyse de la variabilité intra-individuelle. Cette méthode a des applications très générales, par exemple les questionnaires où toutes les questions ont le même ensemble de modalités, ou encore des tests où chaque item a le même ensemble de réponses. Cette approche est illustrée par l'analyse des dysharmonies cognitives dans le développement intellectuel d'enfants avec et sans difficultés scolaires.

Benali introduit les notions d'analyse des différences locales et d'analyses lissées dans le cas d'un tableau disjonctif complet structuré par un graphe. Cette approche permet soit d'explorer la variabilité locale, soit d'en réduire l'influence dans l'analyse. Il applique cette approche à la comparaison régionale de la mortalité par cancer.

Abdessemed et Escofier s'intéressent à la relation impliquant trois variables de façon simultanée. Elles montrent comment analyser le tableau ternaire associé, d'une part en le décomposant en différents tableaux binaires, et d'autre part en donnant un modèle pour le calcul de l'interaction dans un tableau ternaire. Elles appliquent cette approche à des données concernant la répartition des emplois.

Denimal définit l'interaction de plusieurs partitions d'un même ensemble et montre à partir d'un exemple comment on peut analyser cette interaction. Une telle analyse peut être considérée encore comme une généralisation de l'analyse des correspondances. L'exemple concerne la comparaison de taux de scolarisation.

Lauro et Siciliano définissent une autre méthode d'analyse factorielle: l'analyse non symétrique des correspondances. Celle-ci peut être considérée comme une alternative à l'analyse des correspondances quand les variables ne jouent pas un rôle symétrique. Ils étudient le cas d'une table binaire, précisent les aspects géométriques de cette approche et montrent comment on peut concevoir cette approche comme un modèle statistique. Ils en précisent les modes d'interprétation, la généralisent au cas d'une table ternaire et définissent l'analyse non symétrique des correspondances multiples et partielles. Ils appliquent cette approche à différents exemples concernant l'orientation scolaire, la structure des revenus et l'analyse longitudinale du marché du travail.

Marcotorchino examine les liens entre l'analyse relationnelle des données et l'analyse des correspondances multiples. Il montre comment utiliser conjointement ces deux analyses. Les résultats de l'analyse relationnelle apparaissent comme une aide à l'interprétation des plans factoriels issus de l'analyse des correspondances multiples. Il applique cette stratégie à la comparaison de différents systèmes scolaires.

Hayashi présente une nouvelle méthode d'analyse des données ordinales qui permet leur représentation graphique. A partir d'un exemple, il montre comment cette méthode peut s'employer conjointement à l'analyse des correspondances, cette dernière fournissant une quantification des données. La méthode "points et flèches" permet alors d'en obtenir un résumé graphique. Il montre également comment appliquer cette approche dans le cas de questionnaires.

Si ces diverses contributions permettent d'accéder aux fondements de la méthode et aux développements théoriques récents, elles confrontent également le lecteur à la pratique de l'analyse des données. Les auteurs démontrent la puissance de cet instrument statistique. Il convient de relever, au vu du foisonnement actuel des recherches dans de nombreux pays, qu'il est impossible de donner, dans le cadre de cet ouvrage, une vision exhaustive de tous les développements méthodologiques et de leurs applications. Cependant, cet ouvrage propose une synthèse originale qui devrait permettre au lecteur la maîtrise des idées fondamentales, de leurs généralisations à des situations complexes et de leurs applications dans la pratique.

Partie I

Fondements de la méthode et applications significatives

Le "dual scaling" et ses applications

Shizuhiko Nishisato [1]

[1] Institut des Sciences de l'Education de l'Ontario, Toronto, Canada

1. Définition du "dual scaling"

La quantification de données catégorielles apparaît sous de nombreuses dénominations. Citons par exemple: analyse des correspondances; théorie de la quantification d'Hayashi; "homogeneity analysis"; "optimal scaling" et "dual scaling". Ces méthodes qui sont fondées sur la décomposition en valeurs singulières sont donc soit identiques, soit apparentées. En dehors de ses fondements mathématiques, la première exposition de l'idée fondamentale peut être trouvée chez Richardson & Kuder (1933) pour les données à choix multiples et chez Hirschfeld (1935) pour les tables de contingence. Dans le cas des données à choix multiples, Guttman (1941) en donne d'autres formulations mathématiques, de même que Maung (1941) pour les tables de contingences. Des développements ont été proposés sous différentes dénominations, par plusieurs écoles: dans les années 50, au Japon, la théorie des quantifications de l'école de Hayashi; dans les années 60 en France, l'analyse des correspondances de l'école de Benzécri; à la fin des années 60 aux Pays-Bas, l' "homogeneity analysis" par le groupe de Leiden et, au Canada, le "dual scaling" par le groupe de Toronto.

Bien que leurs points de départ aient été plus ou moins les mêmes, ces quatre courants ont suivi des directions quelque peu différentes. Le "dual scaling" se distingue des autres courants par la variété des données catégorielles auxquelles il s'applique. Non seulement il traite les tables de contingences et les données à choix multiples (fondements communs aux quatre courants), mais aussi les données de classement, les données de comparaison par paire, les données ordinales, les données de rang, les données de catégories successives et les données multiples. Dans chacun des cas, on utilise le même principe de dualité, c'est-à-dire la complète symétrie entre la quantification des lignes et des colonnes d'un tableau à deux dimensions.

Il existe de nombreuses formulations de cette méthode de quantification correspondant à la variété des dénominations (voir Guttman, 1941; Maung, 1941; Benzécri et al., 1973; de Leeuw, 1973; Nishisato, 1975, 1980a, 1982,

1994; Cailliez & Pagès, 1976; Lebart, Morineau & Tabard, 1977; Komazawa, 1978, 1982; Saporta, 1979; Greenacre, 1984; 1993; Tenenhaus & Young, 1985; Iwatsubo, 1987; Gifi, 1990; Rouanet & Le Roux, 1993; Tenenhaus, 1994). Plutôt que de les examiner toutes, nous préférons illustrer leurs principes de façon intuitive.

Considérons les 3 questions à choix multiples et les réponses de 7 sujets. La matrice des profils de réponses est présentée au tableau 1.1.

Tableau 1.1. Items à choix multiples et matrice des profils de réponses

Item 1: "Quand préférez-vous travailler?"
    (1) le matin, (2) l'après-midi, (3) le soir
Item 2: "Que préférez-vous?"
    (4) le thé, (5) le café, (6) le chocolat chaud
Item 3: "Comment vous-décrivez-vous?"
    (7) extraverti, (8) introverti, (9) ni l'un ni l'autre

S_s	Item 1 x_1	x_2	x_3	Item 2 x_4	x_5	x_6	Item 3 x_7	x_8	x_9
y_1	1	0	0	1	0	0	0	0	1
y_2	0	1	0	0	1	0	0	0	1
y_3	0	0	1	0	1	0	1	0	0
y_4	1	0	0	0	0	1	0	0	1
y_5	1	0	0	1	0	0	0	1	0
y_6	0	0	1	0	1	0	0	0	1
y_7	0	1	0	0	0	1	0	0	1

y_i= score pour le sujet i; x_j= poids pour la modalité j

La méthode de quantification doit déterminer respectivement des scores inconnus pour les sujets (7 nombres y_i) et des poids inconnus pour les catégories de réponses (9 nombres x_j).

Le tableau 1.2 montre le scalogramme de Guttman (Guttman, 1950) obtenu par réaménagement des mêmes données où l'on peut voir claire-ment une relation linéaire entre y_i et x_j. Ce réaménagement, obtenu par permutation des lignes et des colonnes, produit une mesure ordinale (i.e. $x_8 < x_4 < x_1 < \ldots < x_7$ et $y_5 < y_1 < y_4 < \ldots < y_3$). Le "dual scaling" va un pas plus loin et détermine l'intervalle exact entre les y_i d'une part et entre les x_j d'autre part, de telle façon que la corrélation entre les réponses pondérées par les y_i et celles pondérées par les x_j soit maximale. L'avantage principal du "dual scaling" sur l'analyse du scalogramme de Guttman est de fournir une mesure métrique (et non une mesure ordinale) qui facilite l'utilisation des analyses multidimensionnelles. Les y_i et les x_j ainsi déterminés maximisent la somme des carrés interlignes et intercolonnes relativement à la somme totale des carrés; ils fournissent des régressions linéaires simultanées entre les lignes et les colonnes (Hirschfeld, 1935) et maximisent le coefficient de consistance interne de Cronbach (Lord, 1958) qui joue un rôle important dans la quantification en sciences sociales. Ce sont les raisons pour lesquelles on appelle cette méthode "optimal scaling" (Bock, 1960).

Tableau 1.2. Scalogramme de Guttman (les 0 sont omis)

	x_8	x_4	x_1	x_6	x_9	x_2	x_5	x_3	x_7
y_3							1	1	1
y_6					1		1	1	
y_2					1	1	1		
y_7				1	1	1			
y_4			1	1	1				
y_1		1	1		1				
y_5	1	1	1						

Sans entrer dans les fondements mathématiques, nous examinons maintenant des applications du "dual scaling" à de petits exemples numériques pour en découvrir ses caractéristiques les plus intéressantes.

2. Analyse des données d'incidence

Les données catégorielles sont classées en deux types: les données d'incidence et les données ordinales (Nishisato, 1993). Les données d'incidence sont caractérisées par la présence ou l'absence de réponses ou de fréquences tels les tableaux de contingence, les données à choix multiples et les données de classement. Bien que l'analyse des données d'incidence ait été largement discutée dans la littérature sur l'analyse des correspondances, nous l'évoquerons brièvement ci-dessous.

2.1 Tableau de contingence

2.1.1 Aspects théoriques

Considérons un tableau de fréquences $m \times n$ $F = (f_{ij})$ dans lequel l'élément f_{ij} représente le nombre de réponses correspondant à la ligne i et à la colonne j. La fréquence attendue, quand les lignes et les colonnes sont statistiquement indépendantes, est donnée par $F_0 = (f_i. f_{.j}/f..)$, où $f_i.$ et $f_{.j}$ sont les marges (sommes) respectivement de la ligne i et de la colonne j et $f..$ est le nombre total de réponses dans le tableau. Le cas de l'indépendance statistique est appelé solution triviale (Guttman, 1941). Le "dual scaling" décompose les fréquences dues à une association ligne-colonne. La différence à une association ligne-colonne $F - F_0$ s'exprime sous la forme bilinéaire suivante obtenue par décomposition singulière (Eckart & Young, 1936; 1939):

$$f_{ij} - \left(\frac{f_{i.}f_{.j}}{f_{..}}\right) = \left(\frac{f_{i.}f_{.j}}{f_{..}}\right)\left[\rho_1 y_{i1}x_{j1} + \rho_2 y_{i2}x_{j2} + \ldots + \rho_k y_{ik}x_{jK}\right],$$

où ρ_k est la *k*ième corrélation maximale, son carré ρ_k^2 est égal à η_k^2 (rapport de corrélation; cette égalité est due à la dualité de cette quantification), $\sum f_{i.}y_{ir}y_{is} = 0$ et $\sum f_{.j}x_{jr}x_{js} = 0$ ($r \neq s$; les poids des différentes solutions sont orthogonaux dans la métrique des f_{ij}). L'information totale est définie par la somme des carrés de tous les ρ_k (soit $\sum \rho_k^2$). Elle est désignée par I_K. K est le nombre maximal de solutions (dimensions, composantes). Les y_i et les x_j vérifient les relations suivantes:

$$\sum f_{i.}y_i = \sum f_{.j}x_j = 0, \quad \sum f_{i.}y_i^2 = \sum f_{.j}x_j^2 = f_{..}.$$

Des statistiques intéressantes associées à cette décomposition sont résumées dans le tableau 1.3.

Tableau 1.3. Analyse du tableau de contingence $m \times n$

K (Nb de solutions) $= \min(m, n) - 1$

i.e.   si $F = 5 \times 7, K = 5 - 1 = 4$

I_K (information totale) $= \displaystyle\sum_{k=1}^{K} \rho_k^2 = \sum_{i=j}^{m}\sum_{j=1}^{n} \left(\frac{f_{ij}^2}{f_{i.}f_{.j}}\right) - 1 = \frac{\chi^2}{f_{..}}$

(χ^2 désigne le coefficient de Pearson usuel)

δ_k (% information expliquée par la solution k) $= \dfrac{100 f_{..}\rho_k^2}{\chi^2}$

($k = 1, 2, 3, \ldots, K$)

2.1.2 Exemple I: théorie de la constitution de Kretschmer

Dans cet exemple, Kretschmer (1955) explore la relation entre la morphologie corporelle et la maladie mentale; les données et les statistiques fondamentales sont présentées dans le tableau 1.4. Si nous superposons la représentation plane des types morphologiques (figure 1.1) et des groupes de patients (figure 1.2), nous voyons clairement la relation existant entre "pycnique" et "maniaco-dépressif" , entre "dysplasique" et "épileptique" et entre "leptosome" et "schizophrène". "Athlétique" est relativement proche d'"épileptique". Nous obtenons ainsi des résultats beaucoup plus clairs que la simple lecture des données originales. De plus, les solutions obtenues par "dual scaling" permettent de clarifier ces relations; celles-ci vont dans le sens de la théorie de la constitution de Kretschmer.

Tableau 1.4. Typologie de Kretschmer

	Pycnique	Leptosome	Athlétique	Dysplasique	Autres
M	879	261	91	15	114
S	717	2632	884	549	450
E	83	378	435	444	166

Note: M = maniaco-dépressif; S = schizophrène; E = épileptique

$K = 2$; $I_K = 0.3264$; $\rho_1^2 = 0.2582(79.11\%)$); $\rho_2^2 = 0.0612(20.89\%)$

	Sol. 1	Sol. 2		Sol. 1	Sol. 2
M	1.0890	0.1571	Pycnique	0.9564	0.1126
S	-0.1390	-0.1796	Leptosome	-0.1629	-0.2921
E	-0.5005	0.4820	Athlétique	-0.3371	0.1771
			Dysplasique	-0.5509	0.4474
			Autres	-0.0579	0.0989

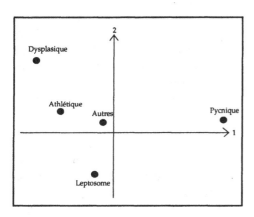

Fig. 1.1. Type de morphologie

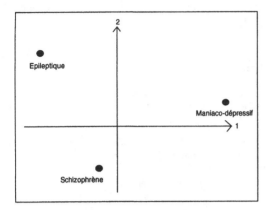

Fig. 1.2. Groupes de patients

2.2 Données à choix multiples

2.2.1 Aspects théoriques

Nous considérons les réponses de N sujets (ou répondants) à n items à choix multiples (ou questions), chaque item j ayant m_j catégories de réponse, m étant le nombre total de catégories de réponse pour les n items. On code 1 ou 0 suivant qu'une catégorie de réponse est choisie ou non. On suppose que chaque sujet choisit une seule catégorie par item et on obtient alors la matrice $N \times m$ des profils de réponse de (1; 0) (voir tableau 1.1). Comme dans le cas du tableau de contingence, on élimine d'abord les effets des marges (solution triviale) et on décompose les données en fonction des associations ligne-colonne pour obtenir les solutions par décomposition en valeurs singulières. La première solution maximise tant le coefficient de consistance interne - c'est-à-dire le coefficient α de Cronbach (Cronbach, 1951) - que l'homogénéité exprimée par la moyenne des carrés des corrélations item-total. La seconde solution maximise les mêmes statistiques sur les données après avoir éliminé la contribution de la première solution. La troisième solution maximise les mêmes statistiques étant donné les deux premières solutions, etc. Le tableau 1.5 montre certaines statistiques intéressantes associées à cette décomposition.

Tableau 1.5. Analyse du tableau $N \times m$ des données à choix multiple
(N sujets; m_j modalités pour l'item j, $j = 1, 2, \ldots, n$; $m = \sum m_j$)

Une solution triviale ($\rho_0^2 = 1, y_i = x_j = 1$)

$K = m - n$, avec $N > m$

i.e. pour 10 items avec 3 modalités chacun, $K = 30 - 10 = 20$

$I_K = \sum \rho_k^2 = \frac{m}{n} - 1 = \bar{m} - 1$

$\delta_k = \frac{100\rho_k^2}{\bar{m}-1} \quad (k = 1, 2, 3, \ldots, K)$

$\rho_k^2 = \frac{\sum_{j=1}^n r_{jk}^2}{n} \quad (k = 1, 2, 3, \ldots, K)$

$r_{jk}^2 \simeq \sum_{p=1}^{m_i} f_{.jp} x_{jpk}^2 \quad (j = 1, 2, 3, \ldots, K)$

$j_p : p^{\text{ième}}$ modalité de l'item j

$\alpha_k = 1 - \left(\frac{1}{n-1}\right)\left(\frac{1-\rho_k^2}{\rho_k^2}\right) \quad (k = 1, 2, 3, \ldots, K)$

$\bar{\rho}^2 = \frac{\sum \rho_k^2}{m-n} = \frac{1}{n}$ et $\alpha = 0$ si $\rho_k^2 = \frac{1}{n}$

2.2.2 Exemple II: point de vue des adultes sur les enfants

23 participants à un séminaire ont répondu à 4 questions à choix multiple (tableau 1.6, d'après Nishisato & Nishisato, 1994). On constate que 3 des 8 solutions possibles donnent un coefficient (α) non négatif. Comme on peut le voir (tableau 1.5), le coefficient α devient négatif quand le rapport de corrélation devient plus petit que $1/n$. Cette valeur de $1/n$ est la moyenne de tous les rapports de corrélation ($\eta_K^2 = \rho_K^2$ dans le "dual scaling") que l'on peut extraire de données à choix multiple (tableau 1.7). La solution 3 donnant une valeur faible pour alpha, nous n'examinons que les deux premières solutions. Les scores pour les deux solutions fournissent les coordonnées des 23 sujets (figure 1.3). Comme on le voit d'après le carré des corrélations item-total (tableau 1.7), les items 1, 2 et 4 jouent un rôle capital dans le graphique (figure 1.3). On remarque certains groupes intéressants; par exemple, on voit que les individus de "40 ans et plus" considèrent que les enfants d'aujourd'hui ne sont pas disciplinés et que la religion devrait être enseignée à l'école. Les individus de "30-39 ans" s'accordent avec les "40 ans et plus" à propos du manque de discipline, mais sont en désaccord avec eux en ce qui concerne l'enseignement de la religion à l'école; les individus de "20-29 ans" ne se prononcent pas sur le manque de discipline et sont plutôt indifférents à propos de l'enseignement de la religion à l'école.

Tableau 1.6. Point de vue des adultes sur les enfants

Questionnaire	Data				
		Item			
	Sujet	1	2	3	4
Item 1:					
Quel âge avez-vous?					
(1) 20-29	1	3	1	2	1
(2) 30-39	2	2	1	3	2
(3) 40 ou plus	3	2	1	2	2
Item 2:	4	1	2	2	3
Aujourd'hui, les enfants ne	5	3	1	2	2
sont plus aussi disciplinés	6	1	3	1	2
que lorsque j'étais enfant	7	2	1	2	2
(1) D'accord	8	2	1	2	2
(2) Pas d'accord	9	1	2	3	1
(3) Sans opinion	10	3	1	2	1
Item 3:	11	1	2	2	3
Aujourd'hui, les enfants	12	2	1	1	1
ont moins de chance que	13	2	1	3	3
lorsque j'étais enfant	14	3	1	2	1
(1) D'accord	15	1	1	2	3
(2) Pas d'accord	16	3	1	2	1
(3) Sans opinion	17	3	1	1	1
Item 4:	18	2	3	2	2
On devrait enseigner	19	3	1	2	1
les religions à l'école	20	2	1	2	2
(1) D'accord	21	1	3	3	3
(2) Pas d'accord	22	2	1	2	2
(3) Sans opinion	23	1	3	3	3

Tableau 1.7. Décomposition de l'information totale

Solution	η^2	δ_1	$\sum \delta_1$	α
1	0.6479	32.40%	32.40%	0.8189
2	0.4478	22.39%	54.78%	0.5889
3	0.2886	14.43%	69.21%	0.1782
4	0.2203	11.02%	80.23%	-0.1796
5	0.1938	9.69%	89.92%	-0.3869
6	0.1173	5.87%	95.78%	-1.5081
7	0.0553	2.77%	98.55%	-4.6939
8	0.0290	1.45%	100.00%	-10.1561

Statistique pour les trois solutions

Item	Solution 1 r_{jt}^2	Solution 1 r_{jt}	Solution 2 r_{jt}^2	Solution 2 r_{jt}	Solution 3 r_{jt}^2	Solution 3 r_{jt}
1	0.86	0.93	0.71	0.85	0.07	0.27
2	0.70	0.84	0.25	0.50	0.30	0.54
3	0.36	0.60	0.09	0.30	0.65	0.80
4	0.67	0.82	0.74	0.86	0.14	0.37

Scores projetés pour les trois solutions

Sujet	Sol. 1	Sol. 2	Sol. 3	Sujet	Sol. 1	Sol. 2	Sol. 3
1	-0.74	0.80	0.06	13	0.50	-0.37	0.18
2	-0.03	-0.84	-0.19	14	-0.74	0.80	0.06
3	-0.48	-0.67	-0.59	15	0.58	0.28	-0.36
4	1.19	0.69	-0.72	16	-0.74	0.80	0.06
5	-0.65	0.07	-0,30	17	-0.78	0.53	1.06
6	0.54	-0.74	1.16	18	0.05	-0.95	-0.06
7	-0.48	-0.67	-0.59	19	-0.74	0.80	0.06
8	-0.52	-0.95	0.41	20	-0.48	-0.67	-0.59
9	1.02	0.79	0.04	21	1.56	-0.16	0.57
10	-0.74	0.80	0.06	22	-0.48	-0.67	-0.59
11	1.19	0.69	-0.72	23	1.56	-0.16	0.57
12	-0.61	-0.21	0.77				

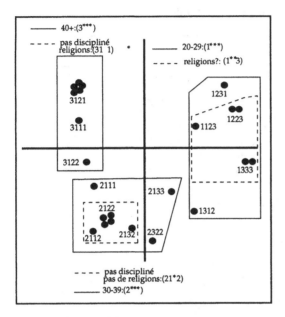

Fig. 1.3. 23 sujets et certains profils de réponse

Le "dual scaling" fournit des scores pour les sujets de telle façon que la consistance interne soit maximale; les chercheurs devraient donc être intéressés par cette méthode dans le cadre de données pour lesquelles une procédure usuelle n'a pas été développée. La quantification définissant des poids optimaux pour les choix de réponse, on peut introduire des catégories de réponses nominales (i.e. déprimé, hyperactif, beau). La méthode détermine leur poids de telle façon que, si les choix de réponse pour une variable importante dans une solution donnée ont une grande variance, chaque choix aura une influence significative sur le résultat; un item sans importance a tous les poids de ces catégories proches de 0, ce qui veut dire que, quelle que soit la catégorie choisie, cela n'aura que peu d'influence sur le résultat.

2.3 Données de classement

2.3.1 Aspects théoriques

On demande à chaque répondant de trier un ensemble d'objets en formant un nombre quelconque de piles. Les répondants créent des nombres différents de piles, de différentes tailles. Takane (1980) remarque que le "dual scaling" peut être utilisé pour analyser ce type de données. Pour ce faire, les sujets et les items de données à choix multiple deviennent respectivement des objets (à classer) et des sujets (pour classer). A cause de cette relation simple entre ces deux types de données, on peut inférer les caractéristiques de la quantification de données de classement.

2.3.2 Exemple III: classification de pays

5 sujets ordonnent 19 pays. Les données et les scores des pays pour les deux premières solutions sont présentés dans le tableau 1.8. A l'opposé des données à choix multiple, les données de classement tendent à produire beaucoup plus de solutions. Cela est probablement dû au fait que les sujets peuvent utiliser des critères quelconques, un nombre quelconque de piles de taille quelconque. Ces données fournissent 8 solutions avec ρ_K^2 plus grand que la moyenne de 0.2 ($= 1/5$), c'est-à-dire $\alpha > 0$. Nous examinons seulement la représentation des pays correspondant aux deux premières solutions (tableau 1.8, figure 1.4). Les sujets ne différencient pas clairement la Suisse, la Finlande, la Norvège et le Danemark. L'Allemagne et la l'Angleterre sont proches de ce groupe. A l'extrême opposé, le Nigéria et l'Ethiopie forment un groupe. L'Espagne et l'Italie occupent une position intermédiaire entre ce groupe et les pays européens mentionnés ci-dessus. Dans le premier et le deuxième quadrant, on trouve les pays du Pacifique. La proximité géographique semble avoir joué un rôle prépondérant dans l'appréciation des similarités. Il peut être intéressant de recueillir des données de classement avant et après une série de cours de géographie ou d'économie politique et d'apprécier comment la perception des similarités des pays peut changer lorsque l'on approfondit leurs connaissances.

Tableau 1.8. Données de classement

Pays			Sujet			$\rho_1 y_{1i}$	$\rho_2 y_{2i}$
Angleterre	1	1	1	1	1	-0.50	-0.69
Canada	5	2	2	2	1	1.06	-0.81
Chine	2	3	3	3	2	1.53	0.52
Danemark	1	1	1	1	3	-0.73	-0.71
Ethiopie	3	5	5	4	4	-1.00	2.15
Finlande	1	4	1	1	3	-0.81	-0.71
France	1	1	1	1	5	-0.73	-0.71
Allemagne	1	4	1	5	8	-0.50	-0.60
Inde	4	3	4	3	6	1.02	0.81
Italie	1	4	5	5	7	-0.93	-0.17
Japon	2	3	6	2	8	1.21	-0.01
Nouvelle-Zélande	4	1	6	1	1	0.24	-0.31
Nigéria	3	5	4	4	4	-0.76	2.34
Norvège	1	4	1	1	3	-0.81	-0.71
Singapour	4	3	6	3	8	1.12	0.24
Espagne	1	5	5	1	7	-0.92	0.34
Suisse	1	4	1	5	5	-0.85	-0.71
Thaïlande	4	3	6	3	6	1.20	0.46
USA	5	2	2	2	8	1.17	-0.73

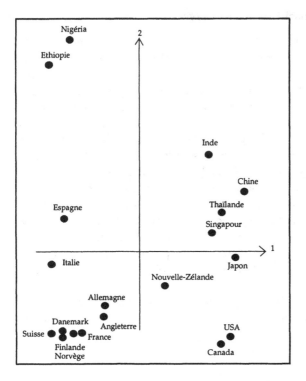

Fig. 1.4. Similarité des pays

3. Analyse des données ordinales

Les données ordinales sont définies par des relations d'inégalité plutôt que par la présence-absence d'un phénomène (i.e. données d'incidence). Les données ordinales ne sont en général pas prises en compte par l'analyse des correspondances; par contre elles appartiennent au domaine principal du "dual scaling". Le but de l'analyse est de déterminer un petit ensemble de variables (solutions) à partir desquelles on peut reconstruire les relations d'inégalité entre les variables initiales. Les comparaisons par paire, les données de classement et les données de catégories successives sont des exemples typiques de données ordinales. Toutes ces données sont transformées en nombre d'ordre. Celui-ci est défini par la différence de deux fréquences: le nombre de fois où l'objet est préféré et celui où il ne l'est pas. En d'autres mots, l'entrée pour le "dual scaling" est la matrice des relations d'ordre (répondants × objets). Pour plus de détails sur les développements de ces méthodes, on peut se référer à Guttman (1946), Tucker (1960), Slater (1960), Carroll (1972), Nishisato (1978, 1980b), Heiser (1981) et Nishisato & Sheu (1984). D'autres discussions et applications peuvent être trouvées chez Nishisato (1980a, 1984a, 1994) et Nishisato & Nishisato (1994).

3.1 Comparaison par paires et données ordinales

3.1.1 Aspects théoriques

Supposons que N répondants procèdent à la comparaison par paires ou au classement de n objets. Les formulations du "dual scaling" pour la comparaison par paires et les données ordinales sont identiques (voir tableau 1.9 pour certains résultats). Pour les répondants, les deux types de données sont complétement différents; par exemple le jugement de comparaison de deux objets est toujours plus simple que le classement d'un grand nombre d'objets. Cependant, une fois l'analyse effectuée, l'interprétation des résultats étant la même dans les deux cas, nous n'en étudierons qu'un exemple.

Tableau 1.9. Analyse de données de comparaison par paires et de données ordinales

---

Pas de solution triviale

$K = n - 1$, avec $N > n$

$I_K = \sum \rho_k^2 = \frac{n+1}{3(n-1)}$

$0 \leq I_K \leq \frac{n+1}{3(n-1)} \leq 1$

3.1.2 Exemple IV: organisation de la fête de Noël[1]

Pour la fête de Noël, 14 personnes doivent choisir parmi les 8 propositions suivantes:

A Un repas simple chez quelqu'un le soir
B Un repas simple dans une salle de réunion
C Un repas dans un restaurant populaire
D Un déjeuner à prix raisonnable dans un restaurant des alentours
E Un repas à la maison
F Un banquet le soir dans un restaurant
G Un repas simple chez quelqu'un après le travail
H Un repas élégant dans un restaurant luxueux

---

[1] Les donnés ont été recueillies par Ian Wiggins.

Les 8 projets ($n = 8$) correspondent à $8 (8 - 1)/2 = 28$ comparaisons par paires. Pour chaque paire (X_j, X_k), on demande au sujet d'indiquer quel projet il préfère. Les réponses sont codées de la façon suivante:

$$_i f_{jk} = \begin{cases} 1 \text{ si le sujet } i \text{ juge } X_j > X_k, \\ 0 \text{ si le sujet } i \text{ juge } X_j = X_k, \\ -1 \text{ si le sujet } i \text{ juge } X_j < X_k. \end{cases}$$

Le tableau 1.10 présente la matrice 14×28 des comparaisons par paires et le tableau 1.11 la matrice 14×8 des nombres d'ordre e_{ij}. Le nombre d'ordre pour le sujet i et l'objet j peut être calculé par:

$$e_{ij} = \sum_{k=1(k \neq j)}^{n(n \neq j)} {_i f_{jk}} \, .$$

Par exemple les nombres d'ordre de 3 stimuli (dans notre exemple, les projets de Noël) pour le sujet i sont donnés par:

$$e_{i1} = {_i f_{12}} + {_i f_{13}}; \; e_{i2} = {_i f_{21}} + {_i f_{23}}; \; e_{i3} = {_i f_{31}} + {_i f_{32}} \, .$$

Tableau 1.10. Comparaison par paires de projets de Noël

	Paire (X_j, X_k)																											
$SSj =$	1	1	1	1	1	1	1	2	2	2	2	2	2	3	3	3	3	3	4	4	4	4	5	5	5	6	6	7
$k =$	2	3	4	5	6	7	8	3	4	5	6	7	8	4	5	6	7	8	5	6	7	8	6	7	8	7	8	8
1	1	1	2	1	1	2	1	2	2	2	2	2	2	2	1	1	2	1	1	1	2	1	1	2	1	2	1	2
2	2	2	2	1	2	1	2	1	2	1	2	1	2	2	1	1	1	2	1	1	1	2	2	2	2	1	2	2
3	1	1	1	1	1	2	1	1	1	1	1	2	1	1	1	1	2	1	1	1	2	1	2	2	2	2	1	1
4	2	1	2	1	1	1	2	1	1	1	1	1	2	2	1	2	2	2	1	1	1	2	2	2	2	2	2	2
5	2	2	2	1	2	1	2	2	2	1	2	2	2	2	1	2	1	2	1	1	1	1	2	2	2	1	2	2
6	1	1	1	1	1	1	1	2	2	1	2	2	2	2	1	2	2	2	1	1	1	1	1	2	2	2	2	1
7	1	1	1	1	1	2	1	1	2	1	1	2	1	2	1	1	2	1	1	1	2	1	2	2	2	2	2	1
8	1	1	1	1	1	2	1	1	2	1	2	2	1	2	1	2	2	1	1	2	2	1	2	2	1	2	1	1
9	1	2	2	1	1	2	1	2	2	1	1	2	2	1	1	1	2	1	1	1	2	1	2	2	2	2	2	1
10	1	2	1	1	2	2	2	2	2	1	2	2	2	1	1	1	1	1	1	2	2	2	2	2	2	1	1	2
11	1	2	1	1	1	1	1	2	2	2	2	2	2	2	1	1	1	1	1	1	1	1	2	2	2	2	2	2
12	2	2	2	2	1	2	2	1	2	1	1	1	1	2	1	1	1	1	1	1	1	1	1	1	1	2	2	1
13	1	2	1	1	2	1	2	2	2	2	2	2	2	1	1	1	1	1	2	1	2	2	2	2	1	1	1	2
14	2	2	2	2	1	2	1	2	1	1	1	1	1	1	1	1	1	1	2	1	2	1	1	2	1	2	1	1

Note. Dans ce tableau, -1 est codé 2 par simplification

Remarquons qu'à la différence des données d'incidence les données d'ordre contiennent des nombres négatifs; de plus la somme de chaque ligne est égale à 0. Soulignons cependant que chaque élément de la matrice d'ordre $N \times n$ est le résultat de $(n-1)$ comparaisons. Par exemple, le nombre total de réponses dans chaque ligne n'est pas égal à la marge de la ligne, mais est égal à $n(n-1)$. Dans cet exemple, 3 facteurs expliquent l'essentiel des données (voir tableau 1.12). Le facteur 1 oppose "rester chez soi" à la plupart des autres projets. La grande majorité des sujets ayant un poids positif, on peut en déduire qu'ils soutiennent un projet "fête". Appelons ce facteur le facteur "convivialité". Le facteur 2 qui oppose les "soirées bon marché" aux "soirées chères" est le facteur "coût". Le facteur 3 qui divise les projets entre "fêtes durant la journée" (poids positif) et "soirées" (poids négatif) est le facteur "temps". Cet exemple nous montre clairement que le "dual scaling" peut saisir toutes les combinaisons de différences individuelles (i.e. bon marché et durant la journée, cher et durant la journée). Soulignons qu'à la différence du cas des données d'incidence on n'impose pas que la somme des poids pour chaque sujet soit égale à 0; cette somme peut donc varier.

Tableau 1.11. Nombre d'ordre

Sujet	\multicolumn{8}{c}{Projets}							
	1	2	3	4	5	6	7	8
1	3	-7	1	5	-1	-3	5	-3
2	-3	1	1	5	-7	1	-5	7
3	5	3	1	-1	-7	-3	7	-5
4	1	5	-5	3	-7	-3	-1	7
5	-3	-3	1	7	-7	3	-3	5
6	7	-5	-3	5	-7	-1	3	1
7	5	1	-1	3	-7	-5	7	-3
8	5	-1	-3	1	-5	3	7	-7
9	1	-3	5	3	-7	-5	7	-1
10	-1	-5	7	-3	-7	5	1	3
11	5	-7	7	3	-5	-3	-1	1
12	-5	5	3	7	1	-7	-1	-3
13	1	-7	7	-1	-5	5	-3	3
14	-3	5	7	-1	1	-5	3	-7

Tableau 1.12. Résultats de la quantification

Solution	η^2	δ	$\sum \delta$
1	0.1411	33.72%	33.72%
2	0.1098	26.24%	59.96%
3	0.0652	15.59%	75.55%
4	0.0551	13.18%	88.73%
5	0.284	6.80%	95.53%
6	0.0131	3.12%	98.65%
7	0.0057	1.35%	100.00%

Projets	Solution 1	Solution 2	Solution 3
a	0.39	0.14	0.13
b	-0.35	0.32	-0.38
c	0.19	0.12	0.26
d	0.30	-0.08	-0.35
e	-0.73	0.24	0.18
f	-0.15	-0.36	0.28
g	0.41	0.46	0.09
h	-0.06	-0.59	-0.21

Sujet	Solution 1	Solution 2	Solution 3
1	0.41	0.14	0.11
2	0.12	-0.14	-0.36
3	0.45	0.38	-0.03
4	0.16	-0.17	-0.55
5	0.25	-0.49	-0.22
6	0.56	-0.06	-0.09
7	0.53	0.32	-0.18
8	0.41	0.31	0.13
9	0.57	0.12	-0.02
10	0.30	-0.38	0.30
11	0.49	-0.20	0.14
12	-0.05	0.22	-0.39
13	0.25	-0.48	0.32
14	-0.01	0.43	0.02

3.2 Données avec des catégories successives (données de classement)

3.2.1 Aspects théoriques

Dans le recueil des données, les chercheurs utilisent souvent un ensemble de catégories de réponses ordonnées (i.e. jamais, rarement, quelquefois, toujours, pauvre, médiocre, excellent). De telles données sont des données de catégories successives; elles présentent un ensemble unique de catégories ordonnées. On peut appliquer le "dual scaling" à de telles données après les avoir converties en rangs de la façon suivante: supposons par exemple que nous utilisions trois catégories successives (faible, bon, excellent), nous postulons qu'il existe un continuum sous-jacent divisé en trois catégories avec un seuil τ_1 entre faible et bon et un seuil τ_2 entre bon et excellent. Supposons maintenant que l'on ait trois objets X_1, X_2 et X_3, classés respectivement bon, faible et excellent par le sujet i; les réponses sont alors interprétées comme étant positionnées sur ce continuum dans l'ordre suivant: $X_2 < \tau_1 < X_1 < \tau_2 < X_3$. De la même façon, l'ordre $X_3 < \tau_1 < X_1$, $X_4 < \tau_2 < X_2$, X_5 indique que X_3 était classé dans la catégorie faible, X_1 et X_4 dans la catégorie bon, X_2 et X_5 dans la catégorie excellent. On voit donc que des données de catégories successives peuvent être converties en une matrice de rang (sujet par [seuil + stimuli]). Comme on l'a vu précédemment, cette matrice peut être transformée en un tableau d'ordre qui sera analysé par la méthode du "dual scaling". On voit clairement que les données de catégories successives fournissent respectivement des poids pour les n sujets, pour les τ seuils de catégorie et pour les n stimuli. On présente dans le tableau 1.13 certaines des statistiques fondamentales.

Tableau 1.13. Analyse des données de catégories successives
(N sujets, n objets, $(t + 1)$ catégories)

Pas de solution triviale

$K = n + t - 1$, avec $N > (n + t)$

$$I_K = \sum \rho_k^2 = \frac{n + t + 1}{3(n + t - 1)}$$

$$0 \leq I_K \leq \frac{n + t + 1}{3(n + t - 1)} \leq 1$$

3.2.2 Exemple V: gravité des actes criminels

La gravité de 8 actes criminels (Nishisato & Nishisato, 1984) - Crimes: A = Incendies criminels. B = Cambriolage. C = Contrefaçon. D = faux. E = Homicide. F = Kidnapping. G = Agression. H = Recel - est évaluée en 4 catégories successives: "peu grave" (codé 1) < "assez grave" (codé 2) < "très grave" (codé 3) < "extrêmement grave" (codé 4).

Les données recueillies à partir de 17 sujets sont fournies dans le tableau 1.14. Chaque élément indique le numéro de la catégorie choisie. Les poids des sujets, les seuils de catégories et les valeurs des stimuli sont fournis dans le tableau 1.15 et les résultats sont illustrés sur la figure 1.5. A la différence de l'exemple des projets pour la fête de Noël, les poids des sujets sont tous voisins de 1. On en conclut que les sujets ont des appréciations très semblables sur les actes criminels. Remarquons que si les sujets fournissent des réponses identiques, leur poids devient égal à 1. La disposition des points représentant les actes criminels sur la figure 1.5 n'a rien de surprenant. On fait l'hypothèse que les seuils des catégories doivent se situer dans un ordre naturel sur le continuum. Le programme DUAL 3 (Nishisato & Nishisato, 1984) fournit alors une seule solution. Cependant il ne s'agit pas d'une limitation du "dual scaling", mais d'un cas particulier d'utilisation de la méthode. Sans cette hypothèse, la méthode fournirait plusieurs solutions. Dans la plupart des cas, l'ordre des catégories n'est pas aussi contraignant qu'on pourrait le penser. Prenons par exemple le problème de la pression sanguine; nous avons les catégories successives suivantes: basse < moyenne < haute. Certains symptômes peuvent en dépendre linéairement ou non linéairement; par exemple[2] "plus la pression sanguine est élevée, plus le risque d'une crise cardiaque est élevé" (relation linéaire) ou "le mal de tête apparaît quand la pression sanguine est soit basse, soit haute" (relation non linéaire).

Tableau 1.14. Gravité des actes criminels

Sujet	A	B	C	D	E	F	G	H
1	4	2	2	2	4	3	3	1
2	4	2	2	2	4	4	3	1
3	3	2	2	2	4	3	3	1
4	4	3	2	2	4	4	4	3
5	4	3	2	2	4	4	3	2
6	4	3	3	2	4	4	3	2
7	4	1	2	2	4	4	2	1
8	4	4	2	2	4	4	3	2
9	3	2	1	2	4	4	3	1
10	4	3	3	3	4	4	3	2
11	4	2	3	3	4	4	4	1
12	4	4	3	3	4	4	4	2
13	4	3	3	2	4	4	3	1
14	4	2	2	2	4	3	3	1
15	4	2	1	1	4	4	2	1
16	3	2	2	2	4	3	3	1
17	3	2	2	2	4	4	3	2

Colonne groupée "Crimes" au-dessus de A à H.

Légende. Crimes: A = Incendies criminels; B = Cambriolage; C = Contrefaçon; D = faux; E = Homicide; F = Kidnapping; G = Agression; H = Recel

Gravité: 1 = Peu grave; 2 = Assez grave; 3 = Très grave; 4 = Extrêmement grave

---

[2] Les affirmations qui suivent sont faites par l'auteur et n'ont pas de fondements scientifiques.

Tableau 1.15. Résultats de la quantification (une solution)

Sujets		Catégories	Seuils	Crimes	
1	1.0484	τ_1	-1.4558	A	1.1824
2	1.0696	τ_2	-0.2791	B	-0.3445
3	1.0268	τ_3	0.7734	C	-0.6968
4	0.9312			D	-0.7715
5	1.0477			E	1.4342
6	1.0241			F	1.1781
7	0.9475			G	0.3959
8	0.9237			H	-1.4162
9	1.0169				
10	0.9921				
11	0.9748			$I_K = 0.3820$	
12	0.8748				
13	1.0330			$\eta_1^2 = 0.3273$	
14	1.0484				
15	0.9812			$\delta_1 = 86\%$	
16	1.0268				
17	1.0105				

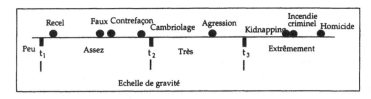

Fig. 1.5. Actes criminels et seuils d'évaluation

4. Classification forcée

4.1 Aspects théoriques

Nous présentons maintenant différentes applications usuelles du "dual scaling" qui peuvent être considérées comme des méthodes de réduction des dimensions dans l'analyse des données. La méthode de classification forcée (Nishisato, 1984a, 1986, 1988) est particulièrement utile lorsque le chercheur souhaite focaliser l'analyse sur un petit nombre de variables. Cette méthode est fondée sur deux principes: le principe de consistance interne de Guttman (1941) d'une part et le principe d'équivalence distributionnelle de Benzécri et al. (1973) ou le principe de partitionnement équivalent de Nishisato (1984a), d'autre part. Considérons F une matrice de $N \times m$ (1, 0) associée à des réponses à choix multiple à n items. Supposons que F est partitionné de la façon suivante:

$$F = [F_1, F_2, \ldots, F_j, \ldots, F_n] \, ,$$

où F_j est la matrice $n \times m_j$ de profils de réponse pour l'item j, la somme de chaque ligne de F_j étant égale à 1 (i.e. chaque sujet choisit une seule modalité par item). Quand nous répétons F_j k fois, la structure des données qui en résulte exprimée par y_i, x_j et ρ_K^2 équivaut à celle que l'on obtiendrait pour F lorsque F_j est remplacé par kF_j. Par exemple les matrices suivantes sont structurellement équivalentes:

$$F = [F_1, F_2, \ldots, F_j, F_j, F_j, F_j \ldots, F_n] \equiv [F_1, F_2, \ldots, 4F_j, \ldots, F_n] \, .$$

Quand k augmente, la structure des données s'approche de celle de $P_j F$ où P_j est le projecteur orthogonal sur le sous-espace défini par les colonnes (modalités) de F_j ($P_j = F_j(F_j'F_j)^{-1}F_j'$). De plus r_{jt} (la corrélation entre l'item j et le score total y_i) approchera 1, ce qui signifie que l'item choisi j, appelé l'item critère, joue maintenant le rôle de l'axe principal (Nishisato, 1984a). Cette méthode simple consiste à choisir un F_j et à le multiplier par un nombre k suffisamment grand pour permettre aux chercheurs d'effectuer une analyse discriminante des $(n-1)$ items restants, ceci en maximisant la différence entre les m_j colonnes de l'item j. D'un autre point de vue, cela revient à identifier des items qui sont hautement corrélés avec l'item j. Quand l'item critère possède m_j modalités, il y a $m_j - 1$ solutions correctes, c'est-à-dire les solutions pour lesquelles r_{jt} tend vers 1 quand k augmente, puis les $m_j - 1$ solutions pour lesquelles l'effet de l'item critère est partiellement éliminé. Dans ce deuxième cas, les corrélations r_{jt} doivent être égales à 0.

4.2 Exemple VI: comparaison avec un sujet-type

Dans le tableau 1.16, on présente un questionnaire permettant de se comparer avec un sujet type (Nishisato, 1984b).

Tableau 1.16. Définition de soi

Prière de répondre par oui ou par non à chaque question

1	je suis plus aimable	( )oui ( )non
2	je suis plus calme	( )oui ( )non
3	je suis plus mature	( )oui ( )non
4	je suis plus maladroit	( )oui ( )non
5	je suis plus franc	( )oui ( )non
6	je suis radin	( )oui ( )non
7	je suis plus conscient de mon attitude	( )oui ( )non
8	je suis plus tyrannique et dogmatique	( )oui ( )non
9	je consacre plus de temps à discuter avec les autres	( )oui ( )non
10	je suis plus courtois	( )oui ( )non
11	je suis plus impatient	( )oui ( )non
12	je suis plus optimiste	( )oui ( )non
13	je suis plus méticuleux	( )oui ( )non
14	je suis plus curieux	( )oui ( )non
15	je suis plus présomptueux	( )oui ( )non
16	je suis plus créatif	( )oui ( )non
17	je suis plus timide	( )oui ( )non
18	je suis plus inflexible	( )oui ( )non
19	je mange plus	( )oui ( )non
20	je suis plus ambitieux	( )oui ( )non
21	j'ai plus d'humour	( )oui ( )non
22	je suis plus joyeux	( )oui ( )non
23	j'ai plus de goût	( )oui ( )non
24	j'ai des contacts plus faciles	( )oui ( )non
25	je suis plus extravagant	( )oui ( )non
26	je suis plus dépensier	( )oui ( )non
27	je suis plus généreux	( )oui ( )non
28	je m'exprime mieux	( )oui ( )non
29	j'ai plus de chance	( )oui ( )non
30	je suis plus facilement froissé	( )oui ( )non

Choisissons comme item critère l'item 12 "je suis plus optimiste"[3]. On attribue la valeur 100 pour le poids k, ce qui est une valeur suffisamment grande car r_{12t} (0.99) est proche de 1. Comme le nombre de modalités de l'item critère est égal à 2, il y a seulement une solution non triviale.

---

[3] Pour plus de détails sur les données, on peut se référer à Nishisato (1994, pp. 246-247).

Les résultats sont les suivants: "si je suis plus optimiste, alors:

- je suis plus heureux" (item 22; $r = 0.71$)[4];
- je suis plus courtois" (item 10; $r = 0.45$);
- je suis plus aimable" (item 1; $r = 0.43$);
- je consacre plus de temps à discuter avec les autres" (item 9; $r = 0.43$);
- j'ai plus d'humour" (item 21; $r = 0.43$);
- j'ai des contacts plus faciles" (item 24; $r = 0.35$);
- je suis plus souple" (item 18; $r = 0.33$).

Dans les recherches en éducation, on pourrait utiliser la méthode de classification forcée, par exemple pour identifier les variables permettant d'expliquer l'échec ou l'absentéisme à partir du cursus scolaire.

4.3 Exemple VII: projet de fête

La méthode de classification forcée peut être utilisée sur des données ordinales. A la différence des cas de données à choix multiple ou des données de classement, on doit spécifier deux variables critères. On obtient par la classification forcée une solution qui oppose chacun des deux critères aux extrémités du continuum. Le tableau 1.17 donne les résultats de la classification forcée appliquée aux données de comparaison par paires des 8 projets de fête de Noël; les deux critères sont "réveillon de luxe" (coûteux) et "repas canadien à la maison" (bon marché). Avec un poids (valeur de k) égal à 50, les résultats de l'analyse montrent une séparation claire des projets sur une échelle "bon marché" à "coûteux" et des sujets en deux groupes distincts. De cette manière, on peut focaliser l'attention sur des variables qui présentent un intérêt particulier.

Tableau 1.17. Classification forcée pour des données de comparaison par paires

Projets	x_j	Sujets	y_i
g	-1.01	5	-1.05
a	-0.71	12	-1.02
e	-0.70	10	-1.01
b	-0.44	1,6,13	-1.00
d	-0.27	4	-0.97
c	0.14	7	-0.95
f	0.30	2,3	0.98
h	1.04	9	0.99
		8,11,14	1.01

---

[4] Le nombre r désigne la corrélation entre l'item critère et un item donné.

5. Conclusion

Dans ce chapitre, nous avons présenté un aperçu des applications du "dual scaling". Pour conclure, nous souhaiterions formuler quelques remarques concernant l'utilisation de cette méthode pour l'analyse des données. Citons parmi d'autres:

- la représentation graphique conjointe; le graphique correspondant aux lignes et celui correspondant aux colonnes (voir figures 1.1 et 1.2) ne sont pas situés dans le même espace. C'est pourquoi on les présente séparément. Cependant, on les superpose souvent pour faciliter l'interprétation. On ne se trouve pas dans cette situation avec des données ordinales (voir Nishisato, 1994);

- la statistique δ_k est le pourcentage de l'information totale expliquée par la solution k. Ces statistiques sont fiables dans le cas de données ordinales mais trompeuses pour des données d'incidence (voir Nishisato, 1993);

- les réponses manquantes; il ne semble pas y avoir de manière rationnelle pour deviner quelle modalité un sujet aurait pu choisir dans le cas d'une réponse manquante. Pour des méthodes appliquées aux données manquantes, on peut se référer à Nishisato (1994);

- la quantification robuste; des réponses exercent parfois une influence excessive sur les résultats. Quand un très petit nombre de sujets choisissent une modalité particulière d'un item, il est vraisemblable que cette modalité conduise à une corrélation item total trop élevée. La prudence est donc de rigueur.

L'analyse des correspondances multiples: un outil pour la classification de données de cursus

Peter G.M. van der Heijden, Joop Teunissen et Charles van Orlé [1]

[1] Département de Méthodologie et de Statistiques, Faculté des Sciences Sociales, Université d'Utrecht, Pays-Bas

1. Introduction

En sciences sociales, on s'intéresse souvent au cursus des individus. Le concept de cursus peut jouer un rôle soit de variable explicative soit de variable dépendante. C'est par exemple le cas pour des cursus scolaires, professionnels, de patients ou encore de criminels. Ces cursus sont souvent très complexes, ce qui rend leur analyse délicate. Il est alors très important de disposer de mesures qui synthétisent les cursus individuels. Taris (1994) a fourni récemment une vue d'ensemble des outils utiles à une classification ou une quantification des cursus.

Une attention particulière a été portée à l'analyse statistique des parcours individuels (voir, par exemple, Blossfeld et al., 1989; Yamaguchi, 1991). D'une manière générale, on cherche à prédire une transition dans un cursus à l'aide d'un certain nombre de variables explicatives. Par exemple, le laps de temps entre la fin de l'école et l'obtention d'un premier emploi peut être prédit par l'âge, le sexe et des variables contextuelles. Même si cela peut s'avérer utile pour résoudre un certain nombre de problèmes, l'analyse statistique des parcours individuels semble se centrer sur des aspects limités des cursus individuels. Une autre approche consiste à obtenir une description de l'ensemble du cursus. Cette approche est encore dans une phase exploratoire. Récemment, une attention particulière a été portée à des méthodes issues de la biologie (voir Abbott & Hrycak, 1990); ces méthodes sont utilisées pour comparer des informations successives. On compare des suites d'états et on procède à un dénombrement pour mesurer des similarités entre deux suites. Nous reviendrons sur cette méthode à la section 3.

Depuis longtemps déjà, on utilise l'analyse des correspondances (AC) pour analyser les cursus. Dans cette approche, les états du cursus de chaque individu sont définis par des fréquences correspondant au nombre de fois qu'un individu est passé dans chacun des états mutuellement exclusifs. Par exemple, s'il y a 8 états mutuellement exclusifs, on attribue à chacun des individus 8 fréquences qui décrivent le nombre de fois qu'un individu est passé dans chaque état. Pour un groupe d'individus, on effectue une analyse des correspondances sur l'ensemble de ces fréquences. L'analyse des parcours individuels par l'AC a été proposée par Deville & Saporta (1980, 1983; voir aussi Deville, 1982, et Saporta, 1981, 1985). A leur suite, de Leeuw, van der Heijden & Kreft (1985), van der Heijden (1987), van der Heijden & de Leeuw (1989) ont également développé cette approche. On peut en trouver des applications chez van Buuren & de Leeuw (1992), van der Heijden & van den Brakel (1993), Martens (1994), Taris (1994).

Dans ce chapitre, nous cherchons à promouvoir cette approche qui, de notre point de vue, n'a pas encore reçu toute l'attention qu'elle mérite. A la section 2, nous exposons cette méthode appliquée à un tableau de contingence à deux dimensions. A la section 3, nous montrons pourquoi l'AC est un outil efficace pour traiter les données de cursus. Nous montrons comment l'AC permet d'étudier la dépendance entre le temps et les états du cursus. L'analyse des correspondances multiples (ACM) est introduite à la section 4 comme un cas particulier. A la section 5, nous présentons en détail une application à l'étude de cursus scolaire et montrons comment l'AC et l'analyse des correspondances multiples permettent de déterminer une ou plusieurs quantifications ou classifications de ces cursus scolaires[1].

2. Analyse des correspondances

Nous décrivons tout d'abord l'analyse des correspondances, puis nous présentons différentes applications à des données de cursus, de parcours individuel, etc. Pour une introduction à l'analyse des correspondances, on peut se référer à Benzécri et al. (1973), Nishisato (1980a), Greenacre (1984) et Gifi (1990). Nous évitons ici une description trop technique afin de nous concentrer sur les propriétés des résultats.

On présentera l'analyse des correspondances comme un outil permettant d'obtenir des représentations graphiques des tables de contingences. On considère une table de contingences ayant I lignes $(i = 1, \ldots, I)$ et J colonnes $(j = 1, \ldots, J)$; k_{ij} désigne les fréquences. Les fréquences marginales sont désignées par $k_{i.} = \sum_j k_{ij}$ et $k_{.j} = \sum_i k_{ij}$ et $k_{..} = \sum_{i,j} k_{ij}$. On notera également k_i pour $k_{i.}$, k_j pouur $k_{.j}$, k pour $k_{..}$ lorsqu'il n'y a pas d'ambiguïté. Les fréquences peuvent être transformées en proportion p_{ij} par $p_{ij} = k_{ij}/k$.

Dans l'analyse des correspondances, on s'intéresse à ce qu'il est convenu d'appeler les profils ligne et les profils colonne. Nous expliquerons d'abord comment étudier les profils ligne. Le profil ligne de la ligne i est défini comme un vecteur de fréquences conditionnelles p_{ij}/p_i dont la somme est égale à 1. Ces valeurs précisent les J fréquences conditionnelles des observations de la ligne i qui tombent dans la colonne j. Il y a I profils ligne, chacun d'entre eux pouvant être représenté par un point dans un espace de dimension J.

---

[1] Les auteurs remercient Rafaelle Huntjens pour le traitement informatique.

Dans cet espace, les coordonnées de la ligne i sont définies par le vecteur de composante p_{ij}/p_i. Dans cet espace, on associe des poids à chacune des J dimensions de telle façon que les dimensions ayant une plus petite fréquence marginale p_j jouent un rôle relativement plus important dans la définition de la distance entre les I points. Dans ce but, on attribue le poids $1/p_j$ à la dimension j. La distance $d(i, i')$ entre la ligne i et la ligne i' est alors définie par:

$$d^2(i, i') = \sum_{j=1}^{J} \left(\frac{1}{p_j}\right) \left(\frac{p_{ij}}{p_i} - \frac{p_{i'j}}{p_{i'}}\right)^2. \qquad (2.1)$$

Il s'agit d'une distance euclidienne pondérée entre les profils i et i' avec les poids $(1/p_j)$. La distance du chi-carré (χ^2) (2.1) permet l'interprétation suivante: dans l'espace de dimension J, les lignes i et i' seront proches l'une de l'autre si, pour chaque profil j, les éléments p_{ij}/p_i et $p_{i'j}/p_{i'}$ sont proches. De la même façon, ils seront éloignés quand il y a une grande différence pondérée $p_{ij}/p_i - p_{i'j}/p_{i'}$ entre les lignes i et i'. La différence pour une colonne a une influence d'autant plus grande que p_j est faible. Le profil de la colonne des fréquences marginales d'éléments p_j correspond au centre de gravité 0 du nuage des points ligne. En effet, si l'on considère la moyenne pondérée des profils ligne avec les poids p_i, on obtient $\sum_i p_i(p_{ij}/p_i) = p_j$. La distance χ^2 d'un profil i à l'origine O est petite quand les éléments du profil ligne p_{ij}/p_i sont proches de p_j, et la distance à l'origine est grande quand certains éléments p_{ij}/p_i s'écartent beaucoup de p_j.

Remarquons que, quand la variable ligne est statistiquement indépendante de la variable colonne, c'est-à-dire que $p_{ij} = p_i p_j$, alors pour tout i les éléments du profil p_{ij}/p_i sont égaux à p_j; en d'autres termes tous les profils sont égaux aux profils de la colonne marginale. Ce résultat implique que tous les points sont confondus avec le centre de gravité. Il en résulte que l'étude de la relation entre la variable ligne et la variable colonne n'est utile que lorsque les fréquences s'écartent de l'indépendance. On se propose d'étudier les différences entre les I profils ligne en analysant le nuage des I points dans l'espace de dimension J. C'est une tâche difficile et, pour la simplifier, les I points de l'espace de dimension J sont projetés dans un espace de plus petite dimension. On effectue cette projection de telle façon que le maximum de l'information possible soit conservé sur les premières dimensions. Désignons par r_{ia} la nouvelle coordonnée du profil ligne i sur la dimension a. La projection sur la dimension 1 est déterminée de telle façon que la variance pondérée des distances à l'origine O ($\lambda_1^2 = \sum_i p_i r_{i1}^2$) soit maximisée. Pour la dimension 2, on maximise la variance pondérée des distances à l'origine ($\lambda_2^2 = \sum_i p_i r_{i2}^2$) sous la contrainte que les coordonnées ligne de la deuxième dimension soient orthogonales à celles de la première dimension: $\sum_i p_i r_{i1} r_{i2} = 0$. Il en va de même pour les dimensions suivantes.

Une présentation analogue peut être donnée pour les colonnes de la table de contingence. Les éléments d'un profil colonne j sont égaux à p_{ij}/p_j. On utilise ces éléments pour représenter le profil j comme un point d'un espace de dimension I. On détermine ainsi J profils colonne dans cet espace. Des poids $1/p_i$ sont associés respectivement à chacune des I dimensions. La distance du χ^2 entre la colonne j et la colonne j' s'écrit alors:

$$d^2(j,j') = \sum_{i=1}^{I} \left(\frac{1}{p_i}\right) \left(\frac{p_{ij}}{p_j} - \frac{p_{ij'}}{p_{j'}}\right)^2 . \qquad (2.2)$$

Elle a une interprétation analogue à celle donnée plus haut pour les lignes. Les J points de l'espace de dimension I sont projetés dans un espace de plus petite dimension afin d'en simplifier l'analyse.

Désignons par c_{ja} la coordonnée du profil colonne j sur la dimension a. Sur la dimension 1, cette projection est déterminée de telle façon que la variance pondérée des distances à l'origine O ($\lambda_1^2 = \sum_j p_j c_{j1}^2$) est maximisée. Pour la dimension 2, on maximise la variance pondérée des distances à l'origine $\lambda_2^2 = \sum_j p_j c_{j2}^2$ sous la contrainte que les coordonnées colonne de la deuxième dimension soient orthogonales à celles de la première dimension: $\sum_j p_j c_{j1} c_{j2} = 0$. Il en va de même pour les dimensions suivantes.

Par conséquent, l'AC conduit à une solution pour les profils ligne et à une solution pour les profils colonne. Il s'agit d'une technique symétrique pour l'analyse d'un tableau de contingences. En effet, l'analyse d'un tableau conduit au même résultat que l'analyse du tableau transposé. Un des aspects intéressants de l'analyse des correspondances est que la solution pour les profils ligne est reliée étroitement à la solution obtenue pour les profils colonne. Les scores ligne r_{ia} peuvent être déduits des scores colonne c_{ja} et vice versa par les expressions suivantes:

$$r_{ia} = \lambda_a^{-1} \sum_{j=1}^{J} \frac{p_{ij}}{p_i} c_{ja} \qquad (2.3)$$

$$\text{et} \qquad c_{ja} = \lambda_a^{-1} \sum_{i=1}^{I} \frac{p_{ij}}{p_j} r_{ia} . \qquad (2.4)$$

La relation (2.3) montre qu'à un coefficient près λ_a^{-1}, le profil de la ligne i est la moyenne pondérée des points colonne, avec les éléments du profil de la ligne i comme coefficient. De la même façon la relation (2.4) montre qu'au coefficient λ_a^{-1}, le profil de la colonne j est la moyenne pondérée des points ligne avec les éléments du profil de la colonne j comme coefficient. En d'autres termes, les éléments des profils déterminent où sont situés les points ligne et les points colonne dans leur représentation respective. En fait, quand nous comparons la représentation des profils ligne et des profils colonne, une ligne i est attirée dans la direction des colonnes pour lesquelles $p_{ij}/p_i > p_j$ et le profil d'une colonne j est attiré dans la direction des lignes pour lesquelles $p_{ij}/p_j > p_i$.

Les relations (2.3) et (2.4) prouvent également l'égalité des dimensions de la représentation des lignes et celle des colonnes qui est égale au minimum de

$I-1$ et $J-1$. On désignera par inertie la distance totale à l'origine $\sum_a \lambda_a^2$. On peut montrer que cette mesure est égale au χ^2 de Pearson divisé par la taille de l'échantillon k:

$$\sum_{a=1}^{J} \lambda_a^2 = \sum_{i,j} \frac{(p_{ij} - p_i p_j)^2}{p_i p_j} = \frac{\chi^2}{k} \, .$$

On peut utiliser l'inertie pour évaluer la part de la distance totale prise en compte par chaque dimension en calculant $\lambda_a^2 / \sum_a \lambda_a^2$ pour la dimension a.

3. Analyse des correspondances des données de cursus

A la section 2, nous avons donné une description technique de l'analyse des correspondances des tables de contingences. Nous précisons ici son intérêt pour l'analyse des données de cursus.

On peut se demander dans quelle situation l'analyse des correspondances est un outil adapté pour l'analyse des données. Une des réponses à cette question pourrait être la suivante: dans tous les cas où l'on peut construire une matrice de données pour laquelle il serait utile d'étudier la différence entre les profils ligne, les profils colonne ou entre les deux. Remarquons que c'est une question beaucoup plus générale que la description technique de la section 2 qui prend son origine dans l'analyse des tables de contingences à deux dimensions. Beaucoup d'autres types de données peuvent déterminer des matrices dont l'analyse des correspondances a un sens. Des exemples comme les données d'incidence, les données de préférence, les données quantitatives sont développés dans les références bibliographiques citées à la section 2.

Il est légitime d'utiliser l'analyse des correspondances dans le cadre des données de cursus. En effet, chaque cursus individuel peut être codé en données de fréquence. Les fréquences décrivent la durée qu'un individu a passée dans chacun des différents états mutuellement exclusifs. Donnons un exemple: supposons que nous nous intéressions au temps passé dans les différents états suivants: école, en emploi, sans emploi. Supposons que nous disposions de ces renseignements pour une cohorte d'individus qui sont suivis de 12 à 24 ans. Nous pouvons compter le nombre d'années qu'un individu a passées à l'école, en emploi et sans emploi. On pourrait alors obtenir les données présentées au tableau 2.1.

On voit par exemple que l'individu 1 a passé 6 ans à l'école, 6 ans en emploi et n'a jamais été sans emploi. L'individu 2 a passé 5 ans à l'école, 5 ans en emploi et 2 ans sans emploi. L'individu 3 a passé 8 ans à l'école, n'a jamais eu d'emploi et a passé 4 ans sans emploi. Les profils des individus sont respectivement 6/12, 6/12, 0 pour l'individu 1, 5/12, 5/12, 2/12 pour l'individu 2, 8/12, 0, 4/12 pour l'individu 3. L'analyse des correspondances étudie les différences entre ces profils en donnant une représentation bi-dimensionnelle des individus et des états. On montre, d'une part, quels sont les individus qui ont des fréquences semblables (ou dissemblables) et, d'autre part, quels sont les états semblables (ou dissemblables), des états étant semblables ou dissemblables selon que des individus qui ont passé du temps dans un état vont vraisemblablement ou non passer du temps dans l'autre état.

Tableau 2.1. Exemple d'un codage de cursus individuel

		école	en emploi	sans emploi	total
individu	1	6	6	0	12
	2	5	5	2	12
	3	8	0	4	12
	etc.				

Remarquons qu'en changeant l'unité de mesure (mois, semaines, jours), on obtiendrait une augmentation importante des fréquences, mais cela ne modifierait que relativement peu les profils des individus. Remarquons également que nous perdons l'ordre des différents états. Afin de résoudre ce problème, on juxtapose deux matrices semblables à celles définies plus haut pour deux périodes de 6 ans. Nous obtenons ainsi le tableau 2.2.

Tableau 2.2. Décomposition du tableau 1 en deux périodes de 6 ans

		Premières six années			Six années suivantes		
		école	en emploi	sans emploi	école	en emploi	sans emploi
individu	1	6	0	0	0	6	0
	2	5	0	1	0	5	1
	3	6	0	0	2	0	4
	etc.						

Chaque profil possède maintenant 6 éléments. Les trois premiers états sont mesurés avant les trois suivants, mais l'analyse des correspondances n'utilise pas cette information. On peut pourtant utiliser cette information dans l'interprétation en distinguant ces états par des labels différents (voir les exemples présentés à la section 5). L'analyse des correspondances de la matrice avec seulement 3 états peut être considérée comme une version avec contrainte de l'analyse des correspondances avec 6 états, la contrainte étant l'égalité des scores colonne sur les unités de temps (voir van der Heijden, 1987; van Buuren & de Leeuw, 1992). Ceci montre également l'utilité de décomposer la période de 12 ans en 2 périodes de 6 ans quand les profils des catégories correspondantes diffèrent considérablement sur les deux périodes de 6 ans.

Il est aussi possible de coder les données en 12 périodes, 1 pour chaque année. Les données sont alors définies par des 0 et des 1 qui précisent si un individu est dans tel état pour une année particulière ou non. Dans l'exemple précédent, on obtiendrait les données présentées au tableau 2.3.

Tableau 2.3. Exemple de supermatrice d'indicateurs

		1	2	3	4	5	6	7	8	9	10	11	12
individu	1	100	100	100	100	100	100	010	010	010	010	010	010
	2	100	100	100	100	100	001	001	010	010	010	010	010
	3	100	100	100	100	100	100	100	100	001	001	001	001
	etc.												

Pour chaque année, on a des patterns 100, 010 et 001 indiquant dans quel état se situe l'individu. On désigne par matrice indicatrice la matrice définie pour chaque unité de temps et la juxtaposition de telles matrices par supermatrice d'indicatrices. Une AC de cette matrice conduirait à une solution avec 3×12 points état-année. L'AC de la matrice à 3 états, présentée plus haut, peut encore être considérée comme une version réduite de l'AC de la supermatrice d'indicatrices, la restriction étant que la quantification des catégories correspondantes est égale sur l'ensemble des 12 unités temporelles.

On appelle analyse des correspondances multiples l'AC de la supermatrice d'indicatrices. Ce type d'AC sera développé plus loin. Auparavant nous voudrions préciser que même si l'interprétation des résultats est plus simple quand les états sont mutuellement exclusifs, ces états n'ont pas nécessairement à être exhaustifs. En effet, on peut perdre la trace d'un individu pour une raison quelconque, par exemple durant les 2 dernières années. Dans le premier tableau, les fréquences pour le premier individu seraient alors 6, 4, 0. Il reste cependant utile de déterminer son profil (soit .6, .4, 0) et de le comparer aux autres profils. On résout ainsi le problème des données manquantes pour l'analyse des correspondances. Une autre approche consiste à définir une nouvelle catégorie appelée "perdue de vue". On obtiendrait alors les profils suivants: 6/12, 4/12, 0, 2/12 pour l'individu 1; 5/12, 5/12, 2/12, 0 pour l'individu 2 et 8/12, 0, 4/12, 0 pour l'individu 3. A la section 5, nous donnerons un exemple de ces deux approches et de leurs conséquences possibles. Avant d'effectuer une analyse des correspondances, on doit s'interroger sur la manière de construire la matrice des données. La question principale étant "comment comparer les cursus des individus après avoir calculé la distance du χ^2?", on posera un certain nombre de questions classiques dans le cas de deux cursus.

Est-ce que dans l'échelle de temps, les deux cursus montrent une bonne correspondance année par année de telle façon que, par exemple en 1992, les états soient comparés par le calcul de la distance du χ^2?

Ou bien utilisons-nous l'âge des répondants de telle façon que les états d'un individu âgé de 12 ans en 1993 soient comparés avec les états d'un autre individu âgé de 12 ans en 1990?

Ou encore comparons-nous les deux cursus en ajustant année par année leurs différents états (par exemple un individu commençant l'université en 1992 serait comparé avec un autre individu commençant en 1990)?

Bien entendu, le choix dépendra des questions que le chercheur se pose. Les différents choix induiront des patterns de données manquantes au début ou à la fin des données de cursus. Rappelons que les deux choix présentés dans la section précédente sont les plus appropriés pour résoudre ces problèmes de données manquantes. Le choix de la solution n'est pas évident. Il est préférable d'essayer chacune des solutions et de comparer les solutions données par l'analyse des correspondances. Il peut se faire également que, étant donné la problématique sous-jacente, la manière dont on doit ajuster les données de cursus dépende des données elles-mêmes. Par exemple, supposons que l'un des cursus présente la suite des états suivants $a - b - c - d$ et un autre la suite $b - c - d - a$; on peut alors faire correspondre exactement la suite $b - c - d$ (voir tableau 2.4).

Tableau 2.4. Exemple de correspondance des suites

	a	b	c	d	manquant
manquant	b	c	d	a	

On peut utiliser à cet effet une technique d'ajustement optimal (voir Abbott & Hrycak, 1990). Après avoir fait correspondre les suites, on suggère de ne pas calculer une mesure de distance en dénombrant les différences entre les cursus, mais d'appliquer l'AC pour obtenir une représentation graphique des cursus. A notre connaissance, il n'existe pas d'exemple d'une telle approche.

4. Analyse des correspondances multiples des données de cursus

L'analyse des correspondances multiples des données de cursus peut être interprétée en termes de distance du χ^2. Mais cela présente des difficultés que nous présenterons ci-dessous. Selon la distance du χ^2 (2.1), des cursus seront proches ou éloignés si les individus utilisent ou non leur temps de la même façon.

L'origine O est définie par le profil d'éléments p_j qui correspond ici aux fréquences relatives avec lesquelles les états sont utilisés à chaque unité de temps. Plus le profil des individus est différent du profil moyen et plus ils sont éloignés de l'origine. L'analyse des correspondances multiples peut être utilisée pour localiser des groupes d'individus qui se distinguent de l'origine de la même façon. On peut définir une matrice croisant les unités de temps (ici 12) par les états (ici 3) à l'aide des éléments correspondants f_j. Cette matrice montre quels sont les états les plus fréquents et pour quelle unité de temps. Il est important d'avoir une idée de cet aspect des données, car l'analyse des correspondances multiples met seulement l'accent sur l'écart avec cette moyenne. Les groupes sont définis en fonction de leur écart avec cette moyenne. Van der Heijden & de Leeuw (1989) ont proposé alors d'effectuer trois analyses dans le cas de données de cursus ("event history data"), à savoir les analyses de correspondances des matrices suivantes:

i   la matrice des marges f_j montrant quels sont les états qui sont utilisés et à quelle unité de temps;

ii la supermatrice d'indicatrices montrant comment les individus s'écartent de la moyenne étudiée sous (i);

iii la matrice où les cursus ne sont pas décomposés en différentes matrices d'indicateurs, ce qui peut être considéré comme une version restreinte de l'analyse précédente (ii).

Si la configuration des profils de cursus est très voisine dans les analyses (iii) et (ii), alors on ne gagne pas beaucoup d'informations avec la procédure (iii). Cependant, on gagne beaucoup de stabilité en choisissant la procédure (iii) au lieu de la procédure (ii). A la section 5, on donne un exemple de ces trois analyses.

On considère en général que ce n'est pas une bonne idée d'interpréter l'analyse des correspondances multiples en termes de distance du χ^2. C'est essentiellement dû au fait qu'il y a des contraintes dans le pattern complet des 0 et 1, c'est-à-dire qu'à chaque unité de temps, seule une valeur 1 peut se produire. Cela conduit à des dimensions qui peuvent être considérées comme artificielles. Dans l'espace total, la distance du χ^2 présente aussi des éléments artificiels. Ceci dépassant le cadre de ce chapitre, nous n'en dirons pas plus. Pour des développements sur ce point, on peut se référer à Israëls (1987). Cependant, il est clair que d'autres arguments peuvent légitimer le recours à l'AC. Par exemple, l'interprétation de l'analyse des correspondances comme une analyse en composantes principales de données qualitatives (de Leeuw & van Rijckevorsel, 1980) sera développée ci-après.

4.1. L'analyse des correspondances multiples considérée comme une analyse en composantes principales de données qualitatives

L'une des façons de définir l'analyse en composantes principales (ACP) est la suivante: soit une matrice X de n lignes et m colonnes de mesures quantitatives; alors la première composante principale z_1 est l'un des scores qui maximise $\phi_1 = \sum_i (\mathrm{cor}(z_1, x_i))^2$, où ϕ_1 est la première valeur propre. Donc la première composante principale z_1 résume ce que les m X-

variables ont en commun. La seconde composante principale z_2 maximise $\phi_2 = \sum_i (\text{cor}(z_2, x_i))^2$, sous la contrainte que $\text{cor}(z_1, z_2) = 0$, et ainsi de suite de z_3 à z_m. Plaçons-nous maintenant dans le cas où l'information dans la matrice X est qualitative; par exemple, dans le cas des données de cursus précédentes, nous avions 12 variables, chacune d'elles comprenant 3 états: école, emploi et sans emploi. Supposons que nous souhaitions effectuer une ACP, mais que nous ayons besoin de mesures quantitatives pour remplacer les différents états. Si nous utilisons les scores colonne c_{j1} obtenus pour la première dimension dans l'analyse des correspondances multiples, alors les scores ligne correspondant à la première dimension rassemblée sous r_1 sont les scores qui maximisent la première valeur propre $\phi_1 = \sum_i (\text{cor}(r_1, x_i))^2$. On voit donc que la première dimension dans l'ACM peut être interprétée en termes d'ACP de données qualitatives. Pour les dimensions plus élevées, on observe également une relation entre ACP et ACM (voir Gifi, 1990, section 3).

4.2. Analyse des correspondances multiples et tableau de Burt

La relation existant entre la supermatrice d'indicatrices et ce qu'il est convenu d'appeler le tableau de Burt est intimement liée à l'interprétation de l'ACM en termes d'ACP de variables qualitatives. Soit G la supermatrice d'indicatrices, on peut démontrer que la solution de l'ACM peut être obtenue en effectuant une décomposition en valeurs singulières d'une fonction de la matrice $G'G$, celle-ci étant une matrice carrée symétrique que l'on appelle le tableau de Burt.

Chaque carré de cette matrice représente une sous-matrice. Sur la diagonale, nous trouvons des matrices diagonales avec les fréquences marginales des trois états pour chaque unité de temps; en dehors de la diagonale nous trouvons les tables de contingences croisant des unités de temps t pour les lignes avec t' pour les colonnes. Ces tables de contingences sont les matrices de transition montrant ou précisant combien d'individus de l'état j au moment t vont dans l'état j' au moment t'. Le point précédent sur l'ACM et l'ACP de données qualitatives illustre en fait le point suivant: en quantifiant les états pour chaque unité de temps, chaque matrice peut être résumée par un coefficient de corrélation. Comme le tableau de Burt possède toutes les informations nécessaires pour déterminer la configuration d'une colonne dans l'ACM, il devient évident que seules des suites de deux unités de temps sont utilisées dans une analyse et que l'information concernant des transitions de plus de deux unités de temps est négligée. On trouvera des remarques concernant la relation entre l'ACM et les modèles de chaînes de Markov chez van der Heijden & de Leeuw (1989).

5. Exemple: cursus scolaires et professionnels d'une cohorte d'élèves dans une zone d'éducation prioritaire

Nous poursuivons plusieurs objectifs avec cet exemple: tout d'abord, nous voulons montrer l'utilité de l'AC et de l'ACM pour analyser des données de cursus; ensuite, on veut montrer dans quelles circonstances on peut obtenir des quantifications ou des classifications des cursus utiles pour des analyses ultérieures; enfin, nous voulons comparer les résultats obtenus en fonction de différents choix méthodologiques pour traiter des données manquantes.

5.1 Présentation du système scolaire hollandais

Après 8 ans d'école primaire (beaucoup d'élèves migrants de par leur arrivée tardive n'ont pas fait le cycle complet), les élèves reçoivent une éducation secondaire obligatoire jusqu'à l'âge de 16 ans (la figure 2.1 présente la structure scolaire hollandaise). Il existe trois divisions secondaires. Cependant, pour être orientés dans une de ces divisions, la plupart des élèves fréquentent pendant un ou deux ans un cycle d'orientation ("bridge-classes" - bk1 ou bk2). Les trois divisions secondaires sont:

a école professionnelle préparatoire (vbo); cette division dure 4 ans et consiste en une formation professionnelle élémentaire de base (lbo) et individualisée (ibo);

b formation générale (avo); elle peut prendre deux formes: moyenne (mavo) et haute (havo), qui durent respectivement 4 ou 5 ans;

c formation scientifique (vwo); elle peut également prendre deux formes: moderne (atheneum) et classique (gymnasium), chacune durant 6 ans.

Après l'école secondaire, la plupart des élèves ont de 16 à 18 ans et continuent leur cursus scolaire dans différentes formations supérieures. Cependant, une minorité d'élèves choisissent une activité professionnelle.

La plupart des élèves de vbo et mavo continuent leur cursus scolaire en suivant une formation professionnelle (mbo) qui dure 4 ans ou une formation professionnelle plus courte (kmbo) de 2 ans. Les élèves peuvent également choisir une formation mixte "travail-étude" (apprentissage). Les élèves de avo peuvent poursuivre leurs études en suivant une formation professionnelle supérieure (hbo) qui dure de 2 à 5 ans. vwo prépare à l'université, mais un nombre important de ces élèves se destinent également à la formation professionnelle supérieure. Sur la figure 2.1, on peut aussi remarquer que le passage d'une filière à une autre est toujours possible.

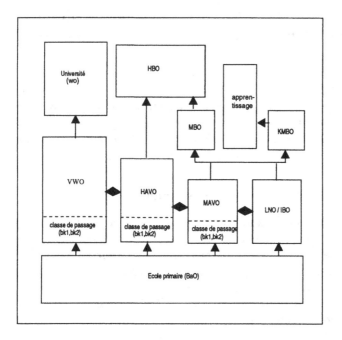

Fig. 2.1. Présentation succincte du système scolaire hollandais. Les flèches indiquent des changements entre des types de formation qui ne sont pas rares.

5.2 Échantillon

688 élèves du 8e degré appartenant à 31 écoles primaires ont participé à cette recherche. Ces écoles sont situées dans trois grande villes (La Haye, Rotterdam et Utrecht) de l'ouest et du centre des Pays-Bas. Ces écoles sont organisées de manière plus ou moins identiques. Elles se situent toutes dans des zones d'éducation prioritaire. Ces zones ont été sélectionnées par le gouvernement hollandais car de nombreux élèves y sont en difficulté scolaire. Les écoles de ces zones reçoivent des subsides spéciaux pour engager des enseignants supplémentaires et ainsi diminuer le nombre d'élèves par classe.

La population scolaire dans des zones d'éducation prioritaire est caractérisée par une forte proportion d'élèves migrants et d'élèves hollandais issus d'un milieu socio-économique défavorisé. Par exemple, dans la moitié de ces écoles, on trouve plus de 33% d'élèves migrants. On retrouve cette même diversité ethnique dans notre échantillon: au total 43% d'élèves hollandais et 57% d'élèves migrants. Parmi eux, 18% viennent de Turquie, 16% du Surinam et 14% du Maroc. Cela correspond aux proportions habituelles dans les zones d'éducation prioritaire.

Après avoir sélectionné les 31 écoles primaires, on considère la cohorte définie par tous les élèves du 8e degré. On établit année après année le cursus scolaire de ces élèves au cours de leur formation secondaire et éventuellement supérieure (Figure 2.1). Ces informations nous ont été fournies par les établissements secondaires. Dans certains cas, on a dû recueillir des informations directement auprès de ces enfants. Bien sûr certains élèves disparaissent de notre échantillon originel lorsqu'ils sortent du système scolaire, par exemple pour travailler, retourner dans leur pays d'origine, se marier, effectuer leur service militaire, etc.

Nous avons codé le cursus scolaire de la manière suivante: à partir de l'année scolaire 1985/86, chaque élève est classé dans un des 38 niveaux, pour la plupart des niveaux scolaires (voir les lignes du tableau 2.5). La plupart des niveaux trouvent leur explication dans la figure 2.1. Bao est la dernière année de l'école primaire. On voit que 13 élèves n'ont pas passé du 8e degré au 1er degré de l'école secondaire. bk1 et bk2 correspondent aux classes d'orientation. Il y a 4 niveaux pour ibo, 4 pour lbo, 4 pour mavo, 5 pour havo (mais havo1 n'apparaît pas dans nos données), 6 pour vwo.

Il y a ensuite un niveau pour tous les autres degrés primaires, comme le "Middenschool". Nous passons ensuite aux niveaux qui suivent vwo, havo, mavo et lbo/ibo. Nous trouvons kmbo, quatre niveaux pour mbo et trois niveaux pour hbo/wo. Les niveaux restants sont "travail", "rééducation" (i.e. choisir un autre type d'éducation afin d'accroître ses chances de trouver un emploi), apprentissage. On doit tenir compte aussi d'un certain nombre d'enfants pour lesquelles l'information manque. La catégorie "autre" concerne des élèves qui se répartissent grossièrement de la façon suivante: 75% des élèves migrants retournent au Maroc ou en Turquie, 3% des élèves font leur service militaire, 20% des élèves sont inscrits mais ne fréquentent plus l'école et 3% des élèves sont décédés. La catégorie "autre" s'accroît constamment, ce qui est spécifique à ce type de données. L'accroissement du nombre des élèves manquants est en relation avec le fait que des élèves quittent l'école sans fournir d'informations sur la suite de leur cursus.

Tableau 2.5. Types de formation par année; dans une cellule une fréquence correspond au nombre d'individus fréquentant tel type de formation pour une année particulière. Les abréviations dans les lignes sont expliquées à la figure 2.1.

	85/6	86/7	87/8	88/9	89/0	90/1	91/2	92/3	93/4
Bao	13	1	-	-	-	-	-	-	-
bk1	362	61	5	-	-	-	-	-	-
ibo1	40	7	1	-	-	-	-	-	-
ibo2	-	46	8	2	-	-	1	-	-
ibo3	-	-	46	14	3	-	-	-	-
ibo4	-	-	-	35	8	3	-	-	-
lbo1	118	8	-	-	-	-	-	-	-
lbo2	-	142	43	5	-	-	-	-	-
lbo3	-	1	167	87	10	1	-	-	-
lbo4	-	-	-	126	49	12	1	-	-
mavo1	101	13	1	-	-	-	-	-	-
mavo2	1	149	58	5	-	-	-	-	-
mavo3	-	-	141	86	8	-	-	-	-
mavo4	-	-	-	117	55	6	2	-	-
havo2	-	18	10	-	-	-	-	-	-
havo3	-	-	31	23	-	-	-	-	-
havo4	-	-	-	28	37	14	3	-	-
havo5	-	-	-	-	9	25	14	1	-
vwo1	2	-	-	-	-	-	-	-	-
vwo2	-	27	1	-	-	-	-	-	-
vwo3	-	-	39	2	-	-	-	-	-
vwo4	-	-	-	29	3	1	-	-	-
vwo5	-	-	-	-	16	4	7	1	-
vwo6	-	-	-	-	-	14	4	7	2
o.pri	24	22	19	18	4	1	1	-	-
kmbo	-	-	2	-	21	20	13	4	-
mbo1	-	-	-	-	20	23	7	4	-
mbo2	-	-	-	-	-	10	13	5	-
mbo3	-	-	-	-	-	-	6	9	4
mbo4	-	-	-	-	-	-	-	4	-
hbo/wo1	-	-	-	-	-	-	1	3	-
hbo/wo2	-	-	-	-	-	-	-	1	2
hbo/wo>5	-	-	-	-	-	-	1	-	-
travail	-	-	-	2	13	29	37	42	42
ch.éduc	-	-	-	-	2	7	2	3	-
apprentissage	-	-	-	2	15	19	13	7	3
autre	27	37	61	84	111	183	223	247	261
manquant	0	0	3	17	304	316	339	350	374

Comme nous nous occupons d'une cohorte d'élèves qui fréquentaient le dernier degré de l'école primaire en 1984/85, on constate dans le tableau 2.5 un grand nombre de fréquences nulles pour l'année 1985/86. Le schéma de la figure 2.1 montre qu'après l'école primaire, tous les élèves commencent en vwo1, o.pri, mavo1, lbo1, ibo1 ou bk1. Par exemple, 101 élèves commencent en mavo1 en 1985/86. En 1986/87, il y a 13 élèves en mavo1 (probablement des élèves qui ont échoué le passage en mavo2); en 1987/88, il reste seulement 1 élève dans ce type de formation; pour les années suivantes, ce niveau n'est plus fréquenté pour des raisons évidentes. En ce qui concerne la formation de type mavo, le cursus scolaire habituel pour les 4 premières années est soit mavo1-mavo2-mavo3-mavo4 ou bk1-mavo2-mavo3-mavo4. Cela explique le nombre important d'élèves en mavo2 pour 1986/87, en mavo3 en 1987/88, et en mavo4 en 1988/89. Bien que ces cursus soient les plus habituels, il est clair que beaucoup d'élèves ne suivent pas cette voie en raison d'échec ou de changement d'orientation.

5.3 Analyses

On étudie les cursus comme un cas particulier de données de parcours individuels. Pour ce type de données, van der Heijden & de Leeuw (1989) (voir aussi van der Heijden, 1987) suggèrent de se centrer sur 3 types d'analyses que nous discuterons ci-dessous.

La première analyse proposée par van der Heijden & de Leeuw (1989) est l'analyse des correspondances (AC) de la table de contingences croisant les catégories par le temps (voir tableau 2.5). Dans cet exemple, les lignes de la table de contingences sont les 38 degrés scolaires, et ses colonnes les 9 années de scolarité. Ce tableau présente les fréquences d'élèves par niveau et par année. L'analyse des correspondances de ce tableau ne semble pas fournir beaucoup plus d'informations que celles que l'on peut obtenir du tableau par une simple inspection visuelle. Par conséquent, nous ne présenterons pas les résultats d'une telle analyse.

5.3.1 Analyse des correspondances multiples sans les données manquantes

Le tableau 2.5 fournit des informations sur la fréquentation des degrés scolaires au cours du temps. Il ne donne pas d'information sur les cursus individuels. L'étude de ces cursus révèle notamment quels types de réorientation se sont produits entre les différents types de formation, comme ibo, lbo, mavo, havo, vwo, mbo et hbo/wo. Nous étudions ces cursus en effectuant une analyse des correspondances multiples. Dans ce but, nous considérons un tableau dont les lignes sont les 688 élèves, et les colonnes les niveaux scolaires par année. Bien que 38 niveaux scolaires soient fréquentés durant 9 années, le nombre de colonnes est inférieur à 9 × 38 car, durant les premières années, certains niveaux solaires ne sont pas encore fréquentés; de même par la suite il n'y a plus de données pour certaines années. En fait, dans le tableau 2.5, seules des combinaisons d'années et de niveaux qui ont des fréquences supérieures à 0 ont une colonne. Ainsi, pour l'année 1985/86, il y a 9 colonnes, pour l'année 1986/87, il y a 14 colonnes, etc. Le tableau final indique par (1) ou (0) si

un élève appartient à un niveau scolaire donné et pour une année donnée
ou pas. Si une information est manquante pour un élève et pour une année
particulière, on lui attribue la valeur 0 pour chacun des 38 niveaux scolaires.
On effectue alors une analyse des correspondances multiples sur ce tableau.

Les quatre premières valeurs propres issues de l'analyse des correspondances multiples sont .72, .65, .62 et .58. La figure 2.2 présente un graphique
qui illustre la quantification des élèves obtenue pour les deux premières dimensions.

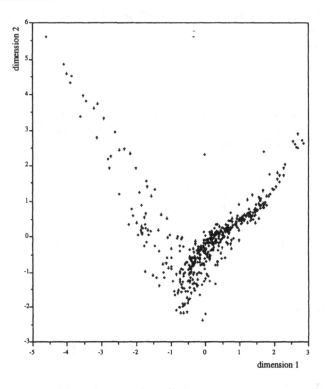

Fig. 2.2. Projection de 688 cursus sur les deux premières
dimensions de l'analyse de correspondances avec 38 niveaux
du cursus scolaire et professionnel

On remarque que le nuage des points des élèves a la forme parabolique caractéristique de l'effet Guttman ("effet fer à cheval") sur le premier plan factoriel. Dans une telle situation, la première dimension reflète la structure principale des données et il n'est pas très utile d'étudier les dimensions supérieures
(voir Schriever, 1983, 1986; van Rijckevorsel, 1986). Par conséquent, en ce
qui concerne les niveaux scolaires, nous retenons leur quantification sur la
première dimension. Dans la représentation graphique qui en est donnée à la

figure 2.3, les niveaux scolaires annuels qui ne contiennent que deux élèves sont éliminés afin d'en simplifier l'interprétation.

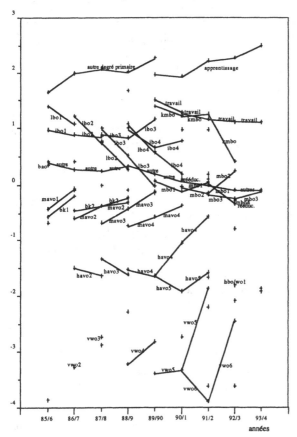

Fig. 2.3. Projection de 688 cursus sur les deux premières dimensions de l'analyse des correspondances avec 38 niveaux du cursus scolaire et professionnel

Pour interpréter les figures 2.2 et 2.3, il est utile de considérer les formules de transition (voir équations 2.3 et 2.4) et les formules de la distance du χ^2 (2.1 et 2.2). Ces formules fournissent le cadre général suivant pour l'interprétation (voir Gifi, 1990, pp. 118-120):

i   dans la figure 2.2, les élèves qui sont proches représentent des cursus scolaires très semblables. Des élèves qui sont éloignés représentent des cursus scolaires présentant peu de similarités. Ces remarques se déduisent de l'équation de la distance du χ^2 entre les profils ligne;

ii dans la figure 2.3, les combinaisons année-cursus scolaire, dont les quantifications sont proches, sont fréquentées simultanément par un grand nombre d'élèves; par exemple havo2 en 1986/87 et havo3 en 1987/88 sont proches, donc les élèves qui étaient en havo2 en 1986/87 ont une probabilité plus grande que la moyenne d'être en havo3 en 1987/88. En d'autres termes, la probabilité conditionnelle d'être en havo3 en 1987/88, sachant qu'on est en havo2 en 1986/87, est plus grande que la probabilité non conditionnelle d'être en havo3 en 1987/88. Ceci résulte de l'équation de la distance du χ^2 entre les profils colonne;

iii   dans la figure 2.2, les cursus scolaires sont proches des combinaisons type de scolarité-année dont ils sont composés (figure 2.3) et vice versa. Cela résulte des formules de transition. On peut alors interpréter la figure 2.3 en relation avec la figure 2.2 de la façon suivante:

a   les cursus scolaires à l'extrême gauche de la figure 2.2 (sur la première dimension) sont définis principalement par des années vwo. En allant de l'extrême gauche jusqu'à l'extrême droite, les carrières scolaires résultent essentiellement de vwo, havo, mavo, bk1 and bk2, mbo, lbo and ibo, kmbo, emploi, degrés primaires et enfin apprentissage. La dimension 1 ordonne les types de scolarité en fonction de ce qui peut être considéré comme des critères de réussite ou d'échec;

b   la propriété ii permet l'interprétation suivante: les cursus scolaires qui ont des années vwo comprennent également d'autres types de scolarité qui sont pour la plupart des années havo. Pour les carrières scolaires qui ont surtout des années havo, les autres années possibles sont des années vwo et mavo. Les carrières qui se terminent par des années mbo commencent surtout par des années mavo et lbo. Les carrières qui se terminent par des formations en cours d'emploi ont commencé surtout par d'autres degrés primaires, lbo et ibo;

c   comme on l'a vu ci-dessus, les cursus scolaires s'ordonnent de haut en bas à la figure 2.3 (de gauche à droite à la figure 2.2), allant de la réussite à une moins bonne réussite. Ceci permet d'obtenir des *résultats inattendus*. Par exemple, la quantification pour vwo4 en 1988/89 caractérise plus qu'en 1989/90 des cursus de réussite. Ces résultats sont cohérents car les cursus scolaires qui ont vwo4 en 1989/90 ont vwo4 en 5e année; par conséquent, les élèves concernés n'ont pas dépassé ce niveau. On observe un phénomène contraire dans le cas des années havo. Par exemple, des élèves qui, en 1989/90, ont havo3 en 4e année réussissent mieux que ceux qui, en 1987/88, ont havo3 en 3e année! On observe les résultats attendus pour mavo et bk mais pas pour lbo.

Pour havo3, nous avons comparé les 31 cursus qui ont havo3 en 1987/88 avec les 23 cursus qui ont havo3 en 1988/9 (Tab. 2.5). Nous avons calculé le nombre d'années que les deux groupes ont passées en vwo et en vwo-havo. Pour l'ensemble des élèves qui se caractérisent par havo3 en 1988/89 (niveau que les élèves ne dépassent pas), on voit qu'ils ont passé 12 des 162 années non manquantes en vwo (proportion 7.4%) et 94 années en vwo ou havo (proportion 58%). Pour l'ensemble de ceux qui ont havo3 en 1987/88 (élèves qui réussissent), il n'y a que 3 années des 179 en vwo (1.7%) et 94 des 179 en vwo-havo (52.5%). On voit alors pourquoi les cursus avec havo3 en 1987/88 (élèves qui réussissent) sont plus proches des carrières d'échec et que les havo3 en 1988/89 (élèves qui échouent) sont plus proches des carrières de réussite.

Pour mavo3, nous comparons les 141 carrières qui ont suivi mavo3 en 1987/88 avec les 86 qui ont suivi mavo3 en 1988/9 (Tab. 2.5). Nous calculons le nombre d'années, passées par les deux groupes en havo-vwo-hbo/wo et en bk-mavo-mbo-havo-vwo-hbo/wo. On constate que, pour les cursus ayant mavo3 en 1988/89 (élèves qui ne dépassent pas ce niveau), 11 des 588 années non manquantes sont en havo-vwo-hbo/wo (1.87%) et 400 des 588 années non manquantes sont en bk-mavo-mbo-havo-vwo-hbo/wo (68%). Pour les cursus ayant mavo3 en 1987/88 (cursus de réussite), 30 des 842 années non manquantes sont en havo-vwo-hbo/wo (3.56%) et 94 des 179 en bk-mavo-mbo-havo-vwo-hbo/wo (72.2%). Cela explique pourquoi les cursus ayant havo3 en 1987/88 (réussites) sont plus proches des carrières de réussite et que les cursus ayant havo3 en 1988/89 (échecs) sont plus proches des carrières d'échec.

Pour lbo2, nous comparons les 142 cursus qui ont suivi lbo2 en 1986/87 avec les 43 qui ont suivi lbo2 en 1987/88 (Tab. 2.5). Pour chacun des groupes, nous déterminons le nombre d'années passées en mbo et en mbo-mavo-bk. Nous remarquons que, pour les cursus lbo2 en 1987/88 (cursus d'échec), 7 des 281 années non manquantes sont en mbo (2.49%) et 48 années en mbo-mavo-bk (17.1%). Pour les cursus lbo2 en 1986/87 (carrières de réussite), il y a 17 des 861 années en mbo (2%) et 57 des 860 années en mbo-mavo-bk (6.6%). On comprend pourquoi les cursus lbo2 en 1986/87 (réussites) sont plus proches des carrières d'échec, alors que les cursus lbo2 en 1986/87 (échecs) sont plus proches des carrières de réussite.

On voit, à la lumière de cette interprétation, que l'on peut utiliser les quantifications sur la première dimension comme un score résumant le cursus scolaire de ces élèves. L'étape suivante dans l'analyse consiste alors à établir une relation entre les quantifications obtenues par l'analyse des correspondances multiples et certaines variables quantitatives et qualitatives caractérisant l'élève. Dans le cas des variables quantitatives, on calculera leurs corrélations avec les autres variables. Pour les variables qualitatives, on calculera la moyenne des scores pour chacune de leurs modalités.

Une première variable intéressante est celle que l'on désigne par le score "Dutch CITO" qui correspond a une évaluation des acquisitions scolaires avant l'entrée dans l'école secondaire. On dispose de ce score pour 382 élèves. On tient compte de ce score pour orienter l'élève dans une école secondaire de type professionnel ou général. Pour ces 382 élèves, la corrélation entre le score au CITO et la première dimension de l'analyse des correspondances multiples est de .58. De plus, pour certaines variables qualitatives pouvant avoir un lien avec la carrière scolaire, nous avons calculé les moyennes des quantifications des cursus scolaires sur le premier axe de l'analyse des correspondances multiples (voir les résultats à la figure 2.4). Les différences des moyennes entre garçons et filles ne sont pas significatives. Les cursus scolaires de réussite sont liés aux écoles catholiques romaines et protestantes, aux garçons européens, aux garçons originaires du Surinam et aux enfants dont le père est un employé (peu qualifié et qualifié). Les cursus scolaires de moindre réussite sont liés aux écoles publiques, aux élèves d'origine marocaine et turque et aux enfants dont le père est un ouvrier non qualifié.

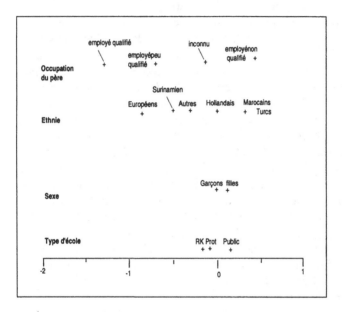

Fig. 2.4. Scores moyens sur le première dimension de l'analyse des correspondances pour quatre variables signalétiques: occupation du père, éthnie, sexes et types d'école

5.3.2 Analyse des correspondances multiples avec des contraintes d'égalité

Dans l'analyse précédente, nous avons vu à la figure 2.3 que certains changements d'orientation des lignes correspondent à certains aspects intéressants des données. Par exemple, des élèves qui échouent en mavo obtiennent un faible score de carrière scolaire, alors que les élèves qui échouent en havo et en lbo obtiennent un score plus élevé. Cependant, certaines variations au cours du temps pourraient être légèrement instables en raison de la petite taille de l'échantillon.

Une autre analyse proposée par van der Heijden & de Leeuw (1989) permet d'obtenir des résultats plus stables. Il s'agit de l'analyse des correspondances (AC) de la matrice croisant les 688 élèves avec les 38 niveaux du cursus scolaire et professionnel. Cette analyse est équivalente a une analyse des correspondances multiples avec une contrainte. En effet, les quantifications de niveaux identiques doivent être égales au cours du temps (van der Heijden & de Leeuw, 1989; van Buuren & de Leeuw, 1992). Autrement dit, sur la figure 2.3, les lignes doivent être horizontales. Les 688 cursus sont représentés sur les deux premières dimensions dans la figure 2.5. On observe à nouveau un effet Guttman. De plus, la corrélation entre les quantifications des cursus scolaires obtenues par cette analyse et les quantifications des cursus scolaires obtenues par l'analyse des correspondances multiples est égale à .9927. Les quantifications des cursus scolaires obtenues par les deux analyses peuvent donc être considérées comme identiques.

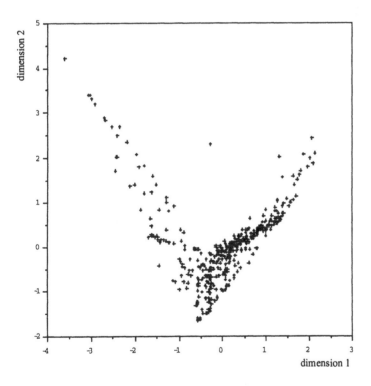

Fig. 2.5. Projection de 688 cursus sur les deux premières dimensions de l'analyse de correspondances utilisant 38 niveaux du cursus scolaire et professionnel

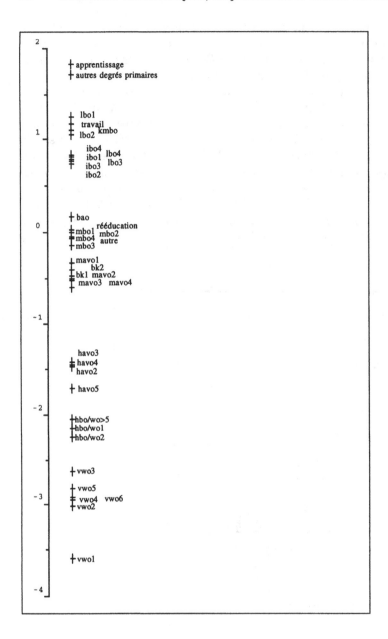

Fig. 2.6. Projection de 688 types de formation sur la première dimension de l'analyse des correspondances utilisant 38 niveaux du cursus scolaire et professionnel

Sur la figure 2.6, on présente les niveaux de quantification obtenus dans cette analyse. Il est clair que ces quantifications sont très proches des moyennes des lignes correspondantes à la figure 2.3.

5.3.3 Analyse des correspondances multiples avec des données manquantes

La façon de traiter les données manquantes est un des points cruciaux lors de l'application de l'analyse des correspondances multiples. Dans le cas de cette étude, on a déjà rencontré deux types de données manquantes qui ont été traitées différemment:

i l'information est connue mais ne concerne pas les carrières scolaires. On lui a attribué une modalité "autre". Elle concerne principalement les élèves faisant leur service militaire, rentrant au Maroc ou en Turquie, ou encore décédés. Cette modalité est une modalité active dans l'analyse et, pour chaque année, elle se situait près de l'origine du premier plan. Ceci indique qu'elle n'avait pas de relation claire avec un cursus scolaire de réussite ou d'échec. On voit dans le tableau 2.5 que le nombre de garçons tombant dans cette modalité croît constamment, allant de 27 la première année à 261 la dernière année (parmi les 688 élèves);

ii l'information n'est pas encore connue. Au tableau 2.5, elle est indiquée par "manquant". Ce phénomène concerne beaucoup d'élèves à partir de leur 5e année. Ils ont achevé des cursus comme ibo, lbo et mavo, et comme ils ne suivent plus une formation, ils sont plus difficiles à suivre. Cette option "manquant" est la façon la plus courante de traiter l'information manquante dans une analyse des correspondances multiples: en termes de supermatrice d'indicatrices, si un élève est "manquant" pour une année, on lui attribue des zéros pour toutes les modalités (pour plus de détails, voir Meulman, 1982; van der Heijden & Escofier, 1988; Gifi, 1990; van Buuren & van Rijckevorsel, 1992).

Les données manquantes du type ii seront également traitées en utilisant une modalité distincte, et nous montrerons l'influence d'une telle approche sur les solutions dans l'analyse des correspondances multiples.

Les résultats de l'analyse des correspondances multiples font ressortir les 4 premières valeurs propres suivantes: .5703, .5687, .5041 et .4514. On voit que la première et la seconde dimensions ne se distinguent pas clairement. Les valeurs propres pouvant être interprétées comme des variances, il en résulte qu'une rotation du nuage de points dans le premier plan conduirait approximativement aux mêmes variances.

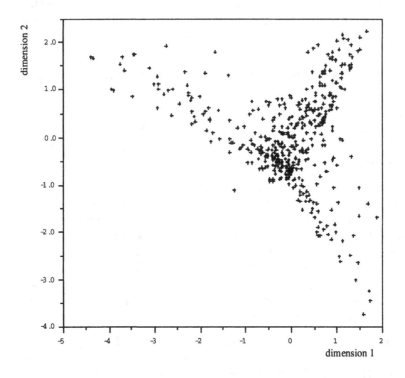

Fig. 2.7. Projection de 688 cursus sur les deux premières dimensions
de l'analyse des correspondances multiples utilisant 39 niveaux du
cursus scolaire et professionnel

La figure 2.7 montre la projection de 688 carrières et la figure 2.8 la
progression des niveaux scolaires sur deux dimensions. Il n'y a pas d'effet
Guttman pour les cursus scolaires (figure 2.7). Il n'est donc pas possible de
résumer les cursus scolaires par un seul score. Sur la figure 2.8, les niveaux scolaires ne sont pas tous désignés par des labels différents. Nous voulons seulement étudier l'influence d'une autre modalité "manquant" sur les résultats
et montrer comment les cursus scolaires peuvent être liés au passé de l'élève.
Depuis en haut à gauche jusqu'en bas à droite, les modalités sont ordonnées
de l'échec à la réussite, plus ou moins de la même façon que sur la figure
2.5. La spécificité de la figure 2.7 est le nuage de points en haut à droite de
l'origine. On voit sur la figure 2.8 qu'il s'agit de cursus scolaires qui utilisent
la modalité manquante "autre" avec ibo et bk. Donc la modalité "autre" apparaît plus souvent que la moyenne avec ce type d'école. De plus, la modalité
"autre" s'oppose à l'autre modalité notée "manquant". Cette modalité se
retrouve plus souvent que la moyenne avec les cursus mbo. Nous ne sommes
pas étonnés d'une opposition entre les modalités "autre" et "manquant". En
effet, d'après les fréquences marginales, nous pouvons penser que lorsque la

modalité "autre" apparaît dans un cursus scolaire, elle demeure la modalité pour les unités de temps suivantes. Lorsque la modalité "manquant" apparaît dans un cursus scolaire, elle demeure également la modalité pour les unités de temps manquantes suivantes. Les deux modalités "autre" et "manquant" sont les modalités finales: quand vous y êtes vous n'en sortez plus. Mais des cursus qui présentent à la fois des modalités "autre" et "manquant" sont rares et donc ces carrières sont très éloignées l'une de l'autre. Un des objectifs principaux de l'analyse des correspondances multiples des cursus scolaires est de résumer ces cursus par des mesures qui peuvent être utilisées facilement dans des analyses ultérieures. Dans l'analyse des correspondances multiples sans la modalité "manquant", il s'est avéré facile d'associer la quantification obtenue pour la première dimension avec des variables du passé de l'élève en déterminant les corrélations ou les moyennes. Tel n'a pas été le cas pour les cursus présentés sur la figure 2.7: deux scores sont nécessaires pour résumer les cursus. Il est difficile de choisir entre ces deux scores en raison de la configuration du nuage de points.

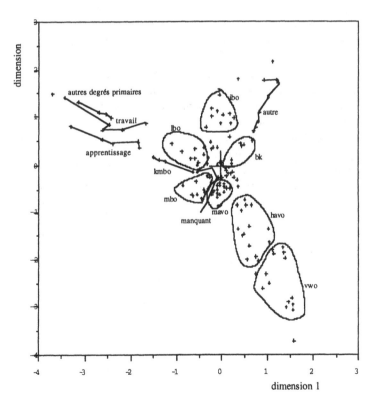

Fig. 2.8. Projection des types de formation sur les deux premières dimensions de l'analyse des correspondances multiples utilisant 39 niveaux du cursus scolaire et professionnel

Il est beaucoup plus simple de déterminer une classification des cursus en un certain nombre de groupes. Dans ce but, on peut notamment utiliser certaines techniques comme des méthodes de classification sur les coordonnées de la figure 2.8.

Dans ce dernier cas, on voit que l'on peut déterminer au moins quatre groupes (les cursus sur la gauche, en bas à droite, en haut à droite et au centre). Cette classification peut alors être reliée à d'autres variables du passé de l'élève en construisant des tables de contingences ou en déterminant des moyennes pour chacun des groupes de la classification.

6. Conclusion

Les données de cursus (par exemple scolaires) peuvent être codées de telle façon que l'on puisse leur appliquer l'analyse des correspondances multiples avec profit. On obtient une quantification ou une classification de chaque cursus. La quantification semble être le résumé le plus utile si l'analyse des correspondances produit seulement une seule dimension interprétable ou si l'interprétation de la première dimension peut être distinguée de celle de la deuxième. Par ailleurs, lorsqu'il est difficile de donner une interprétation différente aux dimensions successives, il est plus intéressant d'obtenir une classification des cursus. Ces classifications permettent alors de résumer les cursus par une variable catégorielle.

Il est licite d'utiliser l'analyse des correspondances même dans le cas où le nombre d'états pour chaque unité de temps est élevé (dans notre exemple 38 et 39). On trouve un exemple avec 25 états dans van der Heijden & de Leeuw (1989). Bien sûr la stabilité des résultats peut décroître avec le nombre de modalités: une petite perturbation dans les données provoque des modifications assez importantes des résultats. Afin d'étudier la stabilité des résultats, on pourra appliquer le "bootstrap" (voir Giffi, 1990, pour des exemples et Markus, 1994, pour son efficacité). On peut augmenter la stabilité en diminuant le nombre de périodes utilisées dans la matrice des données (voir la section 3).

Analyse statistique de réponses ouvertes: application à des enquêtes auprès de lycéens

Mónica Bécue Bertaut[1] et Ludovic Lebart[2]

[1] Faculté d'Informatique, Université de Barcelone, Espagne
[2] Ecole Nationale Supérieure des Télécommunications, Paris, France

1. Introduction

Ce chapitre présente une application de l'analyse des correspondances à des tableaux de données lexicales construits à partir de réponses à des questions ouvertes. Poser une question ouverte ou bien fermée, voilà un choix qui doit être fait lors de la construction du questionnaire d'une enquête. Et, bien sûr, ce choix sera guidé, entre autres raisons, par les différentes manières de traiter les réponses obtenues. Les traitements statistiques proposés ici partent du texte brut, sans précodage ni intervention manuelle, facilitant ainsi une appréhension des réponses qui relègue la subjectivité au stade ultérieur de l'interprétation des résultats obtenus. Cette méthodologie opère au moyen de comptages de mots ou de segments répétés et permet ainsi un traitement systématique du contenu et de la forme des réponses. On verra que la déconstruction du texte ainsi effectuée peut faciliter la mise en évidence de signes sociaux transparents à une lecture plus classique.

2. L'apport spécifique des questions ouvertes dans les enquêtes

De nombreux travaux ont mis en évidence la spécificité des réponses aux questions ouvertes. On peut trouver une présentation de ces travaux dans Lebart & Salem (1994). Il faut rappeler ici que, comme des études comparatives l'ont montré, le questionnement ouvert et le questionnement fermé ne peuvent apporter la même information. En particulier, les items proposés comme réponses possibles à une question fermée induisent les réponses des répondants. Ceux-ci peuvent être amenés à choisir une réponse considérée a priori comme "correcte" car présente, être parfois peu enclins à admettre qu'aucune des réponses prévues ne corresponde à la leur, ou encore se montrer soucieux de répondre à l'attente de l'enquêteur en choisissant une réponse préétablie... Si de plus l'on tient compte du fait que les items proposés peuvent ne pas correspondre aux catégories de perception du monde que possèdent les individus interrogés, il est aisé de voir que le questionnement fermé ne permet pas d'aborder certains domaines. Le questionnement ouvert sera indispensable pour recueillir une information spontanée par nature *"qu'avez-vous retenu de la publicité sur...?"*, pour expliciter et permettre de comprendre la réponse à une question fermée - la simple question *"Pourquoi?"* suivant une question fermée sera riche d'enseignements - et aussi, comme nous l'avons déjà indiqué, pour explorer une réalité trop peu connue pour que l'on puisse préciser les items possibles des réponses à une question fermée.

3. Méthodes d'analyse des questions ouvertes

Le principal inconvénient des réponses ouvertes réside dans la difficulté de leur traitement.

3.1 Post-codage des questions ouvertes

Il est courant de post-coder les réponses ouvertes. Ceci consiste à définir un ensemble d'items - à partir de la lecture d'une centaine de réponses et suivant le problème étudié et les thèmes d'intérêt qui en découlent - pour, dans un second temps, noter l'absence ou la présence de chacun des items dans les réponses. Ceci permet de codifier ces réponses, de remplacer la question ouverte par une ou plusieurs questions fermées et d'obtenir des résultats exploitables par les méthodes usuelles d'analyse de questions fermées. Néanmoins cette procédure présente certains inconvénients, comme la médiation du codeur qui effectue des choix en fonction de paramètres personnels difficilement explicitables, la difficile prise en compte de la forme et de la qualité d'expression de la réponse et même une fréquente simplification réductrice du contenu de celle-ci. Ces raisons ont conduit à rechercher des méthodes d'analyse complémentaires qui apportent au chercheur une autre lecture des réponses, d'autres éléments pour mieux appréhender l'information que ces réponses lui apportent. En particulier, le traitement proposé facilite la mise en évidence de signes significatifs qui proviennent à la fois de la forme de la réponse et de son contenu ou même de sa construction. Ces méthodes chercheront à mettre en valeur l'information contenue dans les réponses en s'appuyant sur les facilités de calcul et de gestion offertes par les ordinateurs, et aussi en utilisant toutes les données complémentaires recueillies sur les répondants, en général au moyen de questions fermées.

Regroupement des réponses. Il sera très utile de regrouper les réponses suivant les catégories indiquées par les caractéristiques des répondants, par âge et niveau d'études, par catégorie socio-économique ou suivant tout autre critère pertinent en relation avec le problème étudié.

3.2 Analyse statistique à partir de décomptes automatiques

Les réponses - ou les groupes de réponses - seront comparées sur des bases quantitatives, à partir du décompte de mots et/ou expressions. Celui-ci sera opéré sans choix préalable, sans détermination, a priori, de l'importance ou de la signification de chacun des mots. Il n'est pas inutile de souligner que certains mots-outils peuvent être d'un grand intérêt d'un point de vue sociologique ou psychologique, outre le fait qu'il n'existe pas de définition univoque de ce qu'est un mot-outil.

Ces décomptes automatiques déconstruisent le langage et l'intentionnalité et permettent ainsi de souligner l'importance du choix des mots, de leurs liens avec le statut des répondants, ce qu'il n'est pas toujours facile de percevoir par des méthodes plus classiques.

3.2.1 Unités de décompte

Mot ou forme graphique.   L'unité de décompte sera le "mot", ou forme graphique, défini comme une suite de caractères délimitée par des blancs ou des signes de ponctuation. Un même lemme (qui correspond à une "entrée dans le dictionnaire") pourra donner lieu à plusieurs mots, par exemple un même adjectif correspondra à plusieurs mots, selon sa forme masculine, féminine, et les formes plurielles.

Les segments répétés.   On peut aussi décompter des unités complexes, composées de plusieurs mots et appelées segments répétés quand il s'agit de successions de formes contiguës (Salem, 1987). En général, on effectuera un choix de ces unités par seuil de fréquence. Les réponses et les regroupements de réponses seront alors caractérisés par la fréquence avec laquelle chacune des unités retenues est utilisée.

3.2.2 Les tableaux lexicaux, les tables de contingence particulières

A partir des décomptes sur les mots, ou sur les segments répétés, il sera facile de construire le tableau lexical, tableau de contingence particulier croisant répondants et mots, contenant la fréquence avec laquelle chaque individu interrogé a utilisé chacun des mots retenus. Bien sûr, on cherchera à construire et à emmagasiner ce tableau sous une forme condensée.

Si l'on décide de regrouper les réponses selon un critère donné, on construira la table lexicale agrégée, ou tableau de contingence, croisant les groupes de réponses et les mots (ou segments), contenant la fréquence d'emploi de ces derniers dans chacun des groupes.

Les outils statistiques pour l'analyse des tableaux de contingence peuvent alors être employés pour décrire ces tableaux. En particulier, l'analyse des correspondances constitue un instrument très utile pour visualiser les associations entre mots et groupes, entre mots et caractéristiques des répondants et ainsi rendre compte des variations du vocabulaire selon l'appartenance à certains groupes.

Ces résultats spatiaux seront complétés et enrichis par des comparaisons d'inspiration plus probabiliste destinées à mettre en évidence les mots ou segments répétés surreprésentés ou sous-représentés dans chaque groupe. On cherchera aussi à résumer les réponses des catégories de répondants en sélectionnant les réponses réelles du corpus qui peuvent être considérées comme les plus représentatives de celles-ci.

Dans la suite de cet article, ces méthodes seront appliquées à deux exemples différents, afin d'en présenter les aspects les plus intéressants.

Tout d'abord, nous illustrerons l'emploi d'une question ouverte destinée à compléter et enrichir la question fermée qui la précède. Il s'agit de la question *"Pourquoi?"* posée à des lycéens, après leur avoir demandé de choisir la modalité représentant le mieux leur sentiment envers les mathématiques, au cours d'une enquête par questionnaire. Le second exemple est une étude de caractère plus psychologique et correspond à une interrogation ouverte classique connue sous le nom de TST ou Twenty Statement Test. Ce test demande aux personnes étudiées - dans ce cas des adolescents de Barcelone - de répondre par écrit vingt fois de suite à la question *"Qui suis-je?"*. Cela nous permettra aussi de montrer que les méthodes - et le logiciel utilisé - peuvent s'appliquer à des corpus appartenant à des langues différentes.

4. Explicitation de la réponse donnée à une question fermée au moyen de la question ouverte subsidiaire "Pourquoi?"

Avec ce premier exemple, nous tenterons de montrer quel est, en général, l'apport des méthodes proposées en ce qui concerne l'analyse des questions ouvertes, et plus particulièrement comment ce type de question permet de mieux comprendre à quelle question répondent les personnes interrogées, et en particulier si elles répondent ou non toutes à la même question.

Pour cela nous avons choisi de traiter la question ouverte *"Pourquoi?"* posée juste après une question fermée, dans une enquête effectuée par le sociologue Christian Baudelot.

4.1 Problématique étudiée

Un des objectifs de la recherche était d'étudier comment la sélection par les résultats en mathématiques, fondamentale dans les systèmes scolaire et universitaire français, conduisait à une sélection selon le sexe. En particulier, on désirait savoir pourquoi les filles, dont les résultats en mathématiques sont au moins aussi bons que ceux des garçons, constituent seulement 14% des effectifs des étudiants dans les classes préparatoires aux écoles d'ingénieurs, l'hypothèse étant que les filles ne désirent pas être impliquées dans des professions masculines et compétitives.

Pour cela, Christian Baudelot a réalisé une enquête par questionnaire comportant des questions fermées, et une question ouverte suivant une question fermée. Le contenu de ces deux questions est reproduit ici:

Quels sont, parmi les sentiments suivants, celui dont tu te sens le plus proche?

1. *Je déteste les maths*
2. *J'aime peu les maths*
3. *J'aime bien les maths*
4. *J'adore les maths*

Pourquoi? Peux-tu indiquer dans les lignes qui suivent les principales raisons pour lesquelles tu aimes ou tu n'aimes pas les maths? Essaye en particulier de préciser les aspects de cette discipline qui te plaisent ou te déplaisent le plus.

La recherche sur la problématique des choix et des résultats scolaires et universitaires des filles a été publiée dans Baudelot & Establet (1992). L'étude des réponses à la question ouverte avait été présentée antérieurement par Baudelot (1990).

Dans l'analyse que nous détaillons dans les pages qui suivent, nous avons choisi de traiter de façon systématique les relations entre les réponses à la question ouverte et celles à la question fermée, pour montrer comment les éléments complémentaires recueillis permettent de préciser et de moduler l'interprétation des résultats. Nous ne poursuivons pas l'analyse plus avant et renvoyons les lecteurs intéressés par les résultats de l'étude aux publications de Baudelot (op. cit.).

L'ensemble des réponses constitue un corpus de 16851 occurrences, formé à partir de 1486 mots distincts. Si uniquement les mots prononcés plus de 12 fois sont conservés, 13770 occurrences sont retenues et 170 mots différents sont sélectionnés. Le tableau 3.1 présente les mots les plus utilisés par les lycéens pour répondre à la question ouverte.

4.2 Données à analyser

Nous avons indiqué plus haut que l'un des buts recherchés en posant la question *"Pourquoi?"* est de comprendre l'interprétation donnée à la question fermée qui la précède. Il est donc particulièrement intéressant de construire la table lexicale agrégée correspondant aux réponses regroupées selon les catégories de la question fermée. C'est l'analyse de cette table que nous allons effectuer et commenter dans les pages qui suivent.

4.3 Partition du corpus des réponses

Les catégories de regroupement sont ordonnées suivant l'intensité du sentiment envers les mathématiques, allant du *"Je déteste les maths"* au *"J'adore les maths"*.

Tableau 3.1. Mots les plus prononcés par l'ensemble des lycéens

Mots par ordre de fréquence

Fréquence	Mot	Fréquence	Mot	Fréquence	Mot	Fréquence	Mot
692	LES	242	A	162	MATIERE	138	DANS
570	JE	241	L	153	PLUS	128	UN
546	J	231	N	152	QUI	125	SONT
488	AIME	230	QUE	152	ME	109	AI
483	MATHS	227	C	151	ON	107	PEU
445	DE	218	CAR	149	LE	103	Y
423	PAS	211	BIEN	147	POUR	99	ALGEBRE
378	LA	205	LOGIQUE	146	IL	98	A
353	EST	181	DES	146	GEOMETRIE	96	CE
336	ET	181	EN	144	MAIS	94	TROP
249	NE	173	UNE	142	D	88	PARCE QUE

Le tableau 3.2 montre quelques caractéristiques du découpage ainsi effectué. Il faut noter, en particulier, que la modalité *"J'adore les maths"* correspond à une minorité des répondants: seuls 69 lycéens sur 999 l'ont choisie, alors que 506 déclaraient "aimer bien" les mathématiques. Bien sûr, ce dernier choix est le choix "banal", l'importance des mathématiques dans le système français fait que l'on "doit" aimer les mathématiques, surtout si l'on est un garçon. Et l'on constate que c'est parmi ceux qui se sont situés dans cette catégorie que le pourcentage de répondants qui n'ont pas répondu à la question *"Pourquoi?"* est le plus important, comme si leur réponse était pour certains d'entre eux trop convenue et donc pas très facile à commenter.

Procéder à l'analyse de la table croisant mots et catégories permettra de mettre en évidence l'évolution du vocabulaire liée à la gradation du sentiment, et il est possible que cela soit la caractéristique lexicométrique fondamentale de cette table.

Le vocabulaire employé doit refléter cette évolution et, avec celle-ci, certains mots doivent supplanter d'autres mots dont l'usage tend à disparaître. Par conséquent, les vocabulaires des catégories consécutives présentent plus de similitudes que ceux des catégories plus éloignées.

Tableau 3.2. Découpage du corpus selon les 4 niveaux de sentiments

Libellé	Longueur	Mots distincts	Hapax[1]	Nombre de réponses	Nombre de réponses exprimées	Moyenne par réponse	Longueur conservée	Mots distincts conservés
Déteste	2285	524	136	117	101	19.5	1810	157
Aime peu	5542	817	273	303	257	18.3	4496	168
Aime bien	7710	932	313	506	403	15.2	6370	170
Adore	1212	326	58	69	60	17.6	1007	143

[1] Forme dont la fréquence est égale à 1 dans le corpus.

4.4 Analyse des correspondances de la table croisant les mots et les sentiments envers les mathématiques

L'analyse des correspondances permet d'effectuer une comparaison des profils de mots (répartition des mots dans les différentes catégories) d'une part, et des profils de catégories (fréquence relative avec laquelle une catégorie donnée emploie chacun des mots) d'autre part. Le voisinage de deux points-mots sur le plan principal traduira une similitude de leur profil et donc un emploi fréquent dans les mêmes catégories. Le voisinage de deux points-catégories indiquera que celles-ci ont un vocabulaire similaire.

Il ne faut pas oublier que le principe de la représentation simultanée - qui trouve sa justification dans les relations de transition liant les coordonnées d'un point situé dans un espace (celui des mots par exemple) à celles de tous les points de l'autre espace (celui des catégories) - ne permet pas d'interpréter les proximités entre un mot et une catégorie, mais seulement entre un mot et toutes les catégories globalement (et vice versa).

L'analyse des correspondances d'un tableau lexical, pour lequel à la fois l'ensemble des catégories est ordonné et le vocabulaire suit une évolution induite par cet ordre, offre des traits particuliers. En effet, l'ensemble des distances entre catégories est dominé par l'existence d'une gradation, et l'analyse des correspondances en est d'abord le reflet. Le premier axe peut ainsi être qualifié d'axe de niveau. Les différents facteurs à partir du second peuvent alors être fonction du premier, fonction quadratique pour le second, cubique pour le troisième (effet Guttman). On observera dans ce cas sur le premier plan factoriel les points-catégories disposés le long d'une courbe de forme parabolique.

Le premier plan factoriel obtenu par l'analyse des correspondances de la table lexicale agrégée est présenté à la figure 3.1.

Les valeurs propres associées aux deux premiers axes sont respectivement 0.0637 et 0.0166 et correspondent à 68.8% et 17.9% de l'inertie totale.

Les points correspondant aux quatre catégories de lycéens correspondent grosso modo à la courbe théorique commentée plus haut, mais on doit noter que le point *"J'adore les maths"* a la même coordonnée sur le premier axe que le point *"J'aime bien les maths"* qui correspond au niveau antérieur et se trouve donc plus rapproché du point *"Je déteste les maths"* que la courbe de référence ne le laissait présager.

L'interprétation des résultats comporte donc dans ce cas deux principaux aspects: puisqu'il y a bien une évolution du vocabulaire en fonction de la gradation du sentiment envers les mathématiques, il est intéressant de l'étudier et de mettre en évidence les mots qui en rendent compte sur le plan quantitatif. C'est ce que nous ferons tout d'abord. Ensuite, il sera intéressant d'analyser l'écart à la courbe de référence qui est observé en ce qui concerne le point *"J'adore les mathématiques"* et de voir quelle information complémentaire est ainsi apportée.

4.5 Analyse de l'évolution du vocabulaire selon la catégorie

Le plan principal permet de visualiser l'évolution du vocabulaire en fonction de l'intensité du goût pour les mathématiques, de rendre compte des changements de tonalité et de montrer les oppositions. Les mots ayant des coordonnées extrêmes sur les axes correspondent dans ce cas à des termes utilisés par les lycéens qui disent détester les mathématiques ou, à l'autre extrême, par ceux qui disent les adorer. Cette opposition des catégories correspond aux mots *déteste*, ce qui n'étonne guère, mais aussi *tard, jamais, intérêt, aucun, rien, vie, nous* et *moi*, mots qui correspondent aux expressions *pour moi, aucun intérêt, cela ne nous sert à rien plus tard, cela ne sert à rien dans la vie, cela ne sert jamais*. A l'autre extrême de la courbe, on peut lire *adore, chercher, recherche, rigueur, résoudre, réflexion, logique(s), calculs, peut*, donc le langage plutôt austère de la discipline. L'analyse met en évidence des oppositions globales, faisant entrer en jeu à la fois l'ensemble des mots et l'ensemble des catégories. Il est utile de mettre en évidence les mots les plus responsables de l'évolution constatée par des tests effectués séparément à partir de la fréquence de chacun des mots.

Spécificités de chaque catégorie. Il s'agit d'identifier les mots surreprésentés et sous-représentés dans chacune des catégories de lycéens. Sans présenter ici le détail des calculs effectués, indiquons seulement qu'il s'agit de comparer la fréquence relative de chacun des mots dans une catégorie donnée, et pour l'ensemble des répondants, considérée comme fréquence de référence, par un test hypergéométrique classique. Pour faciliter la lecture des résultats du test, on traduit la probabilité associée à la comparaison en une valeur-test standardisée de telle façon que l'on puisse la lire comme une réalisation d'une variable de Laplace-Gauss centrée et réduite.

Pour cette raison, on peut considérer comme caractéristiques les mots dont la valeur-test est supérieure à 1.96 (mot anormalement fréquent) ou inférieure à -1.96 (mot anormalement peu fréquent). On peut donc considérer que cette valeur-test mesure la différence entre la fréquence du mot dans la catégorie et la fréquence de cette même forme dans l'ensemble des lycéens étudiés.

Le tableau 3.3 présente les mots surreprésentés - appelés aussi spécificités positives - dans les quatre catégories. On peut constater que, dans le cas étudié, chacune des catégories possède un nombre important de spécificités. Il est intéressant de lire ce tableau en rapprochant les résultats de la lecture du plan factoriel présenté à la figure 3.1.

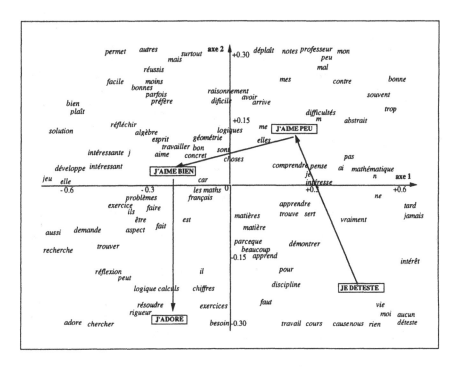

Fig. 3.1. Plan principal de l'analyse des correspondances du tableau croisant les mots et les catégories

Tableau 3.3. Mots suremployés dans les groupes de réponses formés selon la modalité de la variable "Sentiment envers les mathématiques"

Libellé du mot	Pourcentage		Fréquence		Valeur	Probabilité
	interne	global	interne	globale	Test	

Sous-corpus "Je déteste les mathématiques"

		Pourcentage interne	Pourcentage global	Fréquence interne	Fréquence globale	Valeur Test	Probabilité
1	RIEN	1.22	0.31	22	42	5.944	0.000
2	DETESTE	0.94	0.25	17	34	5.022	0.000
3	NE	3.15	1.81	57	249	4.159	0.000
4	JE	6.08	4.15	110	570	4.146	0.000
5	N	2.93	1.68	53	231	4.019	0.000
6	NOUS	0.99	0.36	18	50	3.971	0.000
7	AUCUN	0.39	0.09	7	13	3.257	0.001
8	PAS	4.36	3.08	79	423	3.188	0.001
9	INTERET	0.55	0.18	10	25	3.171	0.003
10	VIE	0.61	0.25	11	34	2.732	0.004
11	CAUSE	0.33	0.09	6	13	2.663	0.008
12	VOIS	0.39	0.14	7	19	2.406	0.011
13	COURS	1.60	0.15	7	29	2.290	0.016
14	POUR	1.10	1.07	29	147	2.146	0.019
15	TROP	1.60	0.68	20	94	2.072	0.024

Sous-corpus "J'aime peu les mathématiques"

		Pourcentage interne	Pourcentage global	Fréquence interne	Fréquence globale	Valeur Test	Probabilité
1	PAS	4.63	3.08	208	423	7.069	0.000
2	PEU	1.56	0.78	70	107	6.850	0.000
3	NE	2.65	1.81	119	249	4.916	0.000
4	N	2.47	1.68	111	231	4.809	0.000
5	TROP	1.07	0.68	48	94	3.587	0.000
6	JE	4.98	4.15	224	570	3.338	0.000
7	AU	0.24	0.13	11	18	2.247	0.012
8	NOTES	0.29	0.17	13	23	2.152	0.016
9	TARD	0.27	0.15	12	21	2.096	0.018
10	M	0.78	0.57	53	79	2.047	0.020
11	AI	1.02	0.79	46	109	1.990	0.023

Réponses modales. Il est également utile de sélectionner les réponses que l'on peut considérer comme caractéristiques de chacune des catégories. Ce sont des réponses originales, prononcées par des répondants, que l'on peut considérer comme les plus aptes, selon un critère donné, à caractériser la catégorie correspondante.

Tableau 3.3. (suite) Mots suremployés dans les groupes de réponses formés selon la modalité de la variable "Sentiment envers les mathématiques"

Libellé du mot		Pourcentage		Fréquence		Valeur	Probabilité
		interne	global	interne	globale	Test	

Sous-corpus "J'aime bien les mathématiques"

1	BIEN	2.53	1.53	161	211	8.871	0.000
2	J	5.10	3.97	325	546	6.258	0.000
3	AIME	4.43	3.55	282	488	5.113	0.000
4	INTERESSANT	0.61	0.41	39	57	3.232	0.001
5	JEU	0.19	0.09	12	13	3.184	0.001
6	REFLECHIR	0.38	0.23	24	32	3.112	0.001
7	CE	0.93	0.70	59	96	2.879	0.002
8	SOLUTION	0.19	0.10	12	14	2.757	0.003
9	ALGEBRE	0.94	0.72	60	99	2.755	0.003
10	LA	3.17	2.75	202	378	2.751	0.003
11	LOGIQUE	1.81	1.49	115	205	2.749	0.003
12	PLAIT	0.33	0.21	21	29	2.652	0.004
13	MAIS	1.30	1.05	83	144	2.647	0.004
14	LES	5.53	5.03	352	692	2.410	0.008
15	ASSEZ	0.50	0.36	32	50	2.369	0.009
16	RECHERCHE	0.20	0.12	13	17	2.272	0.012
17	DEVELOPPE	0.19	0.12	12	16	2.065	0.019
18	C	1.90	0.65	121	227	2.052	0.020

Sous-corpus "J'adore les mathématiques"

1	LOGIQUE	2.88	1.49	29	205	3.309	0.000
2	EST	4.07	2.57	41	353	2.847	0.002
3	C	2.88	1.65	29	227	2.825	0.002
4	UNE	2.28	1.26	23	173	2.662	0.004
5	ADORE	0.50	0.12	5	17	2.504	0.006
6	QU	1.09	0.50	11	69	2.285	0.011
7	CHERCHER	0.50	0.16	5	22	2.069	0.019

Critère de sélection selon les mots spécifiques. Pour chacune des réponses, il est aisé d'associer à chacun des mots la valeur-test qui lui est attachée pour la catégorie correspondant à la réponse, valeur qui peut être positive ou négative. On peut alors calculer la moyenne de ces valeurs-test pour les mots contenus dans la réponse. Les réponses auxquelles correspondent des valeurs moyennes élevées auront tendance à n'employer que des mots très spécifiques de la catégorie et seront considérées comme caractéristiques de celles-ci.

Ce critère privilégie les réponses courtes, celles qui n'emploient que peu de mots, très spécifiques. En effet, la présence de mots plus neutres fait baisser la valeur moyenne du critère attaché à la réponse. Le tableau 3.4 montre les cinq réponses les plus caractéristiques de chacune des quatre catégories.

Tableau 3.4. Réponses modales selon le critère de la moyenne des valeurs-test

Sous-corpus *"Je déteste les mathématiques"*

1   JE NE COMPRENDS RIEN AUX MATHS
2   JE NE SUIS PAS SCIENTIFIQUE
3   CELA N'A AUCUN INTERET
4   JE DETESTE LES MATHS CAR JE N'Y ARRIVE PAS DU TOUT ET JE DETESTE LES CHIFFRES
5   JE NE SUIS PAS VRAIMENT SCIENTIFIQUE

Sous-corpus *"J'aime peu les mathématiques"*

1   JE NE SUIS PAS SCIENTIFIQUE
2   PARCE QUE JE N'Y ARRIVE PAS
3   JE NE SUIS PAS TRES SCIENTIFIQUE
4   JE NE LES COMPRENDS PAS TOUJOURS. ELLES NE M'INTERESSENT PAS VRAI-MENT
5   JE N'AIME PAS LES MATHEMATIQUES CAR JE NE COMPRENDS PAS GRAND-CHOSE ET CELA NE M'INTERESSE PAS DU TOUT

Sous-corpus *"J'aime bien les mathématiques"*

1   J'AIME BIEN CAR J'Y ARRIVE
2   C'EST LOGIQUE, J'AIME BIEN L'ALGEBRE
3   CAR J'AIME BIEN LA LOGIQUE, L'ANALYSE
4   J'AIME BIEN LA MANIERE DE RAISONNER
5   PARCE QUE J'AIME BIEN MANIPULER LES CHIFFRES

Sous-corpus *"J'adore les mathématiques"*

1   C'EST LOGIQUE
2   LA LOGIQUE
3   LA LOGIQUE!
4   C'EST LOGIQUE, C'EST PARFOIS AMUSANT ET C'EST TRES INTERESSANT
5   C'EST UNE MATIERE OU LA LOGIQUE REGNE, OU TOUT EST DEFINI

Critère de sélection de la distance du χ^2 entre profils lexicaux.
Pour chacune des catégories, on peut calculer le profil lexical moyen de celle-ci, c'est-à-dire la fréquence relative moyenne avec laquelle chacun des mots conservés est employé dans les réponses de cette catégorie. On peut alors considérer comme caractéristiques d'une catégorie les réponses les plus proches de ce profil moyen, proches au sens de la distance choisie qui est ici la distance du χ^2, usuelle lorsqu'il s'agit de comparer des profils ou distributions et qui est utilisée en analyse des correspondances. Pour plus de détails sur ce critère et sur cette distance, on peut consulter Lebart & Salem (1994). Le tableau 3.5 ne montre que la réponse la plus caractéristique de chacune des quatre catégories; ces réponses sont considérablement plus longues et cela nous conduit à faire ce choix.

Tableau 3.5. Réponses modales selon le critère de la distance du χ^2

Sous-corpus *"Je déteste les mathématiques"*
1 LE LANGAGE EMPLOYE PAR LES PROFESSEURS DE MATHS NE ME CONVIENT PAS, JE NE TROUVE PAS LES RAISONS DE MA MOTIVATION ET DE MA PASSION. POUR APPRECIER UNE MATIERE, J'AI BESOIN DE COMPRENDRE ET DE FAIRE DES LIENS LOGIQUES ET JE N'EN TROUVE AUCUN EN MATHS, ON NE PEUT ME FOURNIR DES EXPLICATIONS SENSEES DANS CE COURS, JE N'Y TROUVE AUCUNE UTILITE. ELLES NE M'APPORTENT RIEN EN CONNAISSANCE ET EN LOGIQUE

Sous-corpus *"J'aime peu les mathématiques"*
1 J'AIME BIEN LES MATHS, MAIS JE N'Y ARRIVE PAS, C'EST POURQUOI J'EN VIENS A NE PAS LES AIMER. LES FACTORISATIONS ME PLAISENT, AINSI QUE L'ALGEBRE EN GENERAL, MAIS LA GEOMETRIE NE ME PASSIONNE GUERE

Sous-corpus *"J'aime bien les mathématiques"*
1 J'AIME BIEN LES MATHS CAR C'EST LA RAISON ET LA LOGIQUE QUI SONT CONCERNEES

Sous-corpus *"J'adore les mathématiques"*
1 J'AIME LES MATHS CAR C'EST UNE MATIERE QUI FAIT APPEL A L'ASPECT LOGIQUE, UNE ANALYSE APPROFONDIE DE CHAQUE EXERCICE. C'EST UN PLAISIR POUR MOI DE FAIRE DES CALCULS. J'AVOUE QUE L'ALGEBRE ME PLAIT MIEUX QUE LA GEOMETRIE

Lecture globale des résultats.   Il est utile de suivre la progression du vocabulaire le long de la courbe indiquée par les modalités ordonnées en tenant compte des spécificités. Ceci permet de voir les mots associés à chacune des catégories, situés dans la représentation continue offerte par l'analyse des correspondances, tout en évitant l'écueil de l'interprétation de la proximité entre un point-mot et un point-catégorie. On peut alors aussi tenir compte des réponses modales de chacun des groupes. Ce sont en effet des réponses réellement prononcées, ce qui permet de mieux appréhender ce que signifie le choix des mots, en restituant ceux-ci dans leur contexte.

Ceci nous conduit à faire une constatation, l'évolution du vocabulaire semble mieux traduire l'évolution graduelle du sentiment que ne le fait le choix de la modalité de la question fermée. La position du point *"J'adore les maths"*, en retrait sur ce l'on attend, le déséquilibre en effectifs entre les deux modalités qui correspondent à des sentiments positifs envers les mathématiques, commenté plus haut, et l'étude des réponses ouvertes conduisent à penser que la modalité "J'adore les mathématiques" n'est pas perçue par tous les lycéens comme un niveau d'intensité supérieur au niveau *"J'aime bien les mathématiques"*, mais comme qualitativement différente, en particulier à cause de sa formulation plus affective (*"J'adore les mathématiques"* et non, par exemple, *"J'aime beaucoup les mathématiques"*).

4.6 Etude particulière de la catégorie "J'adore les maths"

La catégorie *"J'adore les maths"* occupe une position qui l'écarte quelque peu de la régularité de l'évolution du vocabulaire selon le sentiment envers les mathématiques. On note que cette catégorie est moins bien représentée sur le plan principal (somme des cosinus carrés avec les deux premiers axes égale à 0.65, alors que, pour les autres catégories, la valeur minimum vaut 0.91), que sa contribution à la construction du premier axe est très minime, alors qu'elle contribue de façon notable à celle du deuxième axe et qu'elle est la principale responsable de la détermination du troisième axe.

L'étude du second plan factoriel montre en quoi cette catégorie se différencie des voisines. Il ne faut pas perdre de vue que l'information étudiée ici est une information résiduelle, une fois extraite la variabilité contenue dans le premier axe. De plus, l'analyse de correspondances effectue des comparaisons entre paires de catégories (et non comme la méthode des spécificités entre une catégorie et l'ensemble des répondants).

Sur ce plan factoriel, la catégorie *"J'adore les maths"* (la seule bien représentée) s'oppose aux trois autres. Nous allons donc nous intéresser à elle pour mieux comprendre ce qui la différencie de la catégorie *"J'aime bien les maths"* et ce qui la rapproche de la catégorie *"Je déteste les maths"* ce qui semble paradoxal. Sur la figure 3.2, seuls les mots très contributifs à la formation du troisième axe sont représentés.

La lecture de ces mots, complétée par le retour à la table de fréquence, permet par exemple de préciser que le mot *moi*, non spécifique de cette catégorie est néanmoins beaucoup plus prononcé dans celle-ci que dans *"J'aime bien les maths"*, puisqu'on le trouve 4 fois dans ces deux catégories pour respectivement 69 et 506 réponses. Notons que, pour la catégorie *"Je déteste les maths"*, *moi* était aussi un mot caractéristique. Il y a en effet, dans les deux cas, un engagement plus personnel, une manifestation du sentiment plus passionnée que traduit bien ici le mot *adore*.

Quant aux mots *exercice, travail, discipline, beaucoup (beaucoup de travail, de discipline), apprendre, démontrer*, ils montrent bien que le vocabulaire des lycéens qui choisissent cette catégorie souligne parfois le caractère ascétique de leur choix (*"un exercice de mathématiques est un défi, un but"*) en comparaison avec ceux qui choisissent *"J'aime bien les maths"*.

Comme nous l'avons commenté plus haut, l'évolution du vocabulaire ne semble pas correspondre uniquement au sentiment indiqué dans la réponse à la question fermée. Pour aller plus avant dans l'analyse, il faudrait utiliser toute l'information complémentaire connue. En particulier le sexe et le niveau en mathématiques, comme le montre l'étude de Baudelot, sont des facteurs très importants qui influencent tant le propre goût que les mots employés pour en parler.

Il existe différentes façons de faire intervenir ces variables dans l'analyse. Par exemple, on peut procéder à l'analyse des réponses sans les agréger a priori, pour ensuite projeter toutes les caractéristiques connues sur les individus comme éléments illustratifs de cette analyse. Nous montrerons l'intérêt de cette dernière approche dans le paragraphe suivant, mais appliquée à un autre exemple, celui-ci en langue castillane.

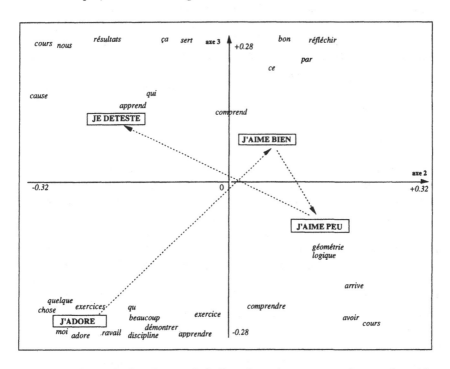

Fig. 3.2. Second plan factoriel de l'analyse de correspondances du tableau croisant les mots et les catégories

5. Un questionnement ouvert par nature: définir sa propre identité en répondant à la question "Qui suis-je?"

Au cours d'une étude sur la perception de l'identité au moment de l'adolescence, M. Martínez et L. Iñíguez (Area de Psicologia Social. Universitat Autònoma de Barcelona) ont voulu étudier la présentation de soi-même qu'effectuent les adolescents en répondant vingt fois de suite à la question *"Quién soy yo?"* (*"Qui suis-je?"*), test classique connu sous le nom de "Twenty Statement Test" (Kuhn & McPartland, 1954). Pour résumer très brièvement les hypothèses de base, on peut dire que ce test présuppose que chaque individu dispose d'un répertoire de références en correspondance avec les composantes cognitivo-affectives de ce qu'il considère être son identité et que, lorsqu'il effectue une présentation de soi, il utilise dans son discours un échantillon représentatif de ce répertoire. Il s'agit donc d'un questionnement ouvert par nature; en effet, ce test cherche à soumettre l'individu à la nécessité de se définir au moyen d'un discours libre sur lui-même.

Dans ce qui suit, nous ne cherchons pas à reprendre l'analyse effectuée par Martìnez, Bécue & Iñìguez (1988), mais simplement à montrer de quels outils l'on dispose pour procéder à l'analyse directe des réponses, sans opérer de regroupement préalable en "textes". Nous renvoyons le lecteur intéressé par les résultats de cette analyse à la publication ci-dessus. Nous nous limiterons ici à une présentation très instrumentale. Un objectif secondaire sera de rappeler que les méthodes présentées ici sont indépendantes de la langue employée, puisque ce deuxième exemple provient d'une étude effectuée à Barcelone en langue castillane.

5.1 Echantillon étudié

Il s'agit d'un échantillon de la population scolarisée au cours des quatre années du deuxième cycle du secondaire de l'enseignement général (c'est-à-dire, entre 14 ans et 18 ans dans le cas d'une scolarité normale) à Barcelone en 1986. Les classes de l'enseignement professionnel sont exclues de cette étude. A un premier degré de sondage, des classes sont choisies au hasard puis, au second degré, tous les élèves des classes sélectionnées participent à l'expérience. On obtient ainsi un échantillon de 633 élèves, scolarisés en 1ère, 2e ou 3e années du Baccalauréat Unifié Polyvalent (BUP) ou en Cours d'Orientation Universitaire (COU), dernière année du secondaire qui mène à l'examen d'entrée à l'université. Cette scolarité peut être suivie dans la journée mais aussi en cours du soir. Parmi les élèves qui suivent ce cycle scolaire en cours du soir, on trouve une petit nombre d'adultes. Le plus âgé a 46 ans. Pour des raisons d'homogénéité, les élèves qui ont 20 ans ou plus sont éliminés de l'analyse présentée ici et l'effectif total est ramené à 589 adolescents.

Les réponses à la question *"Quién soy yo?"* (*"Qui suis-je?"*) sont données par écrit. De plus, chaque élève remplit une fiche avec ses caractéristiques socio-économiques. Nous ne conservons ici que le sexe, l'âge, le niveau de scolarité suivi, et si cette scolarité est suivie, le cas échéant, en cours du soir.

5.2 Analyse directe des réponses

Pour analyser les données de l'exemple précédent, nous avions regroupé a priori les réponses individuelles en "textes", selon l'appartenance des individus à des groupes, repérée par une modalité d'une variable nominale (réponse à une question fermée).

Mais il est possible d'analyser directement les réponses individuelles. Les réponses peuvent être suffisamment riches du point de vue lexical pour que les distances entre les profils puissent être facilement interprétées; cela sera le cas, par exemple, lors du traitement d'entrevues en profondeur en psychosociologie, de l'étude de textes politiques, etc. Mais même lorsque cette circonstance ne se présente pas, l'analyse directe des réponses constitue quelquefois une première étape nécessaire. Celle-ci permettra de déterminer quelles sont les variables les plus liées aux choix lexicaux, d'effectuer des rapprochements entre individus qui emploient un langage similaire en étudiant ce qui les caractérise par ailleurs.

Dans le cas des groupements, les méthodes présentées s'appliquent sans poser de problèmes spécifiques. Dans le cas des réponses individuelles, celles-ci, plus courtes, se différencient davantage par la présence ou l'absence des différents mots que par des variations progressives de profils. Et l'on pourra parfois trouver, par exemple, des réponses de contenus assez voisins sans aucun mot en commun, et des réponses de contenus opposés qui ne se distinguent que par la présence de la négation. Les distances entre profils sont d'interprétation difficile. Il s'agit alors surtout de prendre en compte les répétitions et les redondances pour mettre en relief les traits les plus saillants, pour déceler des phénomènes structuraux. Des regroupements a posteriori, selon les modalités des variables qui semblent être liées à ceux-ci, permettront de préciser et d'étudier ces phénomènes.

L'exemple utilisé ici correspond plutôt au second cas, bien que la simplicité de la question (ainsi que l'incitation à répondre vingt fois à la même question) induise des répétitions particulièrement nombreuses, permettant d'obtenir un corpus qui se prête bien au traitement statistique. Le corpus étudié a une longueur de 49924 occurrences et est composé à partir de 4598 mots distincts.

5.2.1 Préparation du corpus

Le but de l'analyse est de comparer les individus, de rapprocher ceux qui ont un langage commun, d'étudier les caractéristiques qui peuvent donner raison à des similitudes ou des différences. Mais il ne sera nullement intéressant d'observer que les garçons parlent d'eux-mêmes au masculin et les filles au féminin! Il est donc nécessaire de neutraliser ce fait. Pour cela, les adjectifs sont ramenés à leur lemme qui est, selon la norme, la forme correspondant à l'entrée du dictionnaire, c'est-à-dire la forme au masculin. D'autre part, après une première analyse, les prépositions et les articles déterminés et indéterminés sont éliminés. Parmi les autres, seuls les mots prononcés au moins 25 fois sont conservés.

Dans le cas des réponses aux questions ouvertes, il est relativement fréquent d'observer un certain nombre de réponses qui ne contiennent qu'un seul mot de fréquence suffisante pour être conservé. Et, alors que les réponses vides s'éliminent d'elles-mêmes, ces réponses ont tendance à déterminer le premier axe (Lebart & Salem, 1994), sur lequel elles s'opposent à toutes les autres. Comme les axes sont liés entre eux par des relations d'orthogonalité, le deuxième axe ne correspondra pas à l'axe principal d'allongement du nuage restant, composé des réponses qui comportent plus d'un mot conservé. Il est donc nécessaire de filtrer ces réponses.

Finalement, 24883 occurrences sont conservées. Ce corpus étudié est formé à partir de 165 mots distincts. Il n'est pas étonnant de trouver *"soy"* (*je suis*) comme étant le mot le plus employé (3725 occurrences): les mots de la question sont très fréquemment repris par le répondant pour introduire sa réponse. Puis viennent des mots outils. Le mot plein suivant est *"persona"* (*personne*) prononcé 1519 fois par l'ensemble des adolescents. L'on trouve ensuite, en se limitant aux mots pleins, *"gusta"* (*plaît*), 1095 fois, *"chico"* (*garçon* ou *fille*, avec la règle suivie ici), 697 fois. Les mots outils supprimés sont *"a, al, de, del, el, en, este, la, lo, le, las, los, o, un, una, uno, y"*. Parmi eux, *"de"* est répété 1539 fois, et *"un"* 2388 fois. D'où la réduction sensible de la taille du corpus.

5.2.2 Analyse directe de la table lexicale non agrégée

La table de contingence croisant individus et mots est construite et soumise à l'analyse des correspondances. La figure 3.3 montre le plan principal correspondant à cette analyse. Les individus ne figurent pas sur le graphique. Ils sont, d'une certaine façon, anonymes.

Lecture du plan principal. La projection du nuage de mots a la forme d'un triangle (figure 3.3). Deux mots employés fréquemment dans les mêmes réponses sont proches sur le graphique, autrement dit les co-occurrences à l'intérieur des mêmes réponses se traduisent en proximités sur le graphique, ce qui permet, dans le cas de réponses courtes, de reconstruire assez souvent des ensembles syntagmatiques. D'autre part, des mots fréquemment employés dans un même contexte se retrouveront également proches.

Pour "retrouver" le contexte des mots, on dispose des "segments répétés". Ceux-ci peuvent être considérés comme des éléments-illustrations de l'étude antérieure et projetés sur les plans factoriels. La figure 3.4 montre ainsi la projection d'un certain nombre de segments.

Ceci permet de préciser que l'opposition principale, que l'on trouve sur le premier axe, est constituée par, à gauche de l'axe, des expressions formées autour de *"tengo"* (*j'ai*) et de *"me gusta"* ou de *"me gustan"* (*me plaît, me plaisent,* qui se traduiront plutôt par *j'aime*), de *"odio* (*je hais*), de *"no me gusta* (*je n'aime pas*) - par exemple, *"me gusta la música/ estudiar/ leer/ el deporte..."*, (*j'aime la musique/ étudier/ lire/ le sport*) définitions de l'identité par ce que l'on a ou par ce que l'on aime - et, à droite de ce même axe, des définitions du moi qui s'initient par *"(yo) soy"* (*je suis*) qui se prolongent en *"(yo) soy estudioso/ deportista/ inteligente..."* (*je suis studieux/ sportif/ intelligent*), expressions où l'on se présente par énumération de ses qualités ou défauts. Tandis qu'à gauche de l'axe, on trouve aussi de nombreux verbes à la première personne du singulier, *"creo"* (*je crois*), *"me considero"* (*je me considère*), *"estoy"* (*je suis actuellement*), qui indiquent que le *moi* ou le *je* sont très présents, mais non sous la forme du *"je suis (essentiellement)"*, de la partie opposée, mais à travers de ce que le *je* a, pense, fait ou est, mais de façon circonstancielle avec la forme *"estoy"*. On a donc une opposition principale entre se présenter par ce que l'on aime ou par ce que l'on a, et se présenter par ce que l'on est (ou pense être).

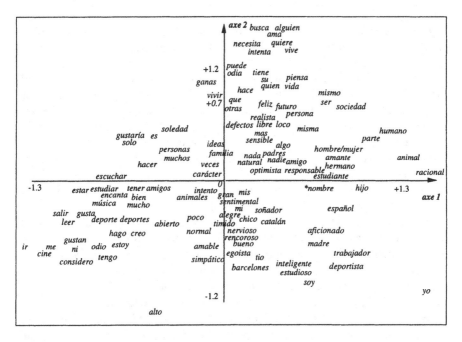

Fig. 3.3. Plan principal de l'analyse directe des réponses à la question *"Quién soy yo?"*

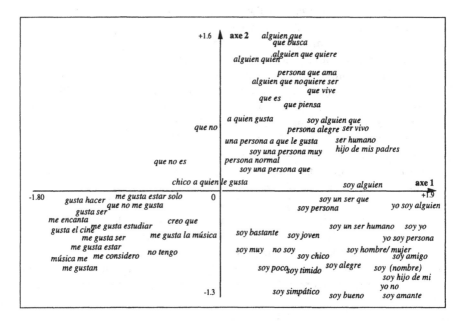

Fig. 3.4. Segments répétés projetés en éléments supplémentaires sur le plan de la figure 3.4 (analyse directe des réponses à la question *"Quien soy yo?"*)

La forme du triangle montre qu'il y a plus de variations sur le second axe pour les mots qui ont une coordonnée positive sur le premier que pour ceux qui ont une coordonnée négative. Et l'on peut constater que les diverses façons de développer l'expression *"yo soy"* sont variées et s'étirent le long du deuxième axe. Ainsi, l'on passe de *"(yo) soy deportista"* (*je suis sportif*) à *"soy hijo de"* (*je suis fils de*), *"soy un animal racional"* (*je suis un animal rationnel*), *"soy un hombre"* (*je suis un homme*), *"soy un ser humano"* (*je suis un être humain*), *"soy una persona (que)"* (*je suis une personne qui*), *"soy alguien quien"* (*je suis quelqu'un qui*).

En progressant le long du deuxième axe, le pronom *yo* (*je*) - d'emploi non obligatoire car enclitique et dont la traduction est plutôt *moi, je* que seulement *je* - disparaît. Tout en haut du graphique, près de *"alguien quien/ que"* (*quelqu'un qui*), on observe de nombreux verbes: *busca, ama, quiere, necesita, vive, intenta, puede, odia, tiene, piensa* (*cherche, aime, désire, a besoin, vit, essaie, peut, hait, a, pense*). Cela correspond aux expressions *"alguien quien busca (ama/ quiere/ necesita/ vive/intenta/ puede/ odia/ tiene/ piensa)"*. Ainsi, dans la partie droite du graphique, la définition du moi passe d'une caractérisation par les attributs que l'on associe à une définition de l'identité par ce que l'on fait, peut faire ou veut faire.

Ainsi, on peut considérer qu'il y a, en première approche, trois principaux "styles"; quant à la présentation de soi: par ce que l'on aime ou possède, par ses caractéristiques, et, finalement, par ce que l'on pense ou fait. Il existe, bien entendu, des formules intermédiaires, comme l'indique la dispersion des mots à l'intérieur du triangle. Un même individu, puisqu'il se définit vingt fois, peut prononcer des phrases qui correspondent à des façons très différentes de se présenter. Mais ce n'est pas le comportement le plus habituel, car ces façons de se présenter apparaissent comme différenciées entre les adolescents qui participent à l'étude.

On constate que les manières de se définir se différencient autant par la forme que par le fond. Par exemple, on trouve *"soy alguien que odia"* (*je suis quelqu'un qui hait*) et *"odio"* (*je hais*), ou bien *"me gusta estudiar"* (*j'aime étudier*) et *"alguien quien estudia"* (*quelqu'un qui étudie*) et *"soy estudiante"* (*je suis étudiant*). Mais, dans la présente étude, la forme est peut-être, paradoxalement, ce qui donne l'information la plus significative. Tous ces adolescents sont étudiants, qu'ils le mentionnent ou non, et la façon dont ils le mentionnent est une information intéressante.

La table de contingence analysée est vaste (589 × 165) et clairsemée, chaque réponse n'employant qu'un petit nombre des 165 mots conservés. En conséquence, le plan principal ne conserve qu'une part relativement faible de l'inertie, et la décroissance des valeurs propres est très lente. Dans cet exemple, les deux premières valeurs propres valent 0.3090 et 0.2884 et, respectivement, 5.13% et 4.78% de l'inertie.

Il faut cependant éviter de considérer ces pourcentages avec pessimisme, car il ne représentent en aucune façon une part d'information. Malgré tout, les résultats perdent leur aspect de synthèse visuelle exhaustive. Il faut en effet extraire peu à peu les traits structuraux de la table analysée par un assez grand nombre d'axes.

Néanmoins, nous disposons d'une information complémentaire très riche: les réponses aux questions fermées du questionnaire, réponses données par les mêmes individus. Celles-ci peuvent constituer des colonnes supplémentaires de la table lexicale, et donc être positionnées comme éléments illustratifs sur les plans factoriels précédents.

La figure 3.5 et le tableau 3.6 donnent les résultats ainsi obtenus. Il faut noter que l'échelle de la figure 3.5 est environ trois fois plus petite que celle de la figure 3.3. En effet, les personnes d'une même catégorie, bien qu'elles présentent des traits communs, parlent néanmoins de façon assez différenciée les unes des autres. Si tous les points individus étaient représentés, on noterait, pour une même catégorie, la présence d'individus relativement excentrés et d'individus proches du centre, mais le centre de gravité du groupe occupe une position beaucoup plus moyenne qui peut, malgré tout, être très significative statistiquement.

Tableau 3.6. Positionnement des modalités illustratives dans le premier plan factoriel de l'analyse directe des réponses

Modalités	eff.	disto	Coordonnées		Valeurs-test	
			Axe 1	Axe 2	Axe 1	Axe 2
Année suivie						
BUP-1	211	1.68	-0.34	-0.43	-40.3	-52.3
BUP-2	204	1.93	0.25	0.14	27.7	15.3
BUP-3	119	4.04	0.19	0.39	14.9	30.0
COU	55	10.60	0.03	0.45	1.6	21.7
De jour/ Du soir						
cours de jour	473	0.21	-0.02	-0.07	-7.8	-22.4
cours du soir	116	4.83	0.11	0.32	7.8	22.4
Sexe						
garçons	274	1.24	0.14	-0.19	19.2	-26.0
filles	315	0.81	-0.11	0.15	-19.2	26.0
Age en classe						
13-14 ans	161	2.40	-0.30	-0.39	-29.9	-39.1
15 ans	146	2.91	0.04	-0.07	3.5	-6.8
16 ans	141	3.31	0.12	0.21	10.4	18.1
17-19 ans	141	3.58	0.23	0.39	18.6	31.8
Sexe*Age						
garçon- 13/14 ans	77	6.62	-0.10	-0.40	-6.1	-24.5
garçon- 15 ans	74	7.07	0.15	-0.34	8.8	-20.1
garçon- 16 ans	68	8.19	0.13	-0.04	7.1	-1.9
garçon- 17-19 ans	55	11.03	0.50	0.20	23.5	9.3
fille- 13/14 ans	84	5.14	-0.45	-0.38	-31.3	-25.8
fille- 15 ans	72	6.58	-0.07	0.18	-4.1	10.8
fille- 16 ans	73	7.13	0.11	0.43	6.7	25.0
fille- 17-19 ans	86	6.41	0.06	0.50	3.5	30.9

Il sera d'ailleurs intéressant de sélectionner les modalités les plus significatives en suivant un critère statistique. Il est clair que, si les modalités sont attribuées au hasard entre les individus observés, alors la position de chacune d'elles sur un axe quelconque est très proche du centre de gravité qui se trouve, rappelons-le, confondu avec l'origine des axes. La distance de chacune des modalités au centre de gravité peut être convertie en "valeur-test" (Lebart & Salem, 1994). Celle-ci s'interprète de la façon suivante: si une modalité est attribuée au hasard entre les individus observés, la valeur-test a 95 chances sur cent d'être comprise entre -1.96 et +1.96. Les valeurs plus extrêmes correspondent à des modalités de position significative. Toutes les modalités des variables utilisées dans cet exemple ont des positions significatives sur les deux premiers axes. Il faut prendre garde au fait que notre "individu statistique" est ici l'occurrence d'un mot (le total de la table de contingence est de 24883, nombre d'occurrences des mots sélectionnés). Il s'agit donc d'effectifs considérables, d'où la possibilité d'observer des valeurs-test élevées. Enfin, l'intervalle concerne une modalité. Si le test est répété, il convient de travailler avec un intervalle plus large.

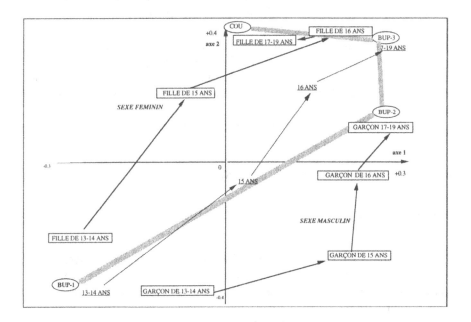

Fig. 3.5. Caractéristiques des individus projetées comme illustratifs sur le premier plan factoriel de l'analyse directe des réponses à la question *"Quien soy yo?"*

En général, on retient les variables dont les modalités sont les plus significatives pour les représenter sur des graphiques qui complètent les plans factoriels de l'analyse directe. On obtient ainsi (figure 3.5) une représentation visuelle des relations entre les caractéristiques des répondants et leur langage.

On observe, en particulier, sur le premier plan factoriel les trajectoires assez parallèles des filles et des garçons. Ce qui indique une évolution du vocabulaire avec l'âge, mais aussi une différenciation selon le sexe. Les plus jeunes, filles et garçons, se retrouvent dans la partie qui correspond à la définition *"par ce que l'on a"* ou *"par ce que l'on aime"*, les plus âgés semblent se présenter davantage *"par ce qu'ils font, pensent et désirent"* tout en prenant une certaine distance vis-à-vis d'eux-mêmes, marquée par l'emploi de la troisième personne (*alguien quien, una persona que*).

Ce sont de grandes tendances, qui sont ainsi lues sur le premier plan factoriel. Il faut poursuivre l'étude en consultant les plans factoriels suivants, et en projetant sur ceux-ci les caractéristiques des répondants.

A partir de là, diverses stratégies d'analyse sont possibles, en particulier quand les variables significatives sont nombreuses et intéressantes. On pourra effectuer, pour chacune d'elles, une analyse des réponses regroupées selon les étapes indiquées à la section 4. Les phénomènes structuraux décelés par l'analyse directe seront alors plus facilement analysables.

Si l'on désire prendre en compte simultanément diverses caractéristiques des répondants, on peut choisir de concaténer les diverses tables de contingence correspondantes, et de soumettre les tables ainsi juxtaposées à l'analyse de correspondances. Ou bien, s'il semble nécessaire de prendre en compte les interactions et d'effectuer une partition de synthèse, il sera nécessaire d'obtenir au préalable une partition des individus en classes homogènes vis-à-vis des variables retenues. On utilisera ensuite cette partition comme une variable nominale dont les modalités sont les classes.

On peut consulter les diverses façons d'effectuer les choix pour regrouper les réponses dans Lebart & Salem (1994).

6. Conclusion

Cette méthodologie du traitement des réponses aux questions ouvertes apporte plusieurs contributions à l'analyse des résultats d'enquêtes, sans pour autant épuiser le sujet: il ne s'agit que d'une aide au dépouillement de ce type d'information.

Lorsque les hypothèses de travail permettent de privilégier des groupes d'individus (à partir de caractéristiques de base ou de réponses à des questions fermées), l'analyse des correspondances permet de visualiser les mots (ou, le cas échéant, les lemmes) caractérisant les groupes. Ces visualisations sont d'ailleurs avantageusement complétées par les mises en évidence de mots caractéristiques et aussi de réponses caractéristiques, ces dernières permettant une indispensable mise en contexte des mots. Toute cette phase de traitement présente l'avantage d'être automatique, et donc aveugle. Aucune interprétation n'intervient au cours du processus, une fois choisie la ou les partitions privilégiées.

Lorsque les réponses sont assez riches, une analyse directe sans regroupement permet d'identifier les variables qui caractérisent les différents types de réponses, ce que montre le second exemple, qui met en évidence une structuration importante des réponses en fonction de l'âge et du sexe. Dans les deux cas, la richesse de l'information brute, avant toute codification, est mise en évidence. Le problème des rapports de la forme et du fond surgit avec une acuité particulière, surtout dans le domaine de la pédagogie où le thème de l'interaction de la pensée et du langage est central. On aura noté, avec le premier exemple, l'importance de la question complémentaire *"Pourquoi"*, nécessairement ouverte. Interpréter ce que disent les lycéens, oui; mais pourquoi ne pas connaître leur propre interprétation? La question ouverte peut également concerner l'évaluation du questionnaire lui-même, et donc constituer un outil de critique, de contrôle de qualité d'information.

Comme la plupart des approches du type "analyse de données", la démarche suivie ici n'aboutit pas à des résultats sous forme d'assertion ou de décision statistique, mais produit de nouveaux documents pour une recherche plus approfondie, voire simplement pour l'amélioration des données de base et des questionnaires.

Partie II

Analyse des correspondances de données structurées

Analyse des correspondances d'un tableau de contingence dont les lignes et les colonnes sont munies d'une structure de graphe bistochastique

Pierre Cazes[1] et Jean Moreau[2]

[1] Centre de Recherches de Mathématiques de la Décision, Université de Paris IX Dauphine, France
[2] Centre Vaudois de Recherches Pédagogiques, Lausanne, Suisse

1. Introduction

Quand l'ensemble I des lignes ou l'ensemble J des colonnes d'un tableau de contingence k_{IJ} est muni d'une structure, l'analyse des correspondances (AC) de ce tableau reflète souvent cette structure, et il peut être intéressant de faire des analyses liées directement à cette structure ou permettant de s'en affranchir. Cette structure peut être un graphe ou une partition. Le cas d'un graphe a été examiné par Lebart (1969), Aluja Banet & Lebart (1984), Carlier (1985), Escofier (1989), Benali & Escofier (1990), etc. Le cas d'une partition a été étudié par Benzécri (1983), Cazes, Chessel & Doledec (1988), Alevizos (1990), ainsi que par Cazes, Moreau & Doudin (1994) dans le cas particulier d'un tableau ternaire. Des structures plus générales ont été étudiées par Sabatier (1987a). Une bibliographie plus détaillée est donnée dans les thèses de Sabatier (op. cit.) et d'Alevizos (op. cit.) mentionnées ci-dessus.

Supposant dans un premier temps les ensembles I et J munis d'une partition, on fait des rappels (section 2) sur les analyses interclasses, intraclasses, simples ou doubles du tableau k_{IJ}, puis on généralise les résultats précédents au cas de l'analyse des correspondances multiples. On examine ensuite le cas où l'ensemble I est muni d'une structure de graphe bistochastique, définissant ainsi les analyses lissées, intravoisinages et locales, la première redonnant l'analyse interclasses et les deux autres l'analyse intraclasse dans le cas d'un graphe associé à une partition. Dans la section suivante qui traite du cas où l'on a un graphe bistochastique sur I et sur J, on définit les analyses lissée, intravoisinage et locale double, la première redonnant l'analyse interclasses double, et les deux autres l'analyse intraclasse double, quand on a des graphes de partition. Avant de donner des exemples d'application, on montre comment tenir compte de plusieurs partitions sur l'ensemble I. On se ramène aux techniques étudiées à la section 4 en construisant le tableau de Condorcet associé, qui définit un graphe bistochastique sur I.

2. Rappels sur l'analyse interclasses, intraclasse et l'analyse interne d'un tableau de contingence k_{IJ}

2.1 Notations

On considère un tableau de contingence k_{IJ} défini sur le produit de deux ensembles I et J. On suppose que I et J sont munis d'une partition dont les classes sont respectivement indicées par P et Q:

$$I = \cup\{I_p \mid p \in P\} \quad J = \cup\{J_p \mid q \in Q\}$$

et l'on posera:

$$\forall\, i \in I, \quad \forall\, j \in J, \quad \forall\, p \in P, \quad \forall\, q \in Q:$$

$$k_{i.} = \sum\{k_{ij} \mid j \in J\}$$

$$k_{.j} = \sum\{k_{ij} \mid i \in I\}$$

$$k = \sum\{k_{ij} \mid i \in I, j \in J\}$$

$$k_{pj} = \sum\{k_{ij} \mid i \in I_p\}$$

$$k_{iq} = \sum\{k_{ij} \mid j \in J_q\}$$

$$k_{p.} = \sum\{k_{i.} \mid i \in I_p\}$$

$$k_{.q} = \sum\{k_{.j} \mid j \in J_q\}$$

$$k_{pq} = \sum\{k_{ij} \mid i \in I_p, j \in J_q\}\ .$$

On notera également k_i pour $k_{i.}$, k_j pour $k_{.j}$, k_p pour $k_{p.}$, k_q pour $k_{.q}$, lorsqu'il n'y aura pas d'ambiguïté.

2.2 Analyses interclasses et intraclasses de k_{IJ} relativement à la partition P de I

L'analyse (des correspondances) interclasses du tableau k_{IJ} relativement à la partition P revient dans l'analyse factorielle des correspondances (AC) de k_{IJ} à remplacer le profil (qu'on notera f_j^i) de chaque ligne i de $I_p(p \in P)$ par le centre de gravité (qu'on notera f_j^p) de I_p. Cette analyse revient à faire l'AC du tableau k_{IJ}'' de terme général:

$$k_{ij}'' = k_{i.} k_{pj}/k_{p.} \tag{4.1}$$

ou encore en regroupant, d'après le principe d'équivalence distributionnelle, toutes les lignes i de I_p (car elles sont proportionnelles), à faire l'AC du tableau k_{PJ} de terme général k_{pj} ($p \in P$, $j \in J$). L'analyse intraclasse de k_{IJ} relativement à la partition P revient dans l'AC de k_{IJ} à remplacer le profil f_j^i de chaque ligne i de k_{IJ} par $f_j^i - f_j^p$ si $i \in I_p$, ce qui revient à rapporter chaque i non au centre de gravité global, mais au centre de gravité de sa classe, la masse de i et la métrique de l'espace R_J étant définies à partir de l'AC de k_{IJ}. Cette analyse revient (Benzécri, 1983) à faire l'AC du tableau de terme général:

$$k'_{ij} = k_{ij} - k''_{ij} + k_{i.}k_{.j}/k \, , \tag{4.2}$$

tableau qui peut comporter des valeurs négatives, mais dont les marges qui sont identiques à celles de k_{IJ} sont parfaitement définies, ce qui permet de réaliser sans problème l'AC de ce tableau.

On peut noter que les marges de k''_{IJ} (et la marge sur J de k_{PJ}) sont identiques à celles des tableaux k_{IJ} et k'_{IJ}. L'AC de ces trois tableaux fournit donc les mêmes masses et les mêmes métriques.

On définirait de façon analogue les analyses inter- et intraclasses du tableau k_{IJ} relativement à la partition Q de J.

Remarque. Relativement par exemple à la partition P de I et à la partition associée du nuage des profils des lignes du tableau k_{IJ}, l'analyse interclasses (resp. intraclasse) revient à décomposer de façon optimale l'inertie interclasses (resp. intraclasse) de ce nuage, la somme de l'inertie interclasses et de l'inertie intraclasse redonnant l'inertie totale dont la décomposition optimale est fournie par l'AC de k_{IJ}.

2.3 Analyse interclasses double et analyse interne de k_{IJ} relativement aux partitions P et Q

L'analyse interclasses double de k_{IJ} relativement aux partitions P et Q revient à l'analyse interclasses relativement à la partition Q du tableau k''_{IJ} (ou encore k_{PJ}). Cette analyse revient donc (avec des notations évidentes) à effectuer l'AC du tableau t_{IJ} de terme général:

$$\begin{cases} t_{ij} & = k''_{iq}k''_j/k''_q \\ & = k_i k_j k_{pq}/k_p k_q \, , \end{cases} \tag{4.3}$$

analyse qui est encore équivalente à l'AC du tableau k_{PQ} des k_{pq}.

Cette analyse qui fait jouer un rôle symétrique à P et Q est encore équivalente à l'analyse interclasses du tableau k_{IQ} des k_{iq} relativement à la partition P de I.

L'analyse interne du tableau k_{IJ} (Cazes, Chessel & Doledec 1988) relativement aux partitions P et Q revient à effectuer l'AC du tableau s_{IJ} de terme général:

$$s_{ij} = k_{ij} - \frac{k_i k_{pj}}{k_p} - \frac{k_{iq}k_j}{k_q} + \frac{k_i k_j k_{pq}}{k_p k_q} + \frac{k_i k_j}{k} \, . \tag{4.4}$$

Cette analyse qui fait jouer un rôle symétrique à P et Q, revient à effectuer l'analyse intraclasse du tableau k'_{IJ} relativement à la partition Q

de J (Moreau, 1990). Il s'agit donc d'une double analyse intraclasse. C'est pour cette raison qu'on l'appellera également analyse intraclasse double.

Remarque. L'analyse interclasses double (analyse inter-inter) et l'analyse interne (analyse intra-intra) font jouer des rôles symétriques à P et Q. On peut concevoir des analyses inter-intra ou intra-inter (Alevizos, 1990). Par exemple l'analyse inter-intra correspondra à l'analyse intraclasse du tableau k''_{IJ} relativement à la partition Q, tandis que l'analyse intra-inter correspondra à l'analyse interclasses du tableau k'_{IJ} relativement à la partition Q, ce qui revient à faire l'AC du tableau de terme général:

$$\left(k_{iq} - \frac{k_i k_{pq}}{k_p} + \frac{k_i k_q}{k} \right) \frac{k_j}{k_q} . \tag{4.5}$$

Ces analyses ne font plus jouer des rôles symétriques à P et Q.

3. Cas de l'analyse des correspondances multiples

Désignons par $C = I \cup J$ l'union disjointe de I et de J, et par K_{LC} le tableau disjonctif complet associé à k_{IJ}. Aux partitions P et Q de I et J est associée une partition R de C. On peut donc envisager d'effectuer les analyses interclasses et intraclasse du tableau k_{LC} relativement à la partition R de C. On désignera par K'_{LC} et K''_{LC} les tableaux déduits de K_{LC} à partir des formules analogues à (4.2) et (4.1) (où il faut remplacer k_{IJ} par K_{LC} et considérer la partition non sur le premier ensemble mais sur le second), tableaux dont l'AC réalise respectivement l'analyse intraclasse et l'analyse interclasses de K_{LC}.

On sait que l'AC du tableau k_{IJ} est équivalente à celle du tableau K_{LC} d'où l'on déduit immédiatement que l'AC du tableau t_{IJ}, i.e. la double AC interclasses (qui se ramène à l'AC de k_{PQ}) est équivalente à celle de K''_{LC} i.e. à l'analyse interclasses de K_{LC}.

On peut montrer (Moreau, 1992) qu'on obtient la même équivalence entre l'AC du tableau s_{IJ} (i.e. l'analyse interne de k_{IJ}) et celle du tableau K'_{LC} (i.e. l'analyse intraclasse de K_{LC}).

L'analyse interne et la double analyse interclasses se généralisent aisément quand, au lieu d'avoir deux ensembles I et J, on a s ensembles $I_1, I_2, \ldots, I_s$ munis respectivement des partitions $P_1, P_2, \ldots, P_s$. C désignant l'union disjointe des I_k ($k = 1, s$), K_{LC} le tableau disjonctif complet associé et P la partition de C déduite des P_k, l'analyse interne (ou intraclasse) multiple (resp. interclasses multiple) correspond à l'analyse intraclasse (resp. interclasses) du tableau K_{LC}.

Remarque. Soit B_{CC} le tableau de Burt associé à K_{LC} et défini par:

$$\forall c, c' \in C : \quad B_{cc'} = \sum \{ K_{\ell c} K_{\ell c'} \mid \ell \in L \} . \tag{4.6}$$

Si B'_{CC} (resp. B''_{CC}) désigne le tableau de Burt associé au tableau K'_{LC} (resp. K''_{LC}) dont l'AC réalise l'analyse interne (resp. interclasses) multiple, alors il est aisé de voir que B'_{CC} (resp. B''_{CC}) est identique au tableau dont l'AC réalise l'analyse interne (resp. interclasses double) du tableau B_{CC}, chacun des deux ensembles C étant muni de la partition P (déduite des P_k). Compte tenu de ce que l'AC de K_{LC} (resp. K'_{LC}; K''_{LC}) est équivalente (Benzécri, 1977) à celle de B_{CC}[1] (resp. B'_{CC}; B''_{CC}), l'analyse interne (resp. interclasses) multiple est équivalente à l'analyse interne (resp. interclasses double) de B_{CC}.

Escofier (1987) définit l'analyse intraclasse du tableau disjonctif complet dans un cadre différent. Elle suppose que c'est l'ensemble L qui est muni d'une partition, partition qui peut être donnée par les modalités d'une variable qualitative jouant un rôle différent des variables qualitatives associées à $I_1, I_2, \ldots, I_s$.

4. Généralisation au cas où l'on a un graphe bistochastique

4.1 Analyse lissée et analyse intravoisinage

On considère ici une structure de graphe sur l'une des dimensions du tableau k_{IJ}, par exemple un graphe G sur l'ensemble I. On supposera ce graphe pondéré et bistochastique, la matrice associée étant une matrice carrée que l'on notera également G, de terme général $g_{ii'}$ ($i \in I, i' \in I$) tel que

$$\sum \{g_{ii'} \mid i' \in I\} = \sum \{g_{i'i} \mid i' \in I\} = 1 . \qquad (4.7)$$

On posera:

$$\forall i_0 \in I : I_{i_0} = \{(i, i_0) \mid i \in I; \ g_{ii_0} \neq 0\} , \qquad (4.8)$$

$$I' = \cup \{I_{i_0} \mid i_0 \in I\} \subset I \times I , \qquad (4.9)$$

$$\forall i_0 \in I \ \forall j \in J : \ell_{i_0 j} = \sum \{k_{ij} g_{ii_0} \mid i \in I\} = \sum \{k_{ij} g_{ii_0} \mid (i, i_0) \in I_{i_0}\} \ (4.10)$$

I_{i_0} est isomorphe à l'ensemble des voisins de i_0 (ou voisinage de i_o) i.e. à l'ensemble des i de I tels que $g_{ii_0} \neq 0$ tandis que le tableau ℓ_{IJ} de terme général $\ell_{i_0 j}$ est le tableau lissé déduit de k_{IJ} à partir du graphe G.

On désignera par $K_{I'J}$ le tableau défini par

$$\forall (i, i_0) \in I_{i_0}, \ \forall j \in J, \ K_{(i, i_0)j} = k_{ij} g_{ii_0} .$$

Le tableau $K_{I'J}$ est issu du tableau k_{IJ} en décomposant chaque ligne i sur chacun des voisinages contenant i avec la pondération correspondante.

---

[1] Dans le sens où K_{LC} et B_{CC} ont les mêmes facteurs de variance 1 sur C, les valeurs propres issues de l'AC de B_{CC} étant les carrés des valeurs propres issues de l'AC de K_{LC}.

On peut noter que pour i fixé, toutes les lignes (i, i_0) $(i_0 \in I)$ du tableau $K_{I'J}$ sont proportionnelles. L'AC de $K_{I'J}$ est donc équivalente d'après le principe d'équivalence distributionnelle, et en tenant compte de (4.7) à l'AC du tableau de terme général

$$\sum \{k_{ij}\, g_{ii_0} \mid i_0 \in I\} = k_{ij} \,, \tag{4.11}$$

i.e. à l'AC du tableau initial k_{IJ}.

On peut alors envisager d'effectuer l'analyse interclasses et l'analyse intraclasse du tableau $K_{I'J}$, I' étant muni de la partition définie par les I_{i_0} $(i_0 \in I)$.

Compte tenu de ce que

$$\sum \{K_{(i,i_0)j} \mid (i, i_0) \in I_{i_0}\} = \sum \{k_{ij} g_{ii_0} \mid i \in I\} = \ell_{i_0 j} \,,$$

l'analyse interclasses de $K_{I'J}$ revient à faire l'AC du tableau lissé ℓ_{IJ}. On dira que l'AC de ℓ_{IJ} correspond à l'analyse lissée du tableau k_{IJ} relativement au graphe G. Ce type d'analyse a déjà été défini par Benali & Escofier (1990) dans le cas de l'analyse des composantes principales et par Escofier (1989) dans le cas de l'analyse des correspondances multiples.

Remarque. On peut noter que les tableaux k_{IJ} et ℓ_{IJ} ont d'après (4.7) et (4.10) les mêmes marges sur J. Par contre, leurs marges sur I diffèrent (sauf si k_i est indépendant de i), la marge sur I de ℓ_{IJ} étant définie par

$$\forall\, i_0 \in I:\ \ell_{i_0} = \sum \{\ell_{i_0 j} \mid j \in J\} = \sum \{k_i g_{ii_0} \mid i \in I\} \,. \tag{4.12}$$

De même, compte tenu de ce que:

$$\sum \{K_{(i,i_0)j} \mid (i, i_0) \in I_{i_0}, j \in J\} = \sum \{\ell_{i_0 j} \mid j \in J\} = \ell_{i_0}$$

$$\sum \{K_{(i,i_0)j} \mid (i, i_0) \in I'\} = k_j$$

$$\sum \{K_{(i,i_0)j} \mid j \in J\} = k_i g_{ii_0}$$

$$\sum \{K_{(i,i_0)j} \mid (i, i_0) \in I', j \in J\} = k \,,$$

l'analyse intraclasse de $K_{I'J}$ qu'on appellera analyse intravoisinage du tableau k_{IJ} relativement au graphe G sur I, revient d'après (4.1) et (4.2) à effectuer l'AC du tableau $R_{I'J}$ défini par

$$\forall (i, i_0) \in I_{i_0},\ \forall j \in J:\ R_{(i,i_0)j} = \left(k_{ij} - k_i \frac{\ell_{i_0 j}}{\ell_{i_0}} + \frac{k_i k_j}{k} \right) g_{ii_0} \,. \tag{4.13}$$

Les nuages des profils ligne des différents tableaux k_{IJ}, $K_{I'J}$, ℓ_{IJ} et $R_{I'J}$ sont tous dans le même espace métrique R_J et ont le même centre de gravité, à savoir le point $f_J = \{k_j/k/j \in J\}$.

La $j^{\text{ième}}$ coordonnée du profil d'une ligne (i, i_0) de $R_{I'J}$ s'écrivant

$$\frac{R_{(i,i_0)j}}{k_i g_{ii_0}} = \frac{k_{ij}}{k_i} - \frac{\ell_{i_0 j}}{\ell_{i_0}} + \frac{k_j}{k} \, ,$$

on voit que le profil de cette ligne (i, i_0) rapportée au centre de gravité commun f_J est la différence entre le profil de la ligne i de k_{IJ} et le profil de la ligne i_0 (dont i est un voisin) du tableau lissé ℓ_{IJ}.

L'analyse intravoisinage permet donc d'analyser le tableau k_{IJ} une fois retirée l'influence du graphe G, tandis que l'analyse lissée permet d'obtenir des facteurs liés à la structure du graphe G.

Dans le cas où G est le graphe associé à la partition $I = \cup\{I_p \mid p \in P\}$ ($g_{ii'} = 0$, si i et i' appartiennent à deux classes différentes, $g_{ii'} = 1/\mathrm{Card}I_p$ si i et i' appartiennent à la même classe I_p), il est facile de voir que l'analyse lissée et l'analyse intravoisinage de k_{IJ} relativement à G sont identiques respectivement à l'analyse interclasses et à l'analyse intraclasse du tableau k_{IJ} relativement à P. En effet, l'on déduit de (4.10) et (4.13) que:

$$\forall \, p, p' \in P, \; \forall \, i \in I_{p'}, \; \forall \, i_0 \in I_p, \; \forall \, j \in J :$$

$$\ell_{i_0 j} = \sum \{k_{ij} g_{ii_0} \mid i \in I\} = \sum \{k_{ij} \mid i \in I_p\}/\mathrm{Card}I_p$$
$$= k_{pj}/\mathrm{Card}\, I_p$$

$$R_{(i,i_0)j} = \begin{cases} 0, & \text{si } p \neq p' \\ (k_{ij} - k_i \frac{k_{pj}}{k_p} + \frac{k_i k_j}{k})/\mathrm{Card}\, I_p, & \text{si } p = p' \end{cases}$$

et d'après le principe d'équivalence distributionnelle, les AC de ℓ_{IJ} et de $R_{I'J}$ sont respectivement équivalentes à celles de k_{PJ} et du tableau k'_{IJ} défini par (4.1) et (4.2).

Remarque. L'inertie totale du tableau k_{IJ} étant identique à celle du tableau $K_{I'J}$, elle se décompose relativement à la partition de I' définie par les I_{i_0} comme somme d'une inertie interclasses (inertie du tableau lissé ℓ_{IJ}) et d'une inertie intraclasse (ou intravoisinage) (inertie du tableau $R_{I'J}$), ces deux inerties étant décomposées de façon optimale par l'analyse lissée et l'analyse intravoisinage.

4.2 Une autre généralisation de l'analyse intraclasse: l'analyse locale

I étant toujours muni d'une structure de graphe et conservant les mêmes notations que précédemment, on appelle analyse locale du tableau K_{IJ} relativement au graphe G sur I, l'AC du tableau défini par

$$\forall i \in I, \; \forall j \in J : \; r_{ij} = k_{ij} - k_i \frac{\ell_{ij}}{\ell_i} + \frac{k_i}{k} \sum \{k_{i'} \frac{\ell_{i'j}}{\ell_{i'}} \mid i' \in I\} \, . \qquad (4.14)$$

Il est facile de vérifier que les tableaux r_{IJ} et k_{IJ} ont les mêmes marges. Les nuages $N(I)$, $N_\ell(I)$ et $N_r(I)$ des profils ligne respectivement associés aux tableaux k_{IJ}, ℓ_{IJ} et r_{IJ} sont donc situés dans le même espace métrique R_J, où ils ont le même centre de gravité f_J.

Remarquons que si on munit chaque profil i de $N_\ell(I)$ de la masse k_i/k (fournie par l'AC de k_{IJ} ou r_{IJ}) au lieu de la masse ℓ_i/k (fournie par l'AC de ℓ_{IJ}), on obtient comme centre de gravité de $N_\ell(I)$ le point f_j^ℓ de coordonnées

$$f_j^\ell = \sum \{\frac{k_i \ell_{ij}}{k \ell_i} \mid i \in I\} \ .$$

Il en résulte que la $j^{\text{ème}}$ composante du profil de la $i^{\text{ème}}$ ligne de r_{IJ} s'écrit:

$$\frac{r_{ij}}{k_i} = \frac{k_{ij}}{k_i} - \frac{\ell_{ij}}{\ell_i} + f_j^\ell \ .$$

Le profil de la $i^{\text{ème}}$ ligne de r_{IJ} (rapporté à son centre de gravité f_J) s'exprime donc comme la différence entre le profil de la $i^{\text{ème}}$ ligne de k_{IJ} (rapporté à f_I) et le profil de la $i^{\text{ème}}$ ligne du tableau lissé ℓ_{IJ} (rapporté non pas à f_J, mais à f_j^ℓ).

L'AC de r_{IJ} permet donc d'étudier la variabilité locale de k_{IJ} (d'où le nom d'analyse locale pour cette analyse). Notons que si k_i est constant (et donc égal à $k/\text{Card } I$), auquel cas d'après (4.12) $\ell_i = k_i$ est aussi indépendant de i, les formules précédentes se simplifient. On a en particulier:

$$r_{ij} = k_{ij} - \ell_{ij} + k_i k_j / k \ .$$

L'AC de r_{IJ} correspond alors à l'analyse des différences locales définie par Escofier (1989) dans le cas où k_{IJ} est un tableau disjonctif complet.

Dans le cas où G est un graphe de partition, on peut montrer (Moreau, 1990) que le tableau r_{IJ} est identique au tableau k'_{IJ} défini par (4.1) et (4.2). L'analyse locale de k_{IJ} est alors identique à l'analyse intraclasse.

5. Cas où l'on a deux graphes bistochastiques, l'un sur I, l'autre sur J

On suppose ici qu'outre le graphe G sur I, on a un graphe bistochastique pondéré H sur J dont les termes $h_{jj'}$ de la matrice associée vérifient

$$\forall j \in J: \ \sum \{h_{jj'} \mid j' \in J\} = \sum \{h_{j'j} \mid j' \in J\} = 1 \ .$$

Gardant des notations analogues à celles employées à la section 4, on posera:

$$\forall i \in I,\ \forall i_0 \in I,\ \forall j_0 \in J:$$
$$J_{j_0} = \{(j, j_0) \mid j \in J;\ h_{j j_0} \neq 0\}$$
$$J' = \cup \{J_{j_0} \mid j_0 \in J\} \subset J \times J$$
$$m_{i j_0} = \sum \{k_{ij} h_{j j_0} \mid j \in J\}$$
$$n_{i_0 j_0} = \sum \{k_{ij} g_{i i_0} h_{j j_0} \mid i \in I,\ j \in J\}$$
$$= \sum \{m_{i j_0} g_{i i_0} \mid i \in I\}$$
$$= \sum \{\ell_{i_0 j} h_{j j_0} \in j \in J\}$$

$$\forall (i, i_0) \in I_{i_0},\ \forall (j, j_0) \in J_{j_0}:$$
$$T_{(i, i_0)(j, j_0)} = k_{ij} g_{i i_0} h_{j j_0} = K_{(i, i_0) j} h_{j j_0}\ .$$

Le tableau m_{IJ} ainsi défini correspond au tableau k_{IJ} lissé à partir du graphe H sur J, tandis que n_{IJ} correspond au tableau k_{IJ} doublement lissé par les graphes G et H.

Le tableau $T_{I'J'}$ de terme général $T_{(i, i_0)(j, j_0)}$, tableau qui se déduit du tableau $K_{I'J}$ de la même façon (après interversion des rôles des lignes et des colonnes) que $K_{I'J}$ se déduit de k_{IJ} est muni d'une partition sur I' ($I' = \cup\{I_{i_0} \mid i_0 \in I\}$) et d'une partition sur J' ($J' = \cup\{J_{j_0} \mid j_0 \in J\}$). On peut donc envisager les analyses interne et interclasses double de ce tableau. On appellera ces analyses respectivement analyse intravoisinage double et analyse lissée double. Cette dernière analyse revient à faire l'AC du tableau doublement lissé n_{IJ} tandis que l'analyse intravoisinage double revient, comme on peut le vérifier, à faire l'AC du tableau $T'_{I'J'}$ défini par

$$\forall (i, i_0) \in I_{i_0},\ \forall (j, j_0) \in J_{j_0}:$$
$$T'_{(i, i_0)(j, j_0)} = \left(k_{ij} - k_i \frac{\ell_{i_0 j}}{\ell_{i_0}} - k_j \frac{m_{i j_0}}{m_{j_0}} + \frac{k_i k_j n_{i_0, j_0}}{\ell_{i_0} m_{j_0}} + \frac{k_i k_j}{k} \right) g_{i i_0} h_{j j_0}\ .$$

Dans le cas où G et H sont des graphes de partition, l'analyse intravoisinage double et l'analyse lissée double redonnent respectivement les analyses interne et intraclasse double usuelles.

On peut également définir une analyse locale double. Cette analyse correspond simplement à l'analyse locale par rapport au graphe H sur J du tableau r_{IJ} défini par (4.14), (tableau dont l'AC fournit l'analyse locale de k_{IJ} par rapport à G). On peut montrer (Moreau, 1990) que cette analyse fait jouer des rôles symétriques à G et H, et qu'elle se ramène à l'analyse interne de k_{IJ} quand G et H sont des graphes de partition.

Remarque.   On peut également envisager d'autres analyses que les précédentes, comme l'analyse lissée intravoisinage, l'analyse lissée locale, l'analyse intravoisinage lissée ou l'analyse locale lissée. Par exemple, l'analyse lissée locale revient à faire l'analyse locale relativement au graphe H du tableau lissé

ℓ_{IJ} donné par (4.10) et dont l'AC définit l'analyse lissée de k_{IJ} relativement à G.

6. Cas où l'ensemble I est muni de plusieurs partitions

Dans ce cas, on peut considérer que chaque partition est associée à une variable qualitative sur I. Si on a un ensemble Card Q de partitions, on a donc Card Q variables qualitatives auxquelles on peut associer un tableau disjonctif complet X_{IK}, K désignant l'ensemble des modalités (ou des classes) des Card Q variables qualitatives.

A partir du tableau X_{IK}, on peut construire le tableau de Condorcet C_{II}^X (Marcotorchino, 1989; Cazes & Moreau, 1995) qui est défini par:

$$\forall (i, i') \in I \times I : \quad C_{ii'}^X = \sum \{X_{i\ell} X_{i'\ell} / X_\ell \mid \ell \in K\}$$
$$\text{avec } \forall \ell \in K : \quad X_\ell = \sum \{X_{i\ell} \mid i \in I\} .$$

La somme de chaque ligne (ou de chaque colonne) de C_{II}^X étant constante et égale à Card Q, on peut considérer que ce tableau définit (au facteur $1/\text{Card } Q$ près) la matrice d'un graphe bistochastique sur I. On peut donc envisager l'analyse lissée et l'analyse intravoisinage de k_{IJ} relativement au graphe précédent.

Dans le cas où l'on a une seule variable qualitative Card $Q = 1$, le graphe associé au tableau de Condorcet est un graphe de partition et l'on retrouve les analyses interclasses et intraclasse usuelles.

7. Applications

7.1 Application de l'analyse intraclasse à la construction d'une épreuve scolaire

Lors de la construction d'une épreuve scolaire définie par un certain nombre d'items, on est amené à rechercher d'éventuels distracteurs. Il s'agit d'une part d'items qui, pour différentes raisons (le libellé de la question peut être faux ou ambigu), ne sollicitent pas la bonne réponse mais plutôt des réponses erronées ou aléatoires et, d'autre part, des items qui ne participent pas à la dimension que l'épreuve est censée mesurer et sont peu cohérents avec le reste de l'épreuve. Le score d'un élève étant défini par le nombre des bonnes réponses obtenues, le classement des élèves est optimal dans le cas où un même score est défini par le même ensemble de bonnes réponses. En fait un même score est souvent obtenu par des profils de bonnes réponses différents suivant les élèves. Les distracteurs perturbent le classement des élèves et introduisent une variabilité indésirable dans les profils de chaque score. L'analyse intra-classe permet de déceler les items qui contribuent le plus à la variabilité des profils de chaque score et donc de mettre en évidence certains distracteurs.

Dans le contexte de l'introduction d'une nouvelle méthodologie d'allemand (Vorwärts), le Centre vaudois de recherches pédagogiques a été chargé d'observer les effets et la méthode dans les classes secondaires vaudoises. En particulier, les acquis en fin de 5e année ont été évalués et 513 élèves répartis dans 30 classes du Canton de Vaud (Suisse) ont passé les épreuves d'allemand visant à apprécier les compétences des élèves dans les 4 aptitudes fondamentales de compréhension et d'expression orales et écrites. Nous nous sommes intéressés à une épreuve de compréhension écrite ("EIN BRIEF"). Cette épreuve comprend 15 items, chaque item possédant 3 modalités de réponses. En fait, après la lecture d'une lettre écrite en allemand, 15 phrases écrites en allemand sont proposées et les élèves doivent dire si elles sont justes, fausses ou si le texte n'en parle pas.

Nous avons considéré le tableau disjonctif complet défini par l'ensemble des items dichotomisés en bonnes et mauvaises réponses. On définira le score d'un élève à l'épreuve par le nombre de bonnes réponses obtenues. Les différents scores définissent une partition de l'ensemble des élèves. Tous les élèves ayant le même score (élèves ex aequo) appartiennent à une même classe. Un même score peut correspondre à des profils de réponses très différents et il est intéressant de préciser l'importance de la variabilité entre des profils de réponses conduisant au même score. Plus généralement, l'analyse factorielle de l'inertie entre les élèves ex aequo nous permet de mettre en évidence les items qui contribuent le plus à l'hétérogénéité des scores et les scores les plus affectés par ce phénomène. Après avoir effectué une analyse des correspondances du tableau disjonctif complet associé à l'épreuve, nous réalisons une analyse intraclasse du même tableau relativement à la partition définie par les classes des ex aequo.

7.1.1 Analyse des correspondances

L'analyse des correspondances du tableau disjonctif complet associé à l'épreuve (voir figure 4.1) fournit un premier axe (28.36% de l'inertie) représentant la réussite globale à l'épreuve. Sur cet axe s'ordonnent les centres de gravité des élèves ex aequo en fonction de leur score. Ce phénomène révèle une certaine cohérence entre le classement défini par le score à l'épreuve (nombre de bonnes réponses) et celui défini par le premier axe factoriel de l'analyse des correspondances. Notons que certaines questions ont une faible contribution sur le premier axe et, de ce fait, participent moins à la discrimination des élèves (question 1 et question 7).

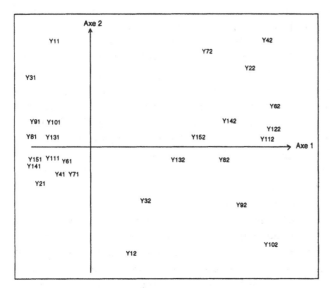

Fig. 4.1. Analyse des correspondances multiples de l'épreuve d'allemand (Plan 1-2)

Légende. Par exemple:
Y61 = bonne réponse à la question 6
Y62 = mauvaise réponse à la question 6

7.1.2 Analyse intra ex æquo

L'inertie intraclasse relativement à la partition définie par les ex æquo représente encore les 69% de l'inertie initiale, ce qui souligne la forte hétérogénéité des profils de réponses associés au même score. La décomposition optimale de l'inertie intra ex æquo révèle successivement sur le premier axe factoriel (9.68% de l'inertie intraclasse) la question 1 qui contribue pour 49.1% à la définition de cet axe et sur le deuxième axe (9.4% de l'inertie intraclasse) la question 7 dont la contribution s'élève à 57% (voir figure 4.2). On peut donc s'interroger sur la pertinence des questions 1 et 7.

L'analyse intra ex æquo (analyse intraclasse relativement à la partition définie par les ex æquo) permet aussi de mettre en évidence des questions suscitant des réponses aléatoires. En effet, de telles questions ne correspondront pas à des réponses uniformes pour les élèves ex æquo. On peut se rendre compte de ce phénomène en effectuant différentes simulations.

Si nous ajoutons à l'épreuve précédente une question dont les réponses ont été simulées de façon aléatoire, l'analyse intra ex æquo du tableau disjonctif complet associé à cette épreuve modifiée fait apparaître clairement cette nouvelle question sur le premier axe factoriel (ici une contribution de 66.2% à la définition de l'axe). Modifions maintenant les réponses de l'une des questions (par exemple la question 15) en remplaçant pour un groupe d'élèves (50) leurs réponses par des réponses aléatoires; cette question apparaît encore sur le premier axe de l'analyse intra ex æquo (30% de contribution absolue sur le premier axe). L'analyse intraclasse apparaît donc comme un outil efficace dans la recherche des distracteurs lors de la construction d'une épreuve scolaire.

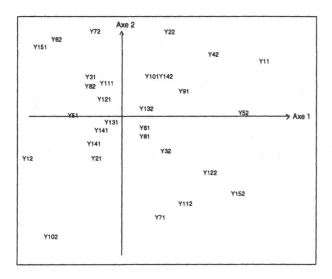

Fig. 4.2. Analyse intra ex aequo de l'épreuve d'allemand (Plan 1-2)

Légende. Par exemple:
Y61 = bonne réponse à la question 6
Y62 = mauvaise réponse à la question 6

7.2 Application de l'analyse intravoisinage à l'étude d'indicateurs scolaires

Nous comparons les cantons suisses par rapport à certains indicateurs scolaires (voir annexe en fin d'ouvrage). L'analyse des correspondances multiples appliquée au tableau des données permet d'obtenir la structure de différenciation globale des cantons par rapport à ces variables. On peut craindre dans une telle analyse que certains phénomènes locaux restent masqués. Pour mettre en évidence la nature de ces phénomènes, on effectuera des analyses intravoisinage relativement à différents graphes (un graphe défini par la structure de contiguïté des cantons suisses, puis un graphe associé à la dépense publique par élève de ces différents cantons).

7.2.1 Analyse des correspondances multiples

Nous considérons certains indicateurs scolaires mesurés pour chaque canton suisse. Il sagit essentiellement de différents taux rendant compte de la santé scolaire des cantons (OFS, 1995). Les données initiales se présentent comme un ensemble de variables continues sur lesquelles on effectue un codage en 6 classes. L'analyse des correspondances multiples du tableau ainsi obtenu révèle la structure de différenciation des cantons vis-à-vis des indicateurs scolaires (voir figure 4.3). Le premier plan factoriel restitue 20% de l'inertie. Il montre l'opposition sur le premier axe entre les cantons latins souvent universitaires (Vaud, Tessin, Genève, Neuchâtel) associés au canton de Bâle-Ville et les cantons alémaniques. Les premiers ont de faibles taux de diplômés de formation professionnelle, mais des taux plus élevés de diplômés de formation générale, de diplômés universitaires et de maturité. Le deuxième axe oppose les cantons du Jura et du Tessin aux cantons de Vaud, Zurich et Schaffhouse. Les premiers sont notamment caractérisés par des taux faibles de redoublement avec changement du type d'enseignement et des proportions faibles d'élèves suivant un enseignement spécial pour l'année 1993.

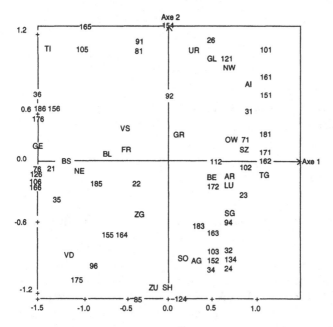

Fig. 4.3. Analyse des correspondances multiples du tableau des indicateurs scolaires codés en classe (Plan 1-2)

Légende. Par ex. 126 = modalité 6 de la variable 12

7.2.2 Analyse intravoisinage relativement à un graphe de contiguïté

On effectue une analyse intravoisinage du même tableau relativement à un graphe bistochastique associé à la contiguïté des cantons suisses. Il s'agit de préciser quels sont les cantons qui diffèrent le plus de leurs voisins et pour quels indicateurs. Une telle analyse peut permettre de mettre en évidence des disparités locales qui seraient gommées dans l'analyse des correspondances usuelle.

Pour définir la matrice du graphe, on affectera pour un voisinage donné le poids 1 pour chaque canton voisin, et pour un canton dans son propre voisinage un poids égal au complément à 11 (nombre maximum de voisins) du nombre de ses voisins. Une telle procédure assurera la constance des marges et la symétrie du graphe. Chaque canton est donc représenté dans son voisinage et dans le voisinage de ses voisins.

L'inertie due à la variabilité intravoisinage correspond à 52% de la variabilité initiale; on voit donc que la variabilité locale reste importante. Son analyse factorielle permet d'en dégager les principaux aspects (voir figure 4.4). On relève les voisinages et les variables contribuant le plus à la définition des axes. On identifie ainsi les cantons se différenciant le plus de leurs voisins et les variables responsables de ces phénomènes locaux. Le premier axe montre par exemple que le canton de Berne se distingue de ses voisins (en particulier des cantons romands) en ce qui concerne le taux masculin de maturité qui y est plus faible et le nombre d'élèves par enseignant dans le secondaire qui y est plus élevé. Sur le deuxième axe, on observe d'autres phénomènes locaux. Neuchâtel, Jura, Saint-Gall, par exemple, se différencient de certains de leurs voisins.

Le taux de diplômés de la formation professionnelle ainsi que les taux d'élèves fréquentant une division à niveau d'exigences élémentaires sont plus élevés au Jura qu'à Neuchâtel; par contre les taux d'élèves fréquentant une division à niveau d'exigences étendues sont plus importants à Neuchâtel.

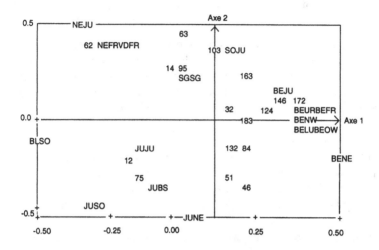

Fig. 4.4. Analyse intravoisinage relativement à un graphe
de contiguïté (Plan 1-2)

Légende. Par ex. JUNE = Jura dans le voisinage de
Neuchâtel; 75 = modalité 5 de la variable 7

7.2.3 Analyse intravoisinage associée à une variable continue

La structure de graphe que l'on considère pour effectuer une analyse intravoisinage n'est pas nécessairement issue d'une contiguïté géographique ou
d'une évolution temporelle. En fait, toute variable continue peut générer un
graphe. Il suffit de définir le voisinage d'un point pour la variable continue
considérée. Par exemple, on peut décider que deux cantons sont voisins si
leurs dépenses publique par élève diffèrent de moins de 1000 Francs. On a
alors défini une structure de graphe bistochastique; il suffit d'affecter le poids
1 à chacun des voisins et le complément au nombre maximum des voisins
pour un canton dans son propre voisinage. Effectuer une analyse intravoisinage relativement à ce graphe permet d'explorer ce qui distingue, sur le plan
scolaire, les cantons pratiquant des dépenses publiques voisines par élève.

Dans cette analyse, l'inertie (égale à 2,9) reste élevée. Elle correspond à
59,5% de l'inertie initiale. Des cantons différant peu par le niveau des dépenses
publiques par élève peuvent donc avoir des systèmes scolaires plus ou moins
performants.

Le premier axe (voir figure 4.5) souligne par exemple les différences entre le Jura et certains cantons ayant aussi des dépenses publiques faibles
par élève. Par exemple le taux de redoublement sans changement du type

d'enseignement en 1993 est plus élevé dans le Canton du Jura qu'en Appenzell.

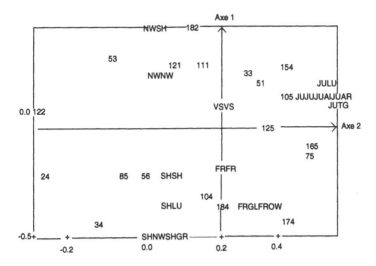

Fig. 4.5. Analyse intravoisinage associée aux dépenses publiques par élève (Plan 1-2)

Légende. Par ex. JULU = Jura dans le voisinage de Lausanne; 125 = modalité 5 de la variable 12

8. Conclusion

Les données soumises à l'analyse peuvent toujours être considérées comme structurées. En effet, cette structure peut être induite par des variables externes ou internes aux données. On peut observer par exemple des partitions du tableau, une structure de contiguïté des lignes ou des colonnes, une évolution temporelle affectant les données. Plus généralement, on remarquera d'une part que tout ensemble de variables qualitatives peut définir une structure de graphe. Il suffit de leur associer le graphe défini par le tableau de Condorcet (pour une autre utilisation du tableau de Condorcet, voir Marchotorchino, ce volume). D'autre part, toute variable continue peut aussi être associée à un graphe. Les méthodes d'analyses de données structurées se révèle donc être d'emploi très général.

Les méthodes usuelles ne permettent pas de dégager les liens entre la structure et les données elles-mêmes. La mise au point de nouvelles méthodes (analyses inter- et intraclasse, analyse locale, analyse intravoisinage) permettant d'isoler ou d'explorer l'influence de la structure sur les données est apparue nécessaire. Ces méthodes permettent de mettre à jour des relations peu visibles avec les méthodes usuelles; elles permettent, en outre, de se poser des questions nouvelles sur les données.

Étude de la variabilité intra-individuelle par l'analyse des correspondances

Jean Moreau [1], Pierre-André Doudin [2] et Pierre Cazes [3]

[1] Centre Vaudois de Recherches Pédagogiques, Lausanne, Suisse
[2] Universités de Genève et de Lausanne et Centre Vaudois de Recherches Pédagogiques, Lausanne, Suisse
[3] Centre de Recherche de Mathématiques de la Décision, Université de Paris IX Dauphine, Paris, France

1. Introduction

Dans ce chapitre, nous développons un instrument statistique permettant d'appréhender la variabilité intra-individuelle. Pour ce faire, nous proposons une méthode originale issue de l'analyse des correspondances (AC) et nous l'appliquons à un problème de psychologie du développement de l'intelligence.

Les applications de l'analyse des correspondances ont été généralement centrées sur l'étude de la variabilité interindividuelle. Cependant, dans un grand nombre de circonstances, on peut non seulement donner un sens à la variabilité intra-individuelle, mais envisager son analyse. C'est, par exemple, le cas d'un questionnaire où chaque question admet le même ensemble de modalités; c'est aussi le cas d'un ensemble d'épreuves caractérisées par une même échelle de points (par ex. Quotient Intellectuel), de notes (par ex. épreuves scolaires) ou encore - et c'est notre cas - par un même ensemble de niveaux de conduite (épreuves de développement de l'intelligence). Dans ces situations, les méthodes usuelles d'analyse des correspondances ne permettent pas l'appréhension de la variabilité intra-individuelle. En particulier lorsque les modalités sont ordonnées, on obtient essentiellement un facteur de réussite qui extrait une partie importante de l'inertie. Ce facteur traduit une double tendance hiérarchique, entre items d'une part, et entre sujets d'autre part (effet Guttman). Ceci peut masquer d'autres aspects liés à la variabilité intra-individuelle. Enfin, la structure factorielle obtenue reflétant l'inertie totale, il est alors difficile d'opérer une distinction entre une inertie interindividuelle et une inertie intra-individuelle.

Ces limites nous conduisent à explorer d'autres voies (Cazes, Moreau & Doudin, 1994). Nous nous efforçons d'isoler l'inertie intra-individuelle pour obtenir, par sa décomposition optimale, une structure factorielle caractérisant la variabilité intra-individuelle. Nous allons maintenant exposer cette méthode statistique.

2. Présentation de la méthode statistique

Les objets d'un ensemble I (ou individus) sont identifiés par les modalités d'un ensemble de variables qualitatives Q (ou questions). On suppose ici que les ensembles des modalités associées à chaque question q sont identiques. On envisage ici les cas, relativement fréquents, d'un questionnaire ou d'un ensemble d'épreuves dont les questions ou items possèdent les mêmes modalités de réponses J_q

$$\forall\, q \in Q \quad J_q = J.$$

On notera j_q la modalité j lorsqu'on se réfère à la question q. K_{IC} désigne le tableau disjonctif complet avec $C = \cup J_q$ (Fig. 5.1). Le tableau disjonctif complet est partitionné suivant les blocs $K_q = K_{IJ_q}$, et l'on a

$$\forall\, i \in I : \quad \begin{cases} K_{ij_q} = 1 & \text{si } i \text{ a adopté la modalité } j_q, \\ 0 & \text{sinon.} \end{cases}$$

Définissons un nouveau tableau $K'_{I'J}$ avec

$$I' = \bigcup_q I \times \{q\} = \bigcup_q I_q,$$

obtenu par superposition des blocs K_{IJ_q}. Les éléments de $K'_{I'J}$ sont définis par

$$\forall\, (i,q) \in I \times \{q\} \qquad K'_{(i,q)j} = K_{ij_q}.$$

Le tableau $K'_{I'J}$ est composé des mêmes blocs que le tableau disjonctif complet, mais ils sont juxtaposés les uns en dessous des autres et non côte à côte. Soit

$$\forall\, q \in Q \qquad K'_{I\times\{q\}J} = K_{IJ_q}.$$

On construit alors le tableau $K'_{I'J'}$ avec $J' = J \cup Q$, en adjoignant à $K'_{I'J}$ le bloc $K'_{I'Q}$ défini par

$$\forall\, (i,q) \in I', \quad \forall\, q' \in Q \qquad K'_{(i,q)q'} = \delta_q^{q'} = \begin{cases} 1 & \text{si } q = q', \\ 0 & \text{sinon.} \end{cases}$$

Les éléments du bloc $K'_{I'Q}$ permettent d'associer une modalité de réponse d'un individu à la question correspondante (Fig. 5.2).

Le tableau $K'_{I'J'}$ peut être considéré comme un tableau disjonctif complet avec deux questions. On sait (Benzécri, 1977) que l'analyse des correspondances du tableau $K'_{I'J'}$ est équivalente à l'analyse du tableau k_{JQ} croisant l'ensemble des modalités J et l'ensemble des questions Q. L'analyse des correspondances de $K'_{I'J'}$ est donc l'analyse des liaisons entre l'ensemble des modalités J et l'ensemble des questions Q. Un individu pouvant ne pas choisir la même modalité à chaque question q, on observe donc une certaine variabilité intra-individuelle. Un même tableau k_{JQ} peut être associé à des situations très diverses correspondant à des choix très différents pour un même individu. L'analyse des correspondances de k_{JQ} ou de $K'_{I'J'}$ ne rendra pas compte de cette diversité.

Pour pouvoir mettre en évidence les caractéristiques de la variabilité intra-individuelle, nous proposons une autre approche. Nous considérons une partition de I' dont chaque classe est associée à un individu

$$I' = \bigcup_q i \times Q = \bigcup_i Q_i.$$

A cette partition correspond une décomposition de l'inertie totale $I(K'_{I'J'})$ dans l'AC de $K'_{I'J'}$ en une inertie interclasse $I_B(K'_{I'J'})$ (ou interindividuelle) et une inertie intraclasse $I_W(K'_{I'J'})$ (ou intra-individuelle)

$$I(K'_{I'J'}) = I_W(K'_{I'J'}) + I_B(K'_{I'J'}).$$

On sait (Benzécri, 1983; Cazes & Moreau, 1991) que l'on peut associer à cette partition une analyse interclasse et une analyse intraclasse permettant la décomposition optimale de ces inerties.

L'analyse interclasse revient à effectuer l'AC du tableau $M_{IJ'}$ obtenu en sommant les termes de $K'_{I'J'}$ sur chaque classe Q_i, soit

$$\forall\, i \in I, \quad \forall\, j \in J \qquad M_{ij} = \sum_q K'_{(i,q)j} = \sum_q K_{ij_q}.$$

M_{ij} correspond au nombre de fois où l'individu i choisit la modalité j. De plus (Fig. 5.3)

$$\forall\, i \in I, \quad \forall\, q \in Q \qquad M_{iq} = 1.$$

Le sous-bloc M_{IQ} de $M_{IJ'}$ étant un bloc de 1, l'inertie interindividuelle (i.e. l'inertie dans l'AC de $M_{IJ'}$) sera nulle si tous les termes d'une même colonne du sous-bloc M_{IJ} sont égaux. L'inertie interindividuelle est donc nulle lorsqu'une modalité donnée est adoptée avec la même fréquence par tous les individus. L'analyse interindividuelle (i.e. l'AC de $M_{IJ'}$) précise en quoi les individus s'écartent de ce modèle. Notons que la contribution du bloc M_{IQ} est nulle dans l'AC de $M_{IJ'}$, et que cette dernière analyse est équivalente à celle du sous-bloc M_{IJ}.

Remarquons que le tableau disjonctif complet K_{IC} peut être considéré comme partitionné suivant les blocs K_{IQ_j} (Q_j étant l'ensemble des modalités j pour l'ensemble des questions q, soit: $Q_j = \{j_q | q \in Q\}$). C est en effet partitionné suivant les classes Q_j. Le tableau M_{IJ} apparaît alors comme la matrice interclasse de K_{IC} associée à cette partition. En effet

$$M_{ij} = \sum_q K_{ij_q}.$$

L'analyse interclasse de K_{IC}, relativement à la partition de C définie par les Q_j, revient à effectuer l'AC du tableau de marge binaire M_{IJ} recensant pour un individu i et une modalité (ou niveau) j le nombre de fois que i a adopté j. L'AC de ce tableau permet de différencier les individus suivant la manière dont ils choisissent les modalités (indépendamment des questions); modalités extrêmes pour certains, traduisant, soit des niveaux très différents (dans le cas d'écoliers jugés selon plusieurs critères), soit des opinions très tranchées (dans le cas d'une enquête d'opinion); modalités centrales pour d'autres, traduisant des niveaux moyens, ou des opinions peu tranchées, etc. Si l'on veut s'affranchir de la façon personnelle dont chaque sujet utilise l'échelle des niveaux mise à sa disposition (ce qui revient à s'affranchir de l'équation personnelle des sujets), on effectuera l'analyse intraclasse de K_{IC}.

L'analyse intraclasse de $K'_{I'J'}$ relativement à la partition définie par les Q_i, définit l'analyse intra-individuelle. Cette analyse (Benzécri, 1983; Cazes & Moreau, 1991; Lebart, Morineau & Piron, 1995) revient à effectuer l'AC d'un tableau $R_{I'J'}$ défini par

$$\forall\, (i,q) \in I',\quad \forall\, j' \in J'\quad R_{(i,q)j'} = K'_{(i,q)j'} - \frac{M_{ij'}}{\operatorname{Card}(Q)} + \frac{M_{.j'}}{n\,\operatorname{Card}(Q)}$$

d'où, si $q' \in Q$, comme $M_{iq'} = 1$ et $M_{.q'} = n$, on a

$$\forall\, (i,q) \in I',\quad \forall\, q' \in Q\quad R_{(i,q)q'} = \delta_q^{q'} - \frac{1}{\operatorname{Card}(Q)} + \frac{1}{\operatorname{Card}(Q)} = \delta_q^{q'}.$$

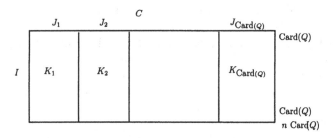

Fig. 5.1. Tableau disjonctif complet K_{IC}

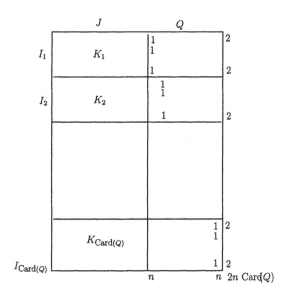

Fig. 5.2. Tableau $K'_{I'J'}$

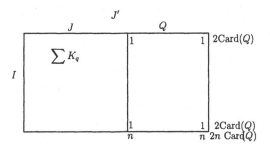

Fig. 5.3. Tableau $M_{IJ'}$

3. Problème psychologique

Dans le but de découvrir les lois générales qui régissent le développement de l'intelligence (épistémologie génétique), Piaget a décrit le développement idéal d'un sujet dit *"épistémique"*. Ce sujet théorique a été construit à partir des observations effectuées sur de multiples sujets examinés chacun pour une notion cognitive particulière à un niveau spécifique de sa construction. Une telle méthode a permis de dégager des *stades* de développement (dans le sens de niveaux d'organisation générale de l'intelligence) et certains *"synchronismes"* de niveaux de développement entre notions cognitives appartenant à des domaines différents de la connaissance.

Toute *"déviation"* par rapport à ce sujet théorique fut très vite interprétée en psychologie clinique comme un trouble du développement de l'intelligence: la *"normalité"* a été définie par un *synchronisme* des niveaux d'acquisition entre notions différentes appartenant à un même stade de développement, alors qu'un *décalage* (ou *dysharmonie*) a été interprété comme une manifestation pathologique (voir Gibello, 1983).

Dans le cadre des travaux qui, à la suite de Reuchlin (1964), ont tenté de combiner théorie piagétienne et perspective différentielle, Rieben, de Ribaupierre & Lautrey (1983), Lautrey, de Ribaupierre & Rieben (1990), de Ribaupierre, Rieben & Lautrey (1991) ont proposé une méthodologie très poussée afin de tester l'hypothèse du *synchronisme* d'acquisition à travers l'investigation des mêmes sujets dans différents domaines notionnels (plan intra-individuel) ou de sujets différents pour une même notion (plan interindividuel).

Pour ce faire, les auteurs ont proposé une méthode originale de notation des conduites permettant la comparaison d'un domaine à l'autre de la connaissance, ce que la méthode piagétienne ne permettait pas de réaliser de manière précise. Partant du principe que toutes les notions de la structure opératoire (stade du développement de l'intelligence allant d'environ 6-7 ans à 12-13 ans) impliquent une transformation des états de l'objet (voir ci-après les épreuves utilisées lors de l'expérimentation), les auteurs décomposent les épreuves piagétiennes en nombre de dimensions de transformations que le sujet doit articuler pour réussir l'épreuve. Ces dimensions ont alors pour avantage de permettre aussi bien de décrire le niveau de conduite des sujets que d'analyser la complexité des épreuves, complexité déterminée par le nombre de dimensions que le sujet doit articuler pour résoudre la tâche. Le niveau structural se définit alors non pas par la nature des dimensions, qui varient d'une situation à une autre, mais par leur nombre et leur degré d'articulation. Les auteurs repèrent ainsi six étapes comparables du développement dans les différents domaines notionnels investigués (pour plus de détails, voir Rieben, de Ribaupierre & Lautrey, 1986).

Les résultats ont montré l'*ampleur de la variabilité intra-individuelle* des niveaux de conduite entre différents domaines notionnels (un sujet peut avoir un niveau de conduite plus élevé dans un domaine X que dans un domaine Y et vice versa pour un autre sujet). De plus, une telle variabilité se retrouve aussi bien chez des sujets avec ou sans difficultés scolaires (Husain et al., 1986; Doudin, 1992). L'hypothèse d'un synchronisme des niveaux d'acquisition entre notions différentes est ainsi rejetée. Par conséquent, il n'est pas pertinent de considérer les décalages ou dysharmonies comme un signe de pathologie.

Si chaque sujet se caractérise par une dysharmonie de développement, on peut alors se demander si des sujets avec et sans difficultés scolaires se distingueraient par des types différents de dysharmonie. Un tel repérage serait utile afin d'établir un diagnostic et de définir des objectifs de remédiation cognitive pour compenser certains déficits intellectuels. Pour ce faire, il faut pousser plus avant l'étude de la variabilité intra-individuelle en développant des instruments statistiques capables de l'appréhender de manière très fine.

L'aspect nominal des données issues des recherches de Lautrey, de Ribaupierre & Rieben, (1986) et, à leur suite, de Doudin (1992) a conduit ces auteurs à considérer l'analyse des correspondances multiples comme option méthodologique. Leur méthode, qui a consisté à utiliser la représentation simultanée des sujets et des items pour pouvoir observer des décalages individuels, comporte un certain nombre de limites. Tout d'abord, chaque item a été dichotomisé en échec-réussite. Nous perdons ainsi la finesse d'une analyse portant sur les niveaux de conduite. Ensuite, leur analyse a porté sur le tableau disjonctif complet (tableau K_{IC}, voir Fig. 5.1) associé à cette dichotomisation. Nous rencontrons alors les problèmes inhérents à ce type d'analyse, déjà mentionnés au début de ce travail (effet Guttman; distinction difficile entre inertie interindividuelle et intra-individuelle du fait d'une structure factorielle reflétant l'inertie totale). De plus, l'observation des décalages, en ne considérant que les individus de plus forte inertie sur chacun des axes retenus, ne permet pas un examen approfondi des profils de variabilité intra-individuelle. Il faut donc pousser plus avant l'analyse de la variabilité intra-individuelle. D'une part, sur le plan des données, nous considérons l'ensemble des niveaux caractérisant les conduites de chaque sujet à chacun des items; ceci devrait permettre de saisir les différents aspects de la variabilité intra-individuelle dans toutes ses nuances. D'autre part, sur le plan de l'instrument statistique, la méthode exposée ci-dessus devrait permettre d'isoler l'inertie intra-individuelle pour obtenir, par sa décomposition optimale, une structure factorielle caractérisant la variabilité intra-individuelle.

4. Méthode

4.1 Population

Dans le cadre du système scolaire du Canton de Genève (Suisse), nous comparons 25 sujets de 11-12 ans (âge moyen: 11.9) suivant sans difficulté le cursus scolaire *"normal"* (classes primaires; programme de 6e année) avec 25 sujets de 12-13 ans (âge moyen: 12.7); ces derniers ont été placés dans un cursus parallèle (classes d'adaptation; programme adapté de 6e année), suite à d'importantes difficultés scolaires. Relevons que l'homogénéisation des deux groupes de sujets en fonction du programme suivi a pour conséquence une hétérogénéité de l'âge moyen.

4.2 Situation expérimentale

Tout d'abord, selon la procédure habituelle à ces épreuves (voir Piaget & Inhelder, 1941, 4e éd. 1978), on fait passer la *conservation du poids* (items 1 à 3) et la *conservation du volume* (items 4 à 6) d'un objet dont on modifie la forme (une boule est transformée en saucisse, puis en galette et enfin en miettes). Ensuite, on fait passer deux épreuves dont on modifie la passation standard afin de tester la capacité de procéder à un apprentissage. L'épreuve de *dissociation poids-volume* (adaptée de Piaget & Inhelder, op. cit.) comporte une série d'items (items 7 à 13) permettant de découvrir le rôle du volume dans la montée des niveaux d'eau au travers de l'immersion par l'enfant de cylindres de poids et de volume différents. A l'épreuve de *conservation et mesure du volume* - épreuve dite des îles - (adaptée de Piaget & Inhelder, 1948, 2e éd. 1973), l'enfant doit anticiper puis construire à l'aide de petits cubes un volume identique à celui d'un bloc-modèle, mais sur des surfaces différentes. On distingue 4 phases: un *prétest* (items 14 à 17) où l'enfant anticipe et construit seul différents volumes; une phase d'*apprentissage* durant laquelle l'expérimentateur fournit une série d'aides; un *post-test I* (items 18 et 19) et un *post-test II* (items 20 à 23) consistent à reprendre, tout de suite et deux semaines après la phase d'apprentissage, une partie des constructions, mais sans aide.

4.3 Codage des conduites

Nous avons repris de Rieben, de Ribaupierre & Lautrey (1983) le système de notation des conduites (voir ci-dessus). On code la conduite de chaque sujet à chacun des items des différentes épreuves. L'indice de fidélité interjuge est satisfaisant (.83) (pour plus de détails, voir Doudin, 1992).

4.4 Analyse des données

Nous envisagerons successivement les analyses du tableau disjonctif complet K_{IC}, du tableau $K'_{I'J'}$, du tableau $M_{IJ'}$ ou M_{IJ} (analyse intersujets) et du tableau $R_{I'J'}$ (analyse intrasujet). L'ensemble des 50 sujets correspond à l'ensemble I. L'ensemble Q des 23 items définissant les différentes épreuves possède des modalités appartenant à l'ensemble $J = \{0, 1, 2, 3, 4, 5, 6\}$. Ces modalités correspondent aux différents niveaux de conduite déjà définis dans l'introduction. On détaillera essentiellement l'analyse intra-individuelle.

5. Résultats

5.1 Analyse du tableau disjonctif complet K_{IC}

Comme on pouvait s'y attendre, le premier plan factoriel (20,6% de l'inertie), issu de l'analyse du tableau disjonctif complet, met en évidence un facteur de réussite (effet Guttman) qui ordonne les niveaux de conduite et oppose les deux groupes primaire et d'adaptation (Fig. 5.4). Ce facteur important rend difficile l'accès aux caractéristiques intra-individuelles.

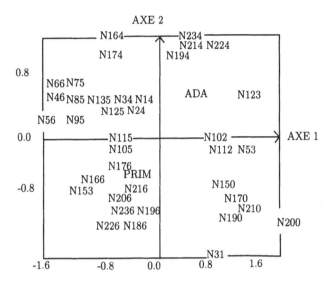

Fig. 5.4. Représentation des 30 points dont la contribution absolue est la plus forte sur le premier plan factoriel issu de l'analyse du tableau K_{IC}

Légende. Par ex. N123 = item 12, niv. de conduite 3; PRIM = sujets de classe primaire; ADA = sujets de classe d'adaptation

5.2 Analyse du tableau $K'_{I'J'}$

Les axes factoriels issus de cette analyse soulignent des associations privilégiées entre les niveaux de conduite et les items. L'inertie intraclasse associée à la partition définie par les sujets sur l'ensemble I' (i.e. l'inertie du tableau $R_{I'J'}$ ou inertie intrasujet) est égale à 13.6. Elle prend en compte 97.1% de l'inertie totale (14.0). L'inertie du tableau $K'_{I'J'}$ ne différant que peu de celle du tableau $R_{I'J'}$, on ne sera pas surpris d'obtenir pour les deux analyses (l'analyse du tableau $R_{I'J'}$ sera détaillée à la section 5.4) des structures factorielles voisines, en particulier pour le premier plan factoriel (voir figure 5.5).

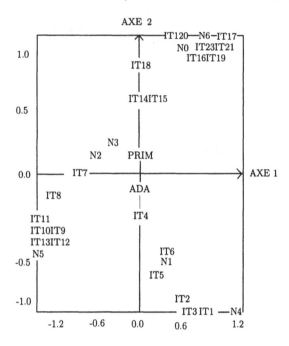

Fig. 5.5. Plan factoriel 1-2 issu de l'analyse du tableau $K'_{I'J'}$

Légende. ITI-3 = cons. du poids;
IT4-6 = cons. du volume;
IT7-13 = diss. poids-volume;
IT14-21 = îles;
N2 = niv. de conduite

Dans ces deux premières analyses, il est difficile d'attribuer l'interprétation des facteurs à des caractéristiques de la variabilité intra-individuelle plutôt qu'interindividuelle. On est donc amené à considérer des analyses plus spécifiques.

5.3 Analyse du tableau M_{IJ} (analyse intersujets)

Cette analyse est équivalente à l'analyse interclasses du tableau disjonctif complet K_{IC}, relativement à la partition de C définie par Q_j. Les profils des colonnes du tableau M_{IJ} (niveaux de conduite) sont donc situés dans l'espace R_I au centre de gravité des profils des colonnes du tableau disjonctif complet associé à un même niveau de conduite (Cazes & Moreau, 1991). Il est naturel de retrouver dans l'analyse du tableau M_{IJ}, pour le premier plan factoriel, le même effet Guttman obtenu dans l'analyse du tableau disjonctif complet

(Fig. 5.6). Par contre, on perd les associations entre niveaux de conduite et items, présentes dans l'analyse du tableau disjonctif complet.

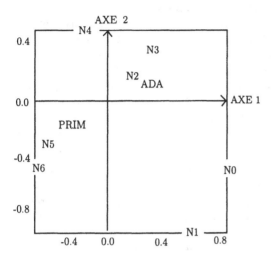

Fig. 5.6. Plan factoriel 1-2 issu de l'analyse du tableau M_{IJ}

Légende. Par ex. N3 = niv. de conduite 3;
PRIM = sujets de classe primaire;
ADA = sujets de classe d'adaptation

5.4 Analyse du tableau $R_{I'J'}$ (analyse intrasujet)

Cette analyse révèle les directions privilégiées de décomposition de l'inertie intra-individuelle. On décrit la structure factorielle issue de cette analyse, en précisant les niveaux de conduite et les items associés qui contribuent le plus à la définition des différents axes (Fig. 5.7 et 5.8). Ils sont présentés dans l'ordre décroissant de leur contribution aux axes. On sélectionne certains profils de variabilité intra-individuelle pertinents pour l'interprétation de chacun des axes. On peut, à cet effet, consulter les contributions à l'inertie des éléments de I' ou bien, comme nous l'avons fait, déterminer directement les sujets correspondant aux associations entre items et niveaux attribués à chacun des axes.

Le premier axe (valeur propre égale à 0,84 correspondant à 6.2% de l'inertie) souligne l'une des caractéristiques de la variabilité intra-individuelle qui associe, pour un même individu, le niveau 4 à la *conservation du poids* (items 1, 2, 3), le niveau 5 à la *dissociation poids-volume* (items 9 à 13) avec une contribution moins forte, le niveau 6 à la fin du prétest des îles (item 17) et aux items du post-test II des îles (items 19, 21 et 23), et enfin le niveau 2 aux premiers items de la *dissociation poids-volume* (items 7, 8).

Ces différentes associations mettent ainsi en évidence un profil de variabilité intra-individuelle. Celui-ci concerne 12 individus (9 de classes primaires et 3 de classes d'adaptation).

Ainsi ce groupe, qui comprend une nette majorité de sujets de classes primaires, présente un niveau de conduite maximum à trois des quatre notions étudiées: la notion de *conservation du poids* est parfaitement maîtrisée tout au long de l'épreuve; la notion de *conservation et mesure du volume* (*îles*) est maîtrisée dès le prétest et n'a pas besoin de faire l'objet d'un apprentissage. Par contre ces sujets ont des difficultés importantes au début de l'épreuve de *dissociation poids-volume*; cependant, les différentes lectures d'expérience permettent à ces sujets de procéder à un apprentissage qui débouche sur la maîtrise de la notion en fin d'épreuve. Ce groupe de sujets se caractérise par un niveau élevé de maîtrise notionnelle et une bonne capacité d'apprentissage.

Le deuxième axe (valeur propre égale à 0.73 correspondant à 5.4 % de l'inertie) dégage un autre aspect de la variabilité intra-individuelle, l'association pour un même individu du niveau 4 aux items 1, 2 et 3 de l'épreuve de *conservation du poids*, le niveau 6 aux items 17 et 20 du post-test II de l'épreuve des *îles*, et le niveau 0 à l'item 16 du prétest de l'épreuve des *îles*. Ce profil de variabilité intra-individuelle concerne 10 individus dont 9 de classes primaires. Un autre groupe de sujets associés à cet axe montre, comme profil, un niveau 4 aux items de l'épreuve de *conservation du poids* et un niveau 0 à l'item 16 du prétest des *îles*, avec absence d'un niveau de conduite 6 aux items du post-test II des *îles*. Ce profil concerne 8 individus qui proviennent tous de classes d'adaptation.

Ces deux groupes de sujets montrent une parfaite maîtrise de la notion de *conservation du poids* tout au long de l'épreuve et des difficultés majeures au début de l'épreuve de *conservation et mesure du volume* (*îles*); par contre, les deux groupes se distinguent quant à leur capacité à procéder à un apprentissage; seul le premier groupe, constitué essentiellement de sujets de classes primaires, procède à un apprentissage qui débouche sur la maîtrise de la notion en fin d'épreuve, alors que le deuxième groupe, composé uniquement de sujets de classes d'adaptation, ne procède pas à un tel apprentissage.

Le troisième axe (valeur propre égale à 0.63 correspondant à 4.6% de l'inertie) associe le niveau 2 avec l'item 7 (premier item de l'épreuve de *dissociation poids-volume*) plus particulièrement et le niveau 3 avec les items 12, 14 et 15 (derniers items de l'épreuve de *dissociation poids-volume*); ce profil concerne 15 individus, 5 de classes primaires et 10 de classes d'adaptation.

Ce groupe de sujets, en majorité de classes d'adaptation, rencontre des difficultés importantes au début de l'épreuve de *dissociation poids-volume* et ne procède pas à un apprentissage en cours d'épreuve.

Le quatrième axe (valeur propre égale à 0.61 correspondant à 4.5% de l'inertie) met en évidence un nouveau profil de variabilité défini par l'association entre les niveaux 0 et 1 aux items 14 et 15 du prétest de l'épreuve des *îles* et le niveau 6 aux items 21 et 23 du post-test II de l'épreuve des *îles*. Ce profil regroupe 9 individus, dont 8 de classes primaires.

Ces sujets, provenant essentiellement de classes primaires, rencontrent de grandes difficultés lorsqu'ils abordent la notion de *conservation et mesure du volume* (*îles*); cependant ils peuvent bénéficier de la phase d'apprentissage et maîtriser la notion en fin d'épreuve.

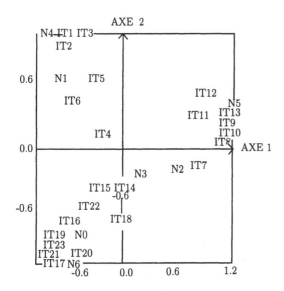

Fig. 5.7. Plan factoriel 1-2 issu de l'analyse du tableau $R_{I'J'}$

Légende. IT1-3 = cons. du poids;
IT4-6 = cons. du volume;
IT7-13 = diss. poids-volume;
IT14-23 = îles;
IT14-17 = prétest;
IT18-19 = post-test I;
IT20-23 = post test II;
N1 = niv. de conduite 1,
etc.

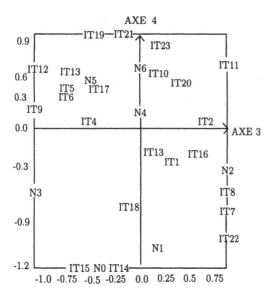

Fig. 5.8. Plan factoriel 3-4 issu de l'analyse du tableau $R_{I'J'}$

5.5 Synthèse des résultats

L'analyse fait ressortir deux aspects de la variabilité intra-individuelle. Tout d'abord, les deux premiers axes associent des niveaux de conduite et des items d'épreuves différentes (*conservation du poids/îles; conservation du poids/dissociation poids-volume*). On ne constate pas de cohérence des niveaux de conduite pour un même sujet à différentes épreuves. Il en ressort une forte variabilité intra-individuelle du niveau de développement opératoire chez tous les sujets, en fonction des situations étudiées. La dysharmonie cognitive est donc la règle chez tous les sujets investigués.

Ensuite, pour les profils mis en évidence, les associations entre épreuves et niveaux de conduite sont différentes d'une population à l'autre: chez des sujets de classes d'adaptation, la notion de *conservation du poids* est associée à un niveau de conduite supérieur à celui atteint à la fin des épreuves de *dissociation poids-volume* et de *conservation et mesure du volume* (*îles*), alors que c'est le contraire pour des sujets de classes primaires. Une telle différence entre populations dans le *sens des décalages intra-individuels* peut s'expliquer par une *capacité d'apprentissage* différente. En effet, les deux premiers axes montrent une association entre niveaux de conduite et items d'une même épreuve (*îles; dissociation poids-volume* notamment).

Ces deux épreuves, qui incluent une phase d'apprentissage, donnent lieu à une forte variabilité intra-individuelle chez certains sujets provenant en grande majorité de classes primaires; ces sujets montrent un niveau de conduite plus élevé en fin qu'en début d'épreuve. Les axes 3 et 4 confirment cette capacité différente d'apprentissage entre populations. Ainsi, d'une part, ce sont en majorité des sujets de classes d'adaptation qui ont des difficultés à maîtriser la notion de *dissociation poids-volume* suite à la phase d'apprentissage (axe 3) et, d'autre part, ce sont essentiellement des enfants de classes primaires qui procèdent à un apprentissage à l'épreuve de *conservation et mesure du volume métrique* (axe 4).

Ces deux épreuves d'apprentissage impliquent des compétences métacognitives élevées, c'est-à-dire la capacité de planifier une stratégie de résolution, de *guider* et *contrôler* cette stratégie (Borkowski, 1985). Les sujets de classes d'adaptation rencontreraient plus de difficultés dans la gestion des fonctions métacognitives sous-tendant ces apprentissages notionnels, difficultés qui pourraient expliquer le retard scolaire important de ces enfants. De tels résultats montreraient la nécessité d'appliquer, en pédagogie, des instruments de remédiation (par ex. Doudin, Martin & Albanese, 1999: pour une revue, voir Paour, Jaume & de Robillard, 1995) permettant d'entraîner les fonctions métacognitives déficitaires.

6. Conclusion

Dans l'analyse d'un ensemble de questions ou d'items qui admettent le même ensemble de modalités de réponses, on peut envisager l'étude de la variabilité intra-individuelle. On cherche à décrire les façons dont un individu varie dans ses comportements sur l'ensemble des items. Les analyses usuelles mettent généralement l'accent sur les caractéristiques interindividuelles plutôt qu'intra-individuelles. En particulier, quand l'ensemble des modalités est ordonné, l'analyse des correspondances multiples met souvent en évidence un facteur de réussite qui rend difficile l'appréhension des aspects de la variabilité intra-individuelle. En isolant la variabilité intra-individuelle, notre stratégie nous a permis de dégager les caractéristiques principales de cette variabilité.

L'analyse des correspondances multiples lissées et l'analyse des correspondances multiples des différences locales

Habib Benali [1]

[1] CHU Pitié Salpêtrière U494, Institut National de la Santé et de la Recherche Médicale, Paris, France

1. Introduction

Les méthodes proposées dans ce chapitre sont le résultat d'une étroite collaboration avec le professeur Brigitte Escofier, qui a été à l'origine des principales idées qui sous-tendent ce travail (Escofier, 1989; Escofier & Benali, 1990).

L'Analyse des Correspondances Multiples (ACM) permet d'étudier un échantillon d'individus I décrits par Q variables qualitatives. Une des applications importantes de l'ACM est le traitement de l'ensemble des réponses à une enquête. Les données sont souvent représentées sous la forme d'un tableau disjonctif complet où les modalités de réponses J s'excluent mutuellement, et une modalité est toujours choisie.

Il est fréquent que l'on dispose, en plus des Q variables qualitatives à analyser, d'une structure de proximité sur l'ensemble des individus I. C'est le cas pour des données géographiques ou temporelles.

On souhaite souvent faire intervenir cette proximité. Soit pour diminuer l'importance des variations locales qui peuvent avoir un caractère partiellement aléatoire et dégager ainsi des tendances générales sur lesquelles les individus auront tendance à se regrouper par classe. Soit, inversement, pour analyser les variations locales et regrouper des individus qui diffèrent de leur voisinage de manière analogue. Soit encore pour étudier les relations entre cette proximité et les variables qualitatives. Il est clair que, dans tous les cas, la proximité doit jouer un rôle propre, à côté de celui des variables.

Au niveau des objectifs, il n'y a pas de différence entre le cas des variables numériques (et donc de l'analyse en composantes principales) et celui des variables qualitatives (et donc de l'ACM). Pour les premières, on a proposé et testé deux méthodes simples: l'analyse lissée et l'analyse des différences locales (Benali & Escofier, 1988; Benali, 1989) dans lesquelles la contiguïté est introduite par un graphe. Le principe de la première méthode est d'analyser un nuage d'individus dérivé du nuage initial, en remplaçant les individus actifs de l'analyse par le barycentre de leur voisinage; celui de l'analyse des différences locales est de représenter un élément par la différence avec ce barycentre.

Nous commençons par adapter ces méthodes au cas des variables qualitatives, ce qui pose quelques problèmes techniques et amène à introduire des graphes particuliers. Dans une première approche, la structure de proximité est définie par un graphe pondéré. Deux méthodes sont proposées. La première analyse les tendances générales en éliminant l'influence des fluctuations locales par un *"lissage"* des J modalités des Q variables qualitatives. La seconde analyse les différences locales entre les modalités initiales et lissées. Lorsque le graphe vérifie une certaine propriété facile à respecter dans toutes les situations courantes, il suffit d'appliquer un programme classique d'analyse factorielle des correspondances (AC). Nous abordons ensuite le cas de structure de proximité définie sur les modalités des variables.

2. Notations

Un questionnaire est formé d'un ensemble Q de questions dont chacune admet un ensemble J_q de modalités de réponses. On note I l'ensemble des individus et J l'ensemble des modalités de réponses à toutes les questions Q. K est le tableau disjonctif complet (TDC) des variables indicatrices associées aux modalités de réponses:

$$k_{ij} = \begin{cases} 1 & \text{si l'individu } i \text{ possède la modalité } j, \\ 0 & \text{sinon} \end{cases}$$

$$k_{i.} = \sum_{j \in J} k_{ij} = Q, \quad k_{.j} = \sum_{i \in I} k_{ij}, \quad k = \sum_{ij} k_{ij} = nQ.$$

En ACM, le tableau K est disjonctif complet, $k_{i.} = Q = \frac{k}{n}$. Un individu i est représenté dans R^J par son profil ligne $\{\frac{k_{ij}}{k_{i.}}, j \in J\}$, et une modalité J est représentée par son profil colonne $\{\frac{k_{ij}}{k_{.j}}, i \in I\}$.

Le nuage des individus $N(I)$ est l'ensemble des profils des lignes affectés des poids $\frac{k_{i.}}{k}$. Le nuage des modalités $N(J)$ est l'ensemble des profils des colonnes affectés des poids $\frac{k_{.j}}{k}$. On note M et N les matrices diagonales d'ordre n et J et d'éléments $\frac{k_{i.}}{k}$ et $\frac{k_{.j}}{k}$.

3. Graphe de contiguïté ou de proximité

On peut caractériser la contiguïté ou la proximité par un graphe défini sur l'ensemble I des individus. Précisément, on note G la matrice du graphe qui est carrée et de dimension n.

Le poids $g_{ii'}$, attribué au couple d'individus (i, i'), est d'autant plus grand que l'individu i' est considéré comme proche de l'individu i. Si $g_{ii'}$ est différent de 0, on dit que i' appartient au voisinage de i et que $g_{ii'}$ est le poids de i' dans ce voisinage.

La somme des poids de i sur ses voisins est notée par $g_{i.}$:

$$g_{i.} = \sum_{i'} g_{ii'}.$$

On note par Γ la matrice diagonale des poids $g_{i.}$.

Dans le cas d'une contiguïté, le graphe n'est pas pondéré: seuls les individus i' contigus à i (y compris i) ont un poids $g_{ii'}$ non nul et égal à 1. La pondération permet de nuancer et d'introduire une notion plus souple de plus ou moins grande proximité (Cliff & Ord, 1981).

3.1 Graphe bistochastique

A priori, on n'impose aucune contrainte sur le graphe G. Cependant, nous verrons que l'ACM lissée et l'ACM des différences locales sont beaucoup plus simples et donnent des résultats bien plus satisfaisants lorsque

$$g_{i.} = g_{.i'} = \text{ constante.} \tag{6.1}$$

Cette condition n'est pas toujours satisfaite. Elle ne l'est pas dans un graphe de contiguïté où le nombre de voisins n'est pas constant. En effet, la somme $g_{i.}$ des poids du voisinage d'un individu i ayant peu de voisins est plus faible que celle d'un individu i' ayant un voisinage important. Pour rendre constante $g_{i.}$, on peut diviser tous les $g_{ii'}$ par $g_{i.}$, mais le graphe n'est plus symétrique et la condition (6.1) n'est toujours pas vérifiée.

Lorsque la somme des lignes et des colonnes est constante, on suppose, sans perte de généralité, que cette somme vaut 1. La matrice du graphe est alors une matrice bistochastique. On parle dans ce cas de graphe bistochastique.

Cette condition est facile à obtenir pour un graphe symétrique en attribuant un nouveau poids à un individu dans son propre voisinage. Ce poids apparaît dans la diagonale de la matrice du graphe G.

3.2 Graphe de partition

Un autre type de graphe qui satisfait à ces propriétés est celui qui traduit une situation extrême à laquelle on se réfère. C'est celui d'un graphe défini par une partition en p classes de l'échantillon I.

Le poids $g_{ii'}$ des individus i' de la même classe I_q qu'un individu i est égal à l'inverse de l'effectif n_q de cette classe, et les individus des autres classes ont un poids nul. Les deux points suivants concernent le cas de ce graphe de partition; ce sont des rappels qui permettent d'introduire facilement les généralisations à des graphes quelconques.

4. Graphe de partition: ACM inter

Dans le cas d'un graphe de partition, l'ACM lissée consiste à remplacer le point représentant l'élément i dans l'ACM par le barycentre de sa classe:

$$\ell_{ij} = \frac{1}{n_q} \sum_{i' \in I_q} k_{i'j}, \text{ si } i \in I_q.$$

Le poids affecté à ce barycentre dans l'analyse du nuage des individus est proportionnel à l'effectif de la classe. Cette analyse est une ACM inter, car la dispersion analysée est exactement la dispersion interclasse (Benzécri, 1983; Escofier, 1983b; Cazes, Chessel & Doledec, 1988). Techniquement, il suffit de construire le tableau L qui croise les classes de la partition (I_q, $q = 1, p$) et les modalités des Q autres variables qualitatives et de lui appliquer une AC classique. Ce tableau s'obtient en sommant les lignes du TDC qui correspondent aux individus d'une même classe.

Dans cette opération, la marge définie sur l'ensemble J des modalités est conservée, ce qui assure que la métrique définie sur R^J est la même que celle induite par le TDC K:

$$\ell_{i.} = \frac{1}{n_q} \sum_{i' \in I_q} k_{i'.} = k_{i.},$$

$$\ell_{.j} = \frac{1}{n_q} \sum_{q=1}^{p} \sum_{i \in I_q} \sum_{i' \in I_q} k_{i'j} = \sum_{q=1}^{p} n_{qj} = k_{.j},$$

où n_{qj} représente l'effectif des individus possédant les modalités q et j.

D'autre part, en AC, la somme de plusieurs lignes est toujours située au barycentre de ces lignes, et le poids qui lui est affecté est la somme des poids de ces lignes.

Dans cette analyse, il est intéressant de mettre le TDC K en lignes supplémentaires. On obtient alors la projection des individus initiaux sur les axes et donc une représentation du nuage exact sur les axes d'inertie inter.

Cette analyse est équivalente à celle d'un tableau de même dimension que le TDC dans lequel chaque ligne est la moyenne des lignes de la même classe. Notons que, les marges sur I de ce tableau et du TDC étant identiques, les colonnes des deux tableaux sont situées dans le même espace euclidien. Les profils des colonnes du nouveau tableau sont les projections des profils du TDC sur le sous-espace engendré par les indicatrices des classes de la partition. Il est donc inutile de mettre en supplémentaire les colonnes du TDC qui se projettent aux mêmes points que les colonnes actives. Mais, par contre, il peut être intéressant d'introduire d'autres variables qualitatives illustratives pour visualiser les positions des barycentres de classes définies par les modalités de variables extérieures.

5. Graphe de partition: ACM conditionnelle

Dans le cas d'un graphe de partition, l'ACM des différences locales consiste à représenter chaque individu i par un point dont les coordonnées sont les différences entre les coordonnées de cet individu dans l'ACM et celles du barycentre de sa classe. Cette transformation a été étudiée dans Escofier (1987), Benali (1987), où B. Escofier a introduit l'analyse des correspondances multiples conditionnelles. Pour analyser les différences locales, il suffit d'appliquer au tableau des différences locales un programme d'AC qui dérive du tableau disjonctif complet K.

La partition définit une nouvelle variable qualitative T qui sert à conditionner les Q autres variables. L'ACM conditionnelle dérive de l'ACM en travaillant sur les Q variables qualitatives, où l'effet de la variable T a été supprimé.

Cette méthode peut s'introduire et se justifier théoriquement suivant toutes les présentations classiques de l'ACM (AC d'un TDC, d'un tableau de Burt, analyse multicanonique, etc.). On obtient une typologie des individus caractérisés par les variables ainsi conditionnées liée par des formules de dualité à une typologie des indicatrices, conditionnées elles aussi. Le tableau qui dérive du tableau de Burt traduit, comme ce dernier, toutes les liaisons binaires, mais conditionnées par la variable extérieure.

6. ACM lissée pour un graphe bistochastique

L'ACM lissée est une généralisation immédiate de *"l'analyse inter"* présentée comme une AC du tableau de même dimension que le TDC: on traite par l'AC un tableau L dans lequel chaque ligne i est la moyenne pondérée (par les poids $g_{ii'}$) des lignes du TDC K qui appartiennent au voisinage de I (Escofier, 1989; Escofier & Benali, 1990). On a:

$$\ell_{ij} = \frac{1}{g_{i.}} \sum_{i'} g_{ii'} k_{i'j},$$

soit : $L = \Gamma^{-1} G K.$

6.1 Le tableau lissé

Ce tableau n'est pas un tableau disjonctif complet mais il en garde certaines propriétés: la somme sur les modalités d'une même variable des éléments d'une ligne quelconque i vaut 1, et la somme totale d'une ligne i est égale au nombre total de variables. Ce tableau correspond à ce que l'on appelle souvent un *"codage flou"*. Il a pour marges (en tenant compte que $k_{i'.} = k_{i.} = Q$):

$$\ell_{i.} = \sum_j \ell_{ij} = \sum_{i'} \frac{g_{ii'}}{g_{i.}} (\sum_j k_{i'j}) = k_{i.},$$

$$\ell_{.j} = \sum_i \ell_{ij} = \sum_i \sum_{i'} \frac{g_{ii'}}{g_{i.}} k_{i'j}.$$

La marge sur I du tableau lissé L est donc égale à celle du TDC K.

Dans le cas d'un graphe bistochastique, $g_{i.}$ est égal à $g_{.i'}$ pour tout i et i'. On déduit d'après l'équation précédente:

$$\ell_{.j} = \sum_{i'} k_{i'j} = k_{.j}.$$

La marge sur J du tableau analysé est donc égale à celle du TDC. Dans la suite de cette section, nous supposons que cette condition est vérifiée par le graphe. Puisque $g_{i.} = 1$, on a:

$$\ell_{i.} = k_{i.}, \quad \ell_{.j} = k_{.j}, \quad L = GK.$$

6.2 Les individus

Chaque individu est caractérisé par *la répartition de son voisinage dans les différentes modalités des variables*. On retrouve encore, bien entendu, la richesse qui dérive de la nature qualitative des variables. La condition imposée sur le graphe implique que la marge sur J est égale à celle du TDC, la métrique de R^J définie dans l'AC de L est donc la même que celle de l'ACM. La ligne i de L étant la moyenne pondérée de son voisinage dans le TDC, alors, dans l'espace vectoriel R^J, son profil est situé au barycentre des profils des lignes de son voisinage. En effet:

$$\frac{\ell_{ij}}{\ell_{i.}} = \frac{1}{k_{i.}} \sum_{i'} \frac{g_{ii'}}{g_{i.}} k_{i'j} = \sum_{i'} g_{ii'} \frac{k_{i'j}}{k_{i'.}}.$$

Son poids est le même que dans le TDC: tous les individus ont donc le même poids. Le nuage des individus se déduit donc du nuage défini dans l'ACM en remplaçant chaque point par le barycentre de son voisinage.

Par définition, les facteurs sur I sont les projections des points du nuage $N(I)$ sur ses axes principaux d'inertie. Pour calculer ces facteurs, on peut diagonaliser une matrice de dimension n ou les déduire, comme en ACM, des vecteurs propres d'une matrice de dimension J par une formule de projection. On explicite ces matrices aux sections 6.4 et 7.4.

6.3 Les modalités

La marge sur I de L étant la même que celle du TDC, les modalités sont représentées dans le même espace euclidien que les indicatrices du TDC. Ce ne sont pas des variables indicatrices comme dans le TDC, mais des *"indicatrices floues"* qui prennent sur chaque individu une valeur comprise entre 0 et 1:

$$\frac{\ell_{ij}}{\ell_{\cdot j}} = \frac{1}{k_{\cdot j}} \sum_{i'} \frac{g_{ii'}}{g_{i\cdot}} k_{i'j} = \sum_{i'} g_{ii'} \frac{k_{i'j}}{k_{\cdot j}}.$$

Le centre de gravité du nuage des modalités $N(J)$ est $\frac{k_i}{k}$, comme en ACM; ceci a l'avantage de conserver aux analyses de $N(I)$ et de $N(J)$ la dualité qui existe en ACM. On a donc des formules de transition entre les facteurs des deux nuages et une représentation simultanée. La projection des profils des modalités sur les facteurs s'interprète sans difficulté. Comme en ACM, le barycentre des modalités d'une même variable est confondu avec le barycentre de l'ensemble des modalités, et des facteurs opposent donc entre elles les modalités de chaque variable.

6.4 Calcul des facteurs et des axes d'inertie

La recherche des axes d'inertie Ψ_s du nuage des individus I dans R^J muni de la métrique diagonale N d'éléments $k_{\cdot j}$ consiste en la diagonalisation de la matrice

$$LN^{-1}L'M^{-1}\Psi_s = \mu_s\Psi_s,$$

soit : $$nGKN^{-1}K'G'\Psi_s = \mu_s\Psi_s,$$

qui exprime que Ψ_s est vecteur propre unitaire de la matrice $nGKN^{-1}K'G'$ associé à la valeur propre μ_s de rang s.

Le premier axe d'inertie Ψ_1 est l'axe trivial représenté par le centre de gravité du nuage des individus $N(I)$. A cet axe trivial est associée la valeur propre μ_s égale à 1. Cet axe n'est en général pas pris en considération.

La recherche des facteurs Φ_s du nuage des modalités dans R^I muni de la métrique diagonale M d'éléments $k_{i\cdot}$ consiste en la diagonalisation de la matrice

$$L'M^{-1}LN^{-1}\Phi_s = \lambda_s\Phi_s,$$

soit: $$nK'G'GK\Phi_s = \lambda_s\Phi_s.$$

6.5 Liaison entre les modalités et les individus

Les calculs des axes d'inertie et des facteurs du nuage $N(J)$ des modalités sont absolument identiques à ceux des individus $N(I)$. Les résultats du nuage $N(J)$ se déduisent de ceux du nuage $N(I)$, en remplaçant L par L', et en échangeant les métriques M et N. On montre aisément que les inerties projetées λ_s et μ_s sont identiques.

Les formules de transition s'interprètent aussi très facilement en référence à cette notion *"d'indicatrice floue"*. Nous avons les formules de transition suivantes:

$$\Psi_s(i) = \frac{1}{\sqrt{\lambda_s}} \sum_j \frac{\ell_{ij}}{k_{i.}} \Phi_s(j),$$

$$\Phi_s(j) = \frac{1}{\sqrt{\lambda_s}} \sum_i \frac{\ell_{ij}}{k_{.j}} \Psi_s(i).$$

Ces relations impliquent qu'un individu est situé du côté des modalités que son voisinage possède fréquemment. Inversement, une modalité est attirée par les individus dans le voisinage desquels elle apparaît souvent.

Les contributions absolues et relatives se calculent par les formules classiques. On indique ici les contributions des individus et des modalités par rapport aux centres de gravité des nuages $N(I)$ et $N(J)$:

$$\text{Inertie de } i = \frac{k_{i.}}{k} \sum_i \left[\frac{\ell_{ij}}{k_{i.}} - \frac{k_{.j}}{k} \right]^2 \frac{k}{k_{.j}},$$

$$\text{Inertie de } j = \frac{k_{.j}}{k} \sum_j \left[\frac{\ell_{ij}}{k_{.j}} - \frac{k_{i.}}{k} \right]^2 \frac{k}{k_{i.}}.$$

Les calculs sont donc tout à fait identiques à ceux de l'analyse de l'ACM. En écrivant les coordonnées des points de l'un des nuages dans la base de ses axes d'inertie, on obtient la formule de reconstitution des données

$$\ell_{ij} = \frac{k_{i.} k_j}{k} \left[1 + \sum_s \Psi_s \frac{(i)}{\sqrt{\lambda_s}} \Phi_s(j) \right].$$

6.6 Projection des individus du tableau initial

Comme dans l'analyse inter, il est utile de mettre le TDC en lignes supplémentaires pour avoir une représentation du nuage initial. Cette représentation, qui est une projection sur des axes (Ψ_s et Φ_s) moins dépendants des variations locales que ceux de l'ACM, peut être le résultat essentiel de l'analyse

$$\Psi_s(i) = \frac{1}{\sqrt{\lambda_s}} \sum_j \frac{k_{ij}}{k_{.j}} \Phi_s(j).$$

On peut ensuite utiliser ces projections sur les premiers facteurs dans une classification.

Ceci permet aussi, en comparant les positions des individus initiaux et lissés, de repérer les individus stables (accordés à leur voisinage) et instables (qui diffèrent de leur voisinage) et de juger suivant l'importance des variations des individus, l'influence du lissage sur leur nuage. Cependant, en ACM, les individus sont souvent trop nombreux pour qu'il soit possible de s'intéresser à chacun d'entre eux. On étudiera plutôt la stabilité des classes d'individus définies par les variables de l'ACM, comme nous le préciserons dans la section suivante.

Il est intéressant de mettre le TDC aussi en colonnes supplémentaires. On obtient ainsi les projections des indicatrices sur des axes moins dépendants des variations locales que dans l'ACM, ce qui a un intérêt en soi, mais on obtient aussi (à un coefficient près) les barycentres des classes d'individus définies par les variables qualitatives

$$\Phi_s(j) = \frac{1}{\sqrt{\lambda_s}} \sum_i \frac{k_{ij}}{k_{.j}} \Psi_s(i).$$

L'étude de ces projections et leur comparaison avec les *"indicatrices floues"* permet d'étudier l'influence du lissage sur chaque indicatrice et par conséquent les relations entre les variables analysées et le graphe de proximité: lorsqu'une *"indicatrice floue"* est proche de l'indicatrice initiale, la classe définie par cette indicatrice est composée d'éléments proches du point de vue du graphe. Inversement, une grande distance entre les deux indicatrices traduit une classe très dispersée par le graphe.

6.7 Relation entre ACM et ACM lissée

Pour étudier les relations entre les indicatrices et le graphe, au lieu de mettre le TDC en éléments supplémentaires dans l'AC du tableau lissé, on peut inverser les rôles des deux tableaux en introduisant en éléments supplémentaires dans l'ACM le tableau lissé en colonnes. On peut l'introduire aussi en lignes supplémentaires pour étudier la stabilité de chaque individu.

7. ACM des différences locales

Le problème étudié est l'opposé du précédent. On cherche à analyser l'influence des variations locales, en se dégageant des tendances générales liées à la contiguïté. Le principe de l'ACM des différences locales est exactement complémentaire de celui de l'ACM lissée. L'ACM des différences locales permet notamment de mettre en évidence des *"anomalies"* locales; elle permet aussi de regrouper des individus (resp. des modalités) qui diffèrent entre eux, mais dont le point commun est que leurs profils s'écartent de la même manière du profil moyen de leur voisinage respectif.

L'ACM classique analyse l'écart entre le TDC K et le tableau *"modèle d'indépendances"* correspondant au produit des marges $\frac{k_{i.}k_{.j}}{k}$. Escofier a proposé une généralisation de l'AC à un modèle différent du modèle d'indépendance où la seule contrainte est que les deux marges du tableau modèle soient identiques à celles du tableau étudié (Escofier & Benali, 1990). On suppose encore ici que le graphe de proximité est bistochastique (les autres cas sont évoqués aux sections 8 et 9). Les tableaux K et L ont alors les mêmes marges sur I et J, marges qui servent comme dans l'ACM à définir les métriques M

et N pour analyser les profils des lignes et des colonnes du tableau $K - L$ de terme général $k_{ij} - l_{ij}$.

Posons G_I la matrice ligne de terme général k_i. et G_J la matrice colonne de terme général $k_{.j}$. On propose d'appliquer la généralisation de l'AC. Techniquement, il suffit d'appliquer un programme d'AC au tableau R de terme général: r_{ij}

$$R = K - L + \frac{G_I G_J}{k},$$

$$\text{où} \quad r_{ij} = k_{ij} - \ell_{ij} + \frac{k_i. k_{.j}}{k}.$$

7.1 AC du tableau R

Le tableau R n'est autre que la différence entre K et le tableau lissé L, à laquelle on ajoute le produit des marges sur I et sur J (communes aux deux tableaux). Ce tableau peut comporter des termes négatifs. Il ne peut pas être considéré comme un tableau de contingence, et l'application d'un programme d'AC n'est qu'une technique pratique pour analyser, par la généralisation de l'analyse des correspondances (Escofier, 1983b; 1984), l'écart entre un tableau de données (ici le TDC) et un tableau *"modèle"* (ici le tableau lissé) de mêmes dimensions et de mêmes marges que le tableau de données. Les deux *"marges"* du tableau résidu sont égales à celles des deux tableaux. Dans le nuage centré des lignes, chaque point i représente la différence entre le profil de l'individu i dans le tableau K et son profil dans le tableau modèle L. Il en est de même dans le nuage des modalités $N(J)$.

Les métriques M et N des espaces euclidiens R^I et R^J sont celles qui sont définies dans les AC du tableau de données K et du tableau modèle L. Les relations de transition impliquent que, sur un facteur, les individus sont situés du côté des modalités qu'ils ont choisies et que leurs voisins n'ont pas choisies, et à l'opposé des modalités qu'ils n'ont pas choisies tandis que leurs voisins les ont choisies (et inversement).

7.2 Les individus

Notons que, comme dans les deux autres analyses, tous les individus ont des poids égaux. Dans l'AC de R, un individu est représenté par la différence entre son profil dans le TDC et son profil dans le tableau lissé, c'est-à-dire par la différence entre ses caractéristiques et la moyenne ou, plus exactement puisqu'il s'agit de variables qualitatives, la répartition des caractéristiques de ses voisins. Les individus *"isolés"* (dont l'ensemble des caractéristiques diffèrent de celles de leurs voisins) sont donc éloignés de l'origine et mis en évidence par cette analyse, tandis que ceux qui ressemblent beaucoup à leur voisinage sont proches de l'origine.

Les individus dont les différences avec leur voisinage sont analogues sont proches. Comme le donne la distance du χ^2 sur le profil des individus:

$$d^2(i, i') = \sum_j \left[\frac{k_{ij} - \ell_{ij}}{k_{i.}} - \frac{k_{i'j} - \ell_{i'j}}{k_{i'.}} \right]^2 \frac{k}{k_{.j}}.$$

Ce cas est différent de celui des variables numériques où deux individus ayant des valeurs initiales très différentes peuvent être très proches dans l'analyse des différences locales. En effet, ici, pour des variables qualitatives, la coordonnée centrée d'un individu i, sur l'axe j, dans l'AC de R vaut:

$$\frac{r_{ij}}{r_{i.}} - \frac{k_{.j}}{k} = \frac{k_{ij}}{k_{i.}} - \frac{\ell_{ij}}{\ell_{i.}} = \frac{k_{ij} - \ell_{ij}}{k_{i.}}.$$

Cette coordonnée est positive (ou nulle) si i possède la modalité j ($k_{ij} = 1$ et $\ell_{ij} \leq 1$) et négative (ou nulle) si i ne possède pas la modalité j ($k_{ij} = 0$ et $\ell_{ij} \geq 0$). Pour que deux individus éloignés de l'origine soient proches, il est donc nécessaire que, d'une part, ils aient beaucoup de modalités communes et que, d'autre part, la répartition des modalités de leurs voisins soit analogue. Cette technique permet donc d'analyser les points avec leur contexte.

7.3 Les modalités

Une modalité est représentée par la différence entre son profil dans le TDC et son profil dans le tableau lissé

$$\frac{r_{ij}}{r_{.j}} = \frac{k_{ij}}{k_{.j}} - \frac{\ell_{ij}}{\ell_{.j}} + \frac{k_{i.}}{k}.$$

Dans cette analyse, les modalités d'une même variable ont encore leur barycentre à l'origine.

Les modalités loin de l'origine sont celles qui regroupent des points qui ne sont pas voisins les uns des autres, alors que les modalités concernant des individus contigus, qui sont donc des modalités très liées au graphe, sont proches de l'origine (comme en ACM un effectif faible augmente la distance à l'origine).

L'analyse met en évidence, aux extrémités des axes, les modalités peu liées au graphe et permet ainsi d'étudier la liaison entre l'ensemble des modalités et la structure de proximité. Dans cette optique, les résultats sont plus simples à dépouiller que dans les analyses précédentes (ACM lissée avec le TDC K en supplémentaire et inversement), où l'on devait comparer les deux projections de chaque modalité. Dans ces dernières, les modalités bien représentées et expliquées par l'analyse étaient celles qui sont liées au graphe, alors qu'ici, inversement, ce sont celles qui sont peu liées:

$$d^2(j, j') = \sum_i \left[\frac{k_{ij} - \ell_{ij}}{k_{.j}} - \frac{k_{ij'} - \ell_{ij'}}{k_{.j'}} \right]^2 \frac{k}{k_{i.}}.$$

Deux modalités j et j' loin de l'origine sont proches lorsque ce sont les mêmes individus qui soit possèdent ces modalités sans que leurs voisins généralement les possèdent, soit ne les possèdent pas alors que leurs voisins les possèdent généralement.

7.4 Calcul des facteurs et des axes d'inertie

Comme dans le cas de l'ACM lissée, la recherche des facteurs Φ_s et des axes d'inertie Ψ_s des nuages $N(I)$ et $N(J)$ munis des métriques N et M consiste en la diagonalisation des matrices

$$RN^{-1}R'M^{-1}\Psi_s = \lambda_s\Psi_s,$$
$$R'M^{-1}RN^{-1}\Phi_s = \lambda_s\Phi_s.$$

Le premier axe d'inertie Ψ_1 (resp. facteur Φ_1) est l'axe trivial représenté par le centre de gravité du nuage des individus $N(I)$ (resp. $N(J)$). A cet axe trivial est associée la valeur propre λ_s égale à 1. Cet axe n'est en général pas pris en considération.

7.5 Liaison entre les modalités et les individus

Avec les notations du point 6.4, les formules de transition s'écrivent

$$\Psi_s(i) = \frac{1}{\sqrt{\lambda_s}} \sum_j \frac{k_{ij} - \ell_{ij}}{k_{i.}} \Phi_s(j),$$
$$\Phi_s(j) = \frac{1}{\sqrt{\lambda_s}} \sum_i \frac{k_{ij} - \ell_{ij}}{k_{.j}} \Psi_s(i).$$

Contrairement à l'ACM lissée, les formules de transition comprennent des termes négatifs. Les relations de transition impliquent qu'un individu est situé du côté des modalités qu'il possède et que ses voisins ne possèdent guère, et à l'opposé des modalités que non seulement il ne possède pas, mais que beaucoup de ses voisins possèdent. Réciproquement, une modalité est située du côté des individus qui la possèdent alors que ses voisins ne la possèdent pas.

7.6 Relation entre ACM des différences locales et ACM

Le TDC peut être mis en lignes supplémentaires dans cette analyse. On obtient ainsi la projection du nuage d'individus défini dans l'ACM. Mais cette projection présente rarement de l'intérêt, car la structure sur laquelle les axes sont définis est fondamentalement différente de la structure initiale du TDC. Si, dans l'ACM lissée, la projection des individus initiaux est souvent un des résultats essentiels, ceci est rarement le cas en ACM des différences locales. En effet, si *"l'individu lissé"* a souvent peu de signification et joue plutôt le rôle d'intermédiaire de calcul, *"l'individu local"* qui traduit l'écart au voisinage garde pleinement son identité propre et s'interprète facilement. La projection des modalités j du TDC mis en colonnes supplémentaires donne, à un coefficient près, les barycentres des classes d'individus de cette analyse. En effet, notons par ℓ_j l'ensemble des individus ayant choisi la modalité j, on a

$$\Phi_s(j)\frac{1}{\sqrt{\lambda_s}}\sum_i \frac{k_{ij}}{k_{.j}}\Psi_s(i) = \frac{1}{k_{.j}\sqrt{\lambda_s}}\sum_{i\in\ell_j}\Psi_s(i).$$

8. ACM lissée pour un graphe quelconque

Dans le cas d'un graphe de proximité quelconque, une propriété très importante est perdue: le tableau lissé n'a plus la même marge sur J que le TDC. Ceci implique que:

- la métrique de l'espace R^J définie dans l'ACM du tableau lissé L n'est pas égale à la métrique N de l'ACM. Le nuage d'individus analysés (ou projetés en élément supplémentaire) dans cette ACM est donc déformé par le changement de métrique;

- le poids des modalités dans cette ACM n'est pas le même que dans l'ACM.

La première conséquence est théoriquement gênante. En réalité, la plupart du temps, les deux marges sont assez peu différentes et cette déformation est si faible qu'il est possible de ne pas en tenir compte.

Ce problème n'apparaît pas lorsque le tableau lissé est introduit en éléments supplémentaires dans l'ACM (cf. 6.6).

9. ACM des différences locales, graphe quelconque

L'analyse des différences entre les profils des individus dans le TDC et dans le tableau lissé est encore possible, mais beaucoup moins satisfaisante.

Pour procéder à cette analyse, les deux marges des deux tableaux n'étant pas identiques, il faut appliquer un programme spécifique (Escofier, 1984). Dans cette étude, il faut préciser la métrique de l'espace de représentation des différences des profils; on peut choisir l'une ou l'autre des métriques induites par $\frac{k_{.j}}{k}$ ou $\frac{\ell_{.j}}{k}$. La différence entre ces deux marges implique que, dans l'analyse, le nuage n'est pas centré. Il existe une représentation duale du nuage des modalités, mais il ne représente pas exactement les différences des profils des modalités des deux tableaux. Les formules de transition sont aussi perturbées.

Si les deux marges $k_{.j}$ et $\ell_{.j}$ ne sont pas très différentes, on pourra négliger ces écarts dans l'interprétation des résultats. Si ces deux marges sont très différentes, l'intérêt de cette analyse est très limité. Dans le cas de marges très proches, il est aussi possible d'appliquer un programme d'AC au tableau

r_{ij} défini ci-dessus, même si, théoriquement, toutes les bonnes propriétés de cette analyse sont perdues.

10. Cas d'un graphe issu de variables instrumentales

La méthodologie présentée précédemment s'applique quand le graphe est construit de façon artificielle. Le graphe de contiguïté G peut être déduit de distances ou de similarités sur l'ensemble des individus définis par un ensemble de variables *"instrumentales"*. Il s'agit de variables extérieures aux données analysées.

Ce graphe peut être transformé en un graphe bistochastique (i.e. $g_{i.} = g_{.i'} = $ constante). L'ACM lissée renforce les liaisons qui passent par les variables instrumentales, tandis que l'ACM des différences locales neutralise leurs effets. Ces analyses ont à la base les mêmes idées introduites par Rao (1964) sur les variables instrumentales et développées depuis dans d'autres contextes. Notons simplement ici que l'analyse en composantes principales partielles, introduite par Rao, peut être considérée comme une analyse en composantes principales du tableau déduit des données initiales en projetant les variables sur le sous-espace engendré par les variables instrumentales ou son orthogonal (Sabatier, 1987b). De par la nature des données que l'on traite et l'introduction des variables instrumentales à travers un graphe, l'ACM lissée et celle des différences locales sont différentes des techniques d'analyse en composantes principales locales. Elles sont non linéaires et moins strictes: au lieu d'imposer aux axes d'inertie d'être des combinaisons linéaires des variables instrumentales, on cherche simplement en ACM lissée des axes d'inertie qui tiennent compte de ces variables en neutralisant les dispersions entre individus proches du point de vue de ces dernières.

11. Structure de proximité sur les modalités

Il n'est guère envisageable d'introduire n'importe quelle structure de proximité sur l'ensemble des modalités des variables qualitatives.

Il peut y avoir une structure de proximité sur les modalités d'une même variable, notamment lorsqu'il s'agit d'une variable numérique codée par classe. Des codages *"flous"* ont été proposés (Gallego, 1982, Moreau, 1990), par exemple pour tenir compte de la position d'un point proche d'une borne de classes, mais la problématique est un peu différente.

Le cas d'une variable répétée dans le temps est plus proche de nos préoccupations. Le temps introduit une notion de proximité sur cette suite de variables et donc sur la suite de ses modalités. La matrice du graphe associée se décompose en blocs; les seuls blocs non nuls sont ceux qui sont définis par une même modalité aux différentes époques. Le graphe peut être pondéré pour tenir compte avec souplesse de l'ensemble des périodes précédentes et suivantes. Les équivalents de l'analyse lissée et de l'analyse des différences locales sont envisageables, mais il n'y a pas d'équivalent de l'Analyse Factorielle Multiple (AFM) dans cette approche (voir section 12.2).

11.1 Analyse lissée

Dans ce cas, comme dans celui des individus, on peut souhaiter diminuer les variations temporelles. On peut tenter d'adapter l'analyse lissée.

Prenons par exemple un tableau dans lequel toutes les variables sont indicées par le temps. On notera K_{IJT} le tableau disjonctif complet associé, dans lequel une colonne a un double indiçage jt, j désignant la modalité d'une variable et t désignant le temps. Un lissage temporel consisterait techniquement à remplacer dans le tableau disjonctif complet K_{IJT} chaque partie de ligne k_{ijt} correspondant aux modalités d'une variable à un instant donné par le barycentre ℓ_{ijt} de ses homologues aux différents moments. On note L_{IJT} ce tableau. Le graphe est défini sur le produit JT, mais, comme on suppose qu'il est indépendant de j, on le note $g_{tt'}$

$$\ell_{ijt} = \sum_{t'} g_{tt'} k_{ijt'}.$$

Étudions les propriétés de ce tableau lissé. On vérifie facilement que, dans chaque ligne, la somme des éléments d'une même variable (à un temps donné) vaut 1. Il correspond donc à un *"codage flou"* et sa marge sur I est constante et égale à celle du tableau disjonctif complet. Il est donc tout à fait logique de lui appliquer une AC. Dans cette AC, tous les individus ont le même poids. Ceux qui, dans une étape de leur évolution, sont passés accidentellement dans d'autres classes de l'une ou l'autre des variables ne sont pas aussi éloignés de l'origine que dans l'ACM. Les colonnes sont des indicatrices floues; les modalités qui pouvaient avoir une position extrême en ACM du fait de phénomènes ponctuels sont un peu neutralisées, ce qui permet de mieux percevoir l'évolution temporelle générale. C'est en ce double sens que l'influence des variations temporelles est diminuée. L'analyse lissée répond donc bien à la problématique. La marge sur J de ce tableau n'est pas la même que celle du TDC, même dans le cas d'un graphe bistochastique. Ceci ne pose pas de problème dans cette analyse, qu'il s'agisse du point de vue des individus ou du point de vue des modalités.

La mise en éléments supplémentaires des modalités d'origine peut être une aide intéressante à l'interprétation des résultats. En effet, si une modalité varie dans le temps de façon accidentelle, elle apparaîtra dans cette analyse assez éloignée de son homologue lissé. Ceci permet de détecter à la fois les modalités présentant une fluctuation importante et les périodes correspondant à des variations importantes.

11.2 Analyse des différences locales

L'analyse des différences ponctuelles pose des problèmes car la marge sur J n'est pas celle du TDC. La situation est tout à fait analogue à celle du graphe quelconque pour les individus: l'analyse des différences entre les profils des lignes des deux tableaux est possible avec un programme spécial (Escofier, 1984), mais elle ne permet pas d'étudier les différences exactes entre les profils des colonnes. Elle éloigne de l'origine les individus au parcours très accidenté, mais n'a de sens que si les deux marges sont assez peu différentes.

12. Comparaison avec d'autres techniques

Plusieurs techniques ont été proposées dans la littérature dans le but d'analyser des liaisons locales ou partielles entres variables. Nous comparons les principes de quelques-unes d'entre elles aux méthodes que l'on propose.

12.1 Analyse locale

Les techniques les plus proches sont celles qui utilisent la notion de graphe de contiguïté. L'analyse locale, introduite par Lebart (1984) et Aluja Banet & Lebart (1985), permet d'étudier les liaisons locales et a été utilisée notamment pour traduire des contiguïtés géographiques. La comparaison avec l'analyse des différences locales est étudiée par Benali & Escofier (1988) dans le cas des variables numériques; le cas des variables qualitatives est analogue. Rappelons simplement ici que le principe de l'analyse locale est de calculer des *"inerties locales"* en supprimant de l'inertie globale les couples d'individus qui ne sont pas reliés par le graphe, ce qui revient à faire une analyse d'un nuage d'arêtes du graphe au lieu du nuage d'individus. Reprise par Carlier (1985), elle est aussi présentée comme une analyse factorielle du tableau initial, l'espace où est situé le nuage des variables étant muni d'une semi-métrique. Une approche générale sur la pondération des couples d'individus dans le calcul des inerties se trouve dans Le Foll (1982). La différence essentielle entre ces deux analyses, dont certains objectifs sont semblables, est que, dans l'analyse des différences locales, contrairement à l'analyse locale, les nuages d'individus et de variables s'interprètent comme dans une analyse classique et se déduisent des nuages initiaux par des transformations simples.

12.2 Analyse factorielle multiple avec un groupe de coordonnées

Dans l'analyse factorielle multiple avec un groupe de coordonnées (Escofier & Benali, 1990), la notion de proximité ou de contiguïté n'est pas utilisée sous forme de graphe mais sous forme d'un ensemble de variables numériques. Dans le cas de données géographiques, ces variables sont les deux coordonnées dans le plan. Plus généralement, lorsque la proximité est induite par une position dans un espace vectoriel, on pourra prendre un système de coordonnées de cet espace. Si la structure est définie directement par un graphe, on peut se ramener à une situation analogue en appliquant une analyse des correspondances à la matrice du graphe. En effet, d'après les travaux de Lebart (Lebart, 1984), les premiers facteurs de cette analyse forment un système de coordonnées spatiales qui traduisent bien les contiguïtés.

L'Analyse Factorielle Multiple (Escofier & Pagès, 1988) traite simultanément des groupes de variables qualitatives et des variables quantitatives (groupe de coordonnées spatiales) en équilibrant leur influence respective. Comme dans l'analyse lissée, les facteurs auront tendance à regrouper des individus assez connexes. Cette analyse met en évidence l'existence et l'importance relative dans l'ensemble des variables qualitatives étudiées de structures liées à la proximité ou au contraire indépendantes de celle-ci.

12.3 Analyse factorielle sur variables instrumentales

On peut aussi rapprocher les techniques proposées de celles qui consistent à analyser des projections du nuage des variables sur des sous-espaces déterminés par un autre tableau pour trouver la part de variabilité qui dépend (ou ne dépend pas) de l'autre tableau (on en trouve un exemple dans Doledec & Chessel, 1987). Une étude détaillée en est faite par Sabatier (1987b) qui reprend la terminologie de Rao (1964) *"Analyse sur variables instrumentales"*. Ici, *"l'autre tableau"* est le graphe, mais les deux techniques proposées ne se traduisent par une projection que dans le cas d'un graphe de partition.

12.4 Analyse canonique des correspondances et analyse statistique spatiale

On peut encore rapprocher ces techniques de l'analyse canonique des correspondances (ACC) introduite par Ter Braak (1986; 1987), reprise et appliquée à des variables qualitatives (Lebreton et al., 1988a,b). Dans l'ACC, *"l'autre tableau"* est un tableau de fréquence (dans l'exemple de Lebreton et al., 1988a), c'est un tableau croisant des sites et des espèces tandis que les variables qualitatives sont définies sur les sites). Parmi ses multiples propriétés, l'ACC est une analyse des barycentres définis par le tableau de fréquence (dans l'exemple, les espèces pondérées par leur effectif dans les sites). Cet aspect la rapproche de l'analyse lissée, et plus particulièrement de l'analyse statistique spatiale introduite par Benali (1989) utilisant une métrique particulière qui maximise la variance de ces barycentres et en fait une généralisation de l'analyse discriminante (Chessel, Lebreton & Yoccoz, 1987).

13. Exemple

On s'intéresse dans cette application aux variations géographiques de la mortalité par cancer en France. On cherche à analyser les relations entre les localisations par cancer dans différents départements afin d'en dégager les tendances globales. La méthode d'interprétation suivie ici ne vise pas à rechercher les causes permettant de comprendre pourquoi tel type de cancer est plus fréquent dans telle région que dans telle autre. Les facteurs pouvant influer sur l'apparition ou l'évolution de cette maladie sont très nombreux; ils peuvent correspondre à des habitudes de vie (alimentation, pollution des zones urbaines, etc.) aussi bien qu'à des prédispositions génétiques individuelles. Le but est de suggérer des hypothèses sur certains facteurs de risque, lesquels pourraient être mis en évidence par des études épidémiologiques spécifiques.

13.1 Les données

Il s'agit de données de mortalité correspondant aux modalités 140 à 209 de la Classification Internationale des Maladies (CIM); les localisations retenues sont celles pour lesquelles le taux brut annuel de mortalité pour la France entière est supérieur ou égal à 3 pour 100 000 pour l'un des deux sexes. Les taux sont cumulés sur la période 1979-1984 pour 94 départements (le département de la Corse n'ayant pas de voisin immédiat n'est pas inclus dans l'analyse). La comparaison entre les départements n'est possible que si l'on corrige les différences qui existent entre les départements pour la structure d'âge de la population. Les taux de mortalité utilisés sont donc des taux standardisés (Rezvani, Doyon & Flamant, 1986). Treize localisations cancéreuses sont retenues chez les hommes et les mêmes localisations chez les femmes. Chacune des 26 variables qualitatives correspond à un découpage en trois classes (faible, normal, fort) du taux standardisé de mortalité. Les 13 localisations utilisées sont les suivantes: voies aéro-digestives, cavité buccale, pharynx, œsophage, estomac, côlon et rectum, foie, vésicule et voies biliaires, pancréas, digestif non précisé, larynx, poumons, plèvre.

Le graphe de contiguïté géographique G est représenté par sa matrice de taille (94,94) de terme général $g_{ii'}$:

$$g_{ii'} = \begin{cases} 1 & \text{si les départements } i \text{ et } i' \text{ ont une frontière commune,} \\ 0 & \text{sinon.} \end{cases}$$

Ce graphe est rendu bistochastique en modifiant le poids de l'individu i dans son propre voisinage. Le nombre de voisins d'un département varie de 2 à 10, on affecte aux arêtes (i, i') le poids:

$$g_{ii'} = 0.09 \text{ si } i' \text{ est contiguë à } i,$$

et on modifie les éléments diagonaux de la matrice G par:

$$g_{ii} = 1 - 0.09 \times \text{ nombre de voisins de } i.$$

13.2 ACM lissée

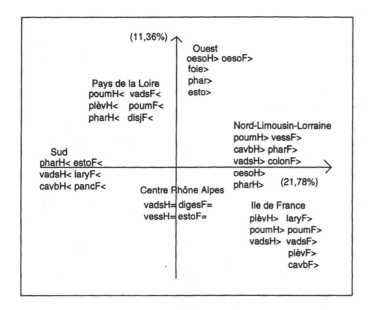

Fig. 6.1. ACM lissée; premier plan factoriel

Légende. H: homme; F: femme;
cavb = cavité bucale; phar = pharynx; oeso = oesophage;
esto = estomac; colon = colon et rectum; foie = foie;
vess = vésicule et voies urinaires; panc = pancréas;
diges = digestif non précisé; lary = larynx; poum = poumon;
plèv = plèvre; vads = voies aéro-digestives
=: moyenne nationale;
<: inférieur à la moyenne nationale;
>: supérieur à la moyenne nationale

On observe sur ce plan six groupements de départements contigus (Fig. 6.1). Ils sont identifiés par des *"intensités"* de mortalité différentes. Ce plan factoriel laisse percevoir une convergence entre la répartition géographique des départements et la mortalité par cancer en France.

On voit apparaître dans les départements bretons à l'ouest de la France une importante mortalité due aux cancers de l'œsophage et de l'estomac chez les hommes et chez les femmes. Cette analyse suggère donc de rechercher des facteurs de risque communs à ces localisations qui seraient spécialement prévalents dans ces départements. Les départements du sud de la France se trouvent caractérisés dans leur ensemble par une sous-mortalité.

Pour compléter la description de la mortalité donnée par le plan factoriel, on effectue sur les cinq premiers axes factoriels de l'ACM lissée (tota-
lisant une inertie de 52%) une classification ascendante hiérarchique (CAH)
des départements. L'objectif est d'isoler les groupements homogènes, puis
d'identifier les régions par les localisations (données qualitatives initiales) les
plus caractéristiques (SPAD.N, 1989). Cette analyse a conduit aux six classes
de départements remarquées sur le premier plan factoriel, avec un rapport
de l'inertie interclasse à l'inertie totale de 70%. Les résultats sont présentés
ci-après (tableau 6.1).

Bien entendu, les liaisons observées entre la répartition géographique des
départements et les localisations cancéreuses ne sont pas des résultats de
cause à effet et, par conséquent, ne prétendent pas expliquer la mortalité
par cancer en France. Le but essentiel de notre approche est de décrire
selon certaines hypothèses (contraintes de graphe bistochastique) les liaisons
"probables" entre localisations cancéreuses. Au vu de certaines associations
et de leurs *"pouvoirs"* à respecter l'espace géographique, des hypothèses
épidémiologiques peuvent être émises pour certains groupes de départements.
Dans chacun de ces groupes, les épidémiologistes devront rechercher les
causes pouvant expliquer les particularités de localisation du cancer parmi
des domaines fort variés, allant des héritages génétiques aux habitudes de
vie générales; les habitudes alimentaires constituent une partie seulement de
ces habitudes de vie, certaines d'entre elles (consommation d'alcool, etc.) ont
une influence importante sur l'épidémiologie du cancer.

A l'inverse, la consommation d'alcool est un phénomène qui peut connaître
une extension large, non limitée aux frontières d'un groupe géographique.
Enfin, les facteurs concernant le cadre physique de vie interviennent de
différentes façons: en zone industrielle, les rythmes biologiques imposés diffèrent de ceux vécus dans la campagne, et la différence entre ces deux envi-
ronnements est accentuée le plus souvent par des problèmes de pollution.

L'interprétation des données de mortalité sur un plan causal relève donc
d'un vaste travail pluridisciplinaire. La contribution du statisticien vise ici à
vérifier si les regroupements régionaux obtenus par des techniques descriptives ne sont pas l'effet de ses seuls calculs, mais trouvent confirmation dans
des données provenant d'autres sources. La cohérence régionale des regroupements obtenus paraît indiquer que ces regroupements ne sont pas l'effet du
hasard.

Une étude, comparant la partition des départements de France en ensembles anthropologiques (Todd, 1981) et la cartographie de la mortalité par
cancer que nous proposons a été effectuée (Valois & Benali, 1995).

Tableau 6.1. CAH des départements sur les 5 premiers axes factoriels de l'ACM lissée

Classe 1: "Gascogne, Béarn, Languedoc, Provence"		
Localisations	Sexe	Intensité
pharynx	homme	faible
voies aéro-digestives	-	-
cavité buccale	-	-
œsophage	-	-
côlon-rectum	-	-
estomac	femme	-
pancréas	-	-
vésicule et voies biliaires	-	-

Classe 2: "Franche-Comté, Bourgogne, Champagne, Orléanais"		
Mortalité correspondant à la moyenne nationale chez les hommes et chez les femmes.		

Classe 3: "Alsace, Lorraine, Flandre"		
Localisations	Sexe	Intensité
poumons	homme	forte
cavité buccale	-	-
voies aéro-digestives	-	-
côlon-rectum	-	-
œsophage	-	-
pharynx	-	-
vésicule et voies biliaires	femme	-
pharynx	-	-
côlon-rectum	-	-

Classe 4: "Ile de France, Picardie"		
Localisations	Sexe	Intensité
plèvre	homme	forte
poumons	-	-
voies aéro-digestives	-	-
larynx	femme	-
poumons	-	-
voies aéro-digestives	-	-
plèvre	-	-
cavité buccale	-	-
œsophage	-	-

Classe 5: "Bretagne, Normandie"		
Localisations	Sexe	Intensité
œsophage	homme	forte
foie	-	-
pharynx	-	-
estomac	-	-
vessie	-	faible
poumons	-	-
œsophage	femme	forte
estomac	-	-

Classe 6: "Dauphiné, Lyonnais, Auvergne, Limousin, Saintonge, Bourbonnais, Berry, Maine, Anjou, Poitou"		
Localisations	Sexe	Intensité
poumons	homme	faible
plèvre	-	-
pharynx	-	-
cavité buccale	-	-
voies aero-digestives	-	-
digestif non précisés	femme	forte
voies aéro-digestives	femme	faible
voies aéro-digestives	-	-
poumons	-	-
larynx	-	-

13.3 ACM des différences locales

Dans cette analyse qui met en évidence les différences entre les mortalités par cancer d'un département et ses voisins, il ne peut y avoir de regroupement régional. Les facteurs de l'ACM des différences locales opposent les départements qui ont une forte mortalité par rapport à leurs voisins aux départements qui ont les tendances inverses. Les mortalités qui induisent les plus fortes variabilités régionales sont dues aux cancers du larynx et de la vessie chez les hommes, et au cancer du côlon chez les femmes.

Nous avons effectué une CAH à partir des 5 premiers facteurs de l'ACM des différences locales. Une forte variation de l'indice de la hiérarchie conduit à une partition en 3 classes. On peut voir que les classes sont dispersées géographiquement. Le groupe des départements observé dans la première analyse (ACM lissée) ne se retrouve plus ici. En effet, cette classification a pour but la détection des variations locales de la mortalité par cancer et non la détection des tendances globales de la mortalité (cas de l'ACM lissée).

Certains départements se distinguent de leur voisinage, hormis ceux de la classe 1, et présentent quelques singularités régionales. C'est le cas des départements des classes 2 et 3 (Tab. 6.2).

Tableau 6.2. CAH des départements sur les 5 premiers axes factoriels de l'ACM des différences locales

Classe 2:	"Cantal, Gard, Landes, Loire, Marne, Oise, Yvelines, Yonne"		
Localisations		Sexe	Intensité
côlon		femme	forte
Classe 3:	"Aisne, Allier, Gironde, Isère, Loir-et-Cher, Morbihan, Orne, Saône-et-Loire, Haute-Savoie, Tarn-et-Garonne, Vienne, Vosges, Essonne"		
Localisations		Sexe	Intensité
larynx		homme	forte
vessie		-	-

L'interprétation de la partition géographique régionale des départements doit être faite au vu de la cartographie de la mortalité par cancer obtenue par l'ACM lissée. En effet, les départements des classes 1 et 2 connaissent des particularités régionales; ce sont des départements où les mortalités par cancer, du côlon chez les femmes et du larynx et du digestif non-précisé chez les hommes, sont plus élevées.

14. Conclusion

Une partie importante des données que nous traitons nécessite, en plus d'un tableau, la prise en compte d'informations complémentaires. C'est le cas de l'étude des causes de mortalité dans les différents départements ou de l'analyse des disparités socio-économiques entre différentes régions, où il existe une structure de proximité entre les éléments du tableau des données. L'introduction de cette information par un graphe pondéré, ou par un ensemble de variables numériques, nous permet de traduire la plupart des situations que nous avons rencontrées.

Nous avons montré que les méthodes proposées (l'ACM lissée et l'ACM des différences locales) étaient très simples à mettre en œuvre. La contrainte sur le graphe (graphe bistochastique) n'a posé aucun problème et a permis au contraire de traduire de manière tout à fait cohérente les proximités entre les individus. La mise en œuvre de ces deux techniques est très simple puisqu'elles ne nécessitent qu'une transformation du tableau disjonctif complet et une AC classique. L'interprétation et la richesse des résultats sont ceux d'une AC. La prise en compte de la proximité est très nette dans le cas de la cartographie de la mortalité par cancer et le résultat est tout à fait satisfaisant. Nous avons aussi montré l'importance du choix des poids du graphe qui déterminent les résultats. Dans ce choix, il paraît difficile d'imposer ou même de suggérer une règle, car l'importance à accorder au voisinage dépend de l'objectif poursuivi. Nous avons montré aussi que le lissage (et les différences locales) traduit sur des variables qualitatives était une notion très riche puisqu'il traduit la répartition du voisinage d'un département.

Des classifications sur les facteurs issus de ces analyses permettent d'introduire aussi la notion de proximité dans une classification sur variables qualitatives.

Les deux techniques utilisant directement la notion de graphe peuvent se replacer dans un cadre géométrique très général. Elles généralisent à une contrainte non linéaire la notion de variables instrumentales introduites par Rao (1964). Les nombreux liens que nous avons montrés (cf. 12) avec d'autres méthodes soulignent encore leur intérêt méthodologique.

Nous avons montré dans l'exemple traité, par nos deux techniques, que les diverses localisations cancéreuses s'organisent en tendances régionales. Schématiquement, on peut dire que les cancers de l'œsophage et de l'estomac sont fréquents en Bretagne, mais aussi dans toute la zone bordière de la Manche jusque dans le Nord de la France. Les atteintes de l'appareil respiratoire culminent dans les métropoles urbaines (Paris, etc.). La mortalité par cancer est plus faible dans le sud et en particulier le sud-ouest de la France.

Remerciements

Je tiens à remercier Monsieur Ali Rezvani de m'avoir fourni les données de mortalité par cancer. Je remercie aussi Monsieur Jean Paul Valois qui s'est intéressé à l'analyse multidimensionnelle de la mortalité par cancer en France et à l'interprétation des résultats statistiques.

Analyse de l'interaction et de la variabilité inter et intra dans un tableau de fréquence ternaire

Lila Abdessemed [1], Brigitte Escofier† [2]

[1] Institut de Recherches en Informatique et Statistiques Appliquées, Université de Rennes, France
[2] Institut Universitaire de Technologie, Vannes, France

1. Introduction

En sciences sociales comme dans beaucoup d'autres domaines, nous sommes fréquemment confrontés à une problématique apparaissant assez souvent sous forme d'un tableau de données croisant plusieurs variables qualitatives, dont il s'agit d'étudier les liaisons.

Considérons la répartition de la population française sortie du système éducatif en 1973 et ayant trouvé un emploi la même année, données de l'INSEE[1]. Ces informations forment un tableau croisant trois variables qualitatives: T le sexe, I le niveau de diplôme (8 modalités), J la catégorie d'emploi (9 modalités). L'une des problématiques consiste à comparer les hommes et les femmes et plus précisément à voir s'il y a des différences dans le choix d'un emploi pour un niveau de diplôme équivalent.

Les relations induites par ce tableau sont diverses, puisque l'on peut d'abord s'intéresser aux relations binaires entre chaque couple de variables, à savoir les liaisons Diplôme × Emploi ($I \times J$), Diplôme × Sexe ($I \times T$), et Emploi × Sexe ($J \times T$). Considérer ces relations sous une forme binaire indépendamment les unes des autres est devenu un travail classique sur lequel nous ne nous étendrons pas; on rappelle pour cela qu'il suffit d'appliquer l'Analyse des Correspondances (AC) aux tableaux marges obtenus à partir du tableau ternaire. Pour cela on pourra se reporter à Escofier & Pagès (1988).

Dans le cadre de cet article, nous nous intéressons à la relation impliquant les trois variables de façon simultanée. Cette relation ternaire $I \times J \times T$ peut être appréhendée de diverses manières: de façon symétrique où chacune des trois variables joue le même rôle; cette liaison peut être étudiée dans le cadre des modèles log-linéaires. La relation peut aussi être étudiée en étant dissymétrisée; la relation $I \times J \times T$ sera alors ramenée à trois relations binaires où l'une des deux variables est une variable composée: $(I \times J) \times T, (I \times T) \times$

---

[1] Ces données ont été traitées en partie par Abdessemed (1989) et Escofier & Pagès (1988).

$J, I \times (T \times J)$. Pour cela, le tableau ternaire sera alors ramené à trois tableaux binaires, obtenus par juxtaposition en lignes (ou en colonnes) des modalités des variables de la variable composée.

Une AC est appliquée au tableau binaire ainsi obtenu, mais ceci induit un certain nombre de questions qui justement relèvent de la nature composée de l'une des deux variables.

D'une part, l'AC d'un tableau binaire est vu comme l'étude de l'écart à l'hypothèse d'indépendance. Aussi, qu'en est-il si on a une variable composée qui de ce fait contient elle-même une liaison entre deux autres variables? D'autre part, cette variable composée traduit la variabilité de chacune de ces deux variables, et éventuellement la variabilité induite par l'interaction de ces deux variables.

Nous avons donc été amenés à évaluer la variabilité inter et intra pour ce tableau ternaire "binarisé", et à nous situer par rapport à l'hypothèse d'indépendance globale, dans le cas de trois variables. Nous nous sommes intéressés à l'interaction pouvant exister entre les deux variables constituant la variable composée; par exemple l'interaction entre I et T, si on considère la variable composée $I \times T$ dans $(I \times T) \times J$. A cet effet, nous proposons un modèle permettant de quantifier l'interaction et ainsi de générer un tableau correspondant à l'hypothèse d'indépendance conditionnelle, ainsi qu'un tableau résidu.

2. Les données et les notations

Nous disposons de deux tableaux croisant les niveaux de diplômes et les catégories d'emploi, un pour les hommes indicé en ligne par H, et l'autre pour les femmes indicé par F.

Tableau 7.1. Catégories d'emploi et niveaux de diplômes pour les hommes

	AGR	ING	TEC	OQ	ONQ	CS	CM	EQ	ENQ	TOTAL
sdH	15068	0	302	10143	59394	596	2142	5445	4879	97969
bepH	2701	337	1697	3702	8087	296	2801	7348	4987	31956
capH	5709	309	2242	30926	17862	892	672	4719	1514	64845
bacH	297	917	1969	314	2887	1227	6495	4353	3478	21937
bteH	1242	0	1399	1861	1696	298	924	1280	886	9586
degH	0	308	367	0	0	2362	2807	614	1326	7784
dutH	322	0	1943	0	0	318	2301	982	0	5866
supH	0	4383	381	337	323	6781	4030	0	661	16896
TOTAL	25339	6254	10300	47283	90249	12770	22172	24741	17731	256839

Tableau 7.2. Catégories d'emploi et niveaux de diplômes pour les femmes

	AGR	ING	TEC	OQ	ONQ	CS	CM	EQ	ENQ	TOTAL
sdF	5089	0	281	7470	29997	0	1577	21616	19849	85879
bepF	1212	0	0	1859	4334	0	1806	19915	7325	36451
capF	1166	0	320	4017	4538	0	4549	32452	6484	53526
bacF	0	316	320	1752	1882	2236	17063	16137	5111	44817
bteF	0	0	283	657	0	595	875	5865	898	9173
degF	0	0	0	0	0	911	4152	1256	294	6613
dutF	0	304	683	285	0	569	15731	3332	635	21539
supF	0	1033	0	0	0	6788	3991	1286	0	13098
TOTAL	7467	1653	1887	16040	40751	11099	49744	101859	40596	271096

On trouvera les intitulés complets des catégories d'emploi et des niveaux de diplômes dans les tableaux 7.3 et 7.4.

Tableau 7.3. Niveaux de diplômes

DIPLOMES	
sd	sans diplôme
bepc	brevet élémentaire professionnel
cap	certificat d'aptitude professionnel
bac	baccalauréat d'enseignement général
bte	baccalauréat d'enseignement technique
deg	diplôme d'étude universitaire général
dut	diplôme universitaire de technologie
sup	diplôme d'études supérieures

Tableau 7.4. Catégories d'emploi

EMPLOIS	
AGR:	agriculteur
ING:	ingénieur
TEC:	technicien
OQ:	ouvrier qualifié
ONQ:	ouvrier non qualifié
CS:	cadre supérieur
CM:	cadre moyen
EQ:	employé qualifié
ENQ:	employé non qualifié

On considère le tableau de fréquence ternaire $f_{(I \times T) \times J}$, de terme général f_{ijt}, ses marges binaires f_{IJ}, f_{JT}, f_{IT} dont les termes généraux sont respectivement f_{ij}, f_{jt}, f_{it}, et les marges d'ordre 1, f_I, f_J, f_T de termes généraux f_i, f_j, f_t.

Dans cette présentation, nous n'étudions que l'une de trois relations qui sera la relation (Diplôme×Sexe)×Emploi, $(I \times T) \times J$, et nous nous proposons de déterminer certains indices pour examiner la "part" de I, celle de T et la "part" de l'interaction entre les deux variables I et T. Pour ce faire, nous réalisons une analyse factorielle des correspondances du tableau $(I \times T) \times J$ obtenu en juxtaposant en lignes les tableaux binaires $I \times J$, successivement pour les différentes modalités de T. Nous nous proposons donc d'étudier la relation $I \times T$ à travers la décomposition sur I ou la décomposition sur T, et nous proposons des indices plus synthétiques, permettant d'orienter plus efficacement l'interprétation sur des éléments ou des groupes d'éléments déterminants: ce sera l'objet de la première partie.

Dans une seconde partie, nous étudions l'interaction entre les variables I et T. A ce titre, nous proposons un nouveau modèle de décomposition de l'interaction dans un tableau ternaire, modèle non symétrique axé sur les projections des facteurs sur $I \times T$ obtenus lors de l'AC du tableau $(I \times T) \times J$ sur les sous-espaces R^I et R^T, de façon à les exprimer comme combinaison linéaire des facteurs sur I et sur T, et ce pour chaque axe. Dans ce modèle, nous définissons les facteurs sans interaction sur $I \times T$, l'interaction globale et l'interaction le long de chaque axe factoriel et nous générons les tableaux de données sans interaction $(I \times T) \times J$, ainsi que le tableau des résidus correspondant.

3. Analyses inter et intra

Appliquer une AC à un tableau ternaire, de dimension même modeste, génère rapidement un nombre d'indices assez impressionnant qu'il devient vite malaisé de consulter. Aussi, pour faciliter l'interprétation et ainsi permettre de repérer de façon assez judicieuse les éléments prépondérants, nous proposons des indices synthétiques.

Au tableau $(I \times T) \times J$, ayant en lignes les modalités Diplôme×Sexe (i, t), et en colonnes les Catégories d'emploi j, correspondent deux nuages de points: le nuage de lignes $N(I \times T)$ situé dans l'espace R^J, et le nuage de colonnes $N(J)$ situé dans $R^{I \times T}$. En faisant l'AC du tableau $(I \times T) \times J$, nous réalisons l'analyse de l'inertie totale du nuage $N(I \times T)$, et de façon duale celle de $N(J)$.

3.1 Deux décompositions possibles

Le nuage $N(I \times T)$, qui correspond à la variable composée $(I \times T)$, peut être analysé sous deux angles différents; il peut être considéré comme la réunion des huit sous-nuages Diplôme $N(i \times T)$, qui sont constitués chacun de deux points, un diplôme-Hommes et un diplôme-Femmes, ou comme la réunion de deux sous-nuages Hommes et Femmes $N(I \times H)$ et $N(I \times F)$:

$$N(I \times T) = \bigcup_i N(i \times T) = \bigcup_t N(I \times t) \ .$$

Les deux décompositions, i.e. en huit sous-nuages Diplômes et en deux sous-nuages Hommes et Femmes, sont étudiées successivement et considérées simultanément pour l'interprétation. Nous nous limitons ici à la présentation des indices synthétiques pour la décomposition en huit sous- nuages Diplômes.

En plus des indices donnés usuellement par un programme d'AC, (qualités de représentation, contribution à l'inertie, etc.) qui sont donnés pour chaque point (i,t) du nuage, des informations complémentaires sur les barycentres des sous-nuages, à savoir leurs coordonnées factorielles $F_s(i)$, et aussi leur contribution à l'inertie $CTR_s(i)$ leur qualité de représentation $COR_s(i)$ sont calculées, ce qui nous donne une information générale du sous-nuage considéré qui est donc rapporté à son centre de gravité.

Ces valeurs $(F_s(i), CTR_s(i)$ et $COR_s(i))$ peuvent être obtenues en mettant en supplémentaire le tableau somme Diplôme × Emplois, $I \times J$ dans l'analyse du tableau juxtaposé $(I \times T) \times J$, ou directement à partir du tableau $I \times T$, Emplois × Sexe. La position des points d'un sous-nuage autour de leur barycentre est déterminée en calculant la décomposition de l'inertie en inertie inter et intra le long de chacun des axes. Les qualités de représentation des sous muages et du nuage des barycentres sont également évaluées.

Ces séries de trois valeurs nous renseignent pour chaque axe sur la position générale des sous-nuages $N(i \times T)$ et nous indiquent ceux sur lesquels doit être axée l'interprétation, compte-tenu des valeurs élevées de $CTR_s(i)$ et $COR_s(i)$.

3.2 Décomposition de l'inertie totale du nuage $N(I \times T)$ en inertie inter et intra

L'inertie totale du nuage $N(I \times T)$ est évaluée globalement dans l'espace de représentation R^J, mais aussi sur chacun des facteurs. Celle-ci implique les deux variables I et T, et cette variabilité peut elle aussi être considérée par rapport à chacune des deux décompositions possibles.

L'inertie totale de $N(I \times T)$ mesure la dispersion des points $(i,t)_{t \in T}$ autour du centre de gravité G du nuage $N(I \times T)$, qui est le profil moyen, tous diplômes et sexe confondus. On rappelle que d'après le principe de Huygens l'inertie totale du nuage $N(I \times T)$ se décompose en inertie "inter" et "intra".

Il s'agit donc de déterminer les parts des inerties inter et intra diplôme, et aussi les parts des inerties inter et intra sexe globalement et pour chaque axe.

3.2.1 Inertie inter et intra diplômes

L'inertie inter de $N(I \times T)$ évalue la dispersion des Diplômes i des sous-nuages $N(i \times T)$ autour de G, qui est en fait l'inertie totale du nuage $N(I)$ des profils des lignes du tableau binaire f_{IJ}. Elle correspond à l'inertie du nuage des barycentres $N(I)$. La part de l'inertie inter le long de chaque axe s est déterminée par la somme des contributions des barycentres i, soit $\sum_i CTR_s(i)$.

L'inertie intra de $N(I \times T)$ mesure la dispersion de tous les points $(i, t)_{i \in I, t \in T}$, chaque point (i, t) étant rapporté au barycentre i du sous-nuage $N(i \times T)$ auquel il appartient, ce qui correspond à l'inertie totale du nuage $N(i \times T)$, i étant fixé. L'inertie intra globale le long de l'axe s du nuage $N(I \times T)$ peut être obtenue en dehors de la formule de Huygens, comme somme des inerties de chacun des sous-nuages $N(i \times T)$.

L'inertie pour l'axe s d'un sous-nuage $N(i \times T)$ sera donnée par:

$$\text{Intra}(s, i) = \sum_t f_{it}(F_s(i, t) - F_s(i))^2$$

et l'inertie intra totale pour le même axe:

$$\text{Intra}(s) = \sum_i \text{Intra}(s, i) = \sum_{i,t} f_{it}(F_s(i, t) - F_s(i))^2 \; .$$

Elle peut bien sûr aussi être déduite à partir de la formule de Huygens.

3.2.2 Inertie inter et intra sexes

De même, on calcule les inerties inter et intra si l'on considère la seconde décomposition en deux sous-nuages Hommes et Femmes. Les formules sont analogues aux précédentes; il suffit d'inverser les rôles de i et de t.

3.2.3 Facteurs inter, intra et mixte

La décomposition de l'inertie totale en inerties inter et intra nous permet alors de distinguer trois types de facteurs: inter, intra et mixte. Nous avons un facteur inter si la part de l'inertie inter est beaucoup plus élevée que celle de l'inertie intra. Ce qui correspond à une variabilité entre diplôme nettement plus importante que la variabilité entre homme et femme à diplôme donné. A l'opposé, si l'inertie intra est nettement plus importante que l'inertie inter, nous avons un facteur intra, traduisant une variabilité plus importante entre les sexes qu'entre les diplômes. Enfin, on peut être confronté à une situation où ces deux types de variabilité sont d'importance équivalente: on a alors un facteur mixte.

3.2.4 Qualité de représentation

De plus, il est important de mesurer la qualité de la représentation des projections aussi bien du nuage des barycentres que des différents sous nuages Diplômes $N(i, T)$ ou Sexe $N(I, t)$. Après avoir déterminé quels sont les sous-nuages qui auront le plus contribué aux inerties inter et intra sur chaque axe, il s'agit de repérer ceux qui sont les mieux représentés.

La qualité de représentation de ces nuages en projection sur un axe sera déterminée par le rapport de l'inertie projetée par l'inertie totale, ce qui donne la formule suivante pour le nuage des barycentres:

$$QULT(I, s) = \frac{\sum_i f_i F_s^2(i)}{\sum_{i,j} \frac{f_i}{f_j} \left(\frac{f_{ij}}{f_i} - f_j \right)^2} \cdot$$

Pour les sous-nuages, nous avons aussi:

$$QULT(i, s) = \frac{\sum_t f_{it} \left(F_s(i,t) - F_s(i) \right)^2}{\sum_{t,j} \frac{f_{it}}{f_j} \left(\frac{f_{ijt}}{f_{it}} - \frac{f_{ij}}{f_i} \right)^2} \cdot$$

Si le nuage des barycentres est bien représenté sur l'axe s, les écarts entre diplômes seront plus visibles sur ce facteur. De même, un sous-nuage diplôme $N(i \times T)$ bien représenté sur le facteur s, montre mieux sur cet axe les différences entre hommes et femmes.

Pour l'étude des sous-nuages Hommes et Femmes $N(I \times H)$ et $N(I \times F)$, nous avons adopté la même démarche que pour l'étude des sous-nuages Diplôme $N(i \times T)_{i \in I}$; les indices définis précédemment sont calculés pour les deux sous-nuages Sexe $N(I \times t)_{t \in T}$, et les deux séries de valeurs sont considérées simultanément pour l'interprétation.

4. Modèle pour le calcul de l'interaction dans un tableau ternaire

Dans le tableau ternaire que nous avons traité, nous nous sommes ramenés à un tableau binaire $f_{(I \times T) \times J}$, via la variable composée $I \times T$. Ceci nous amène naturellement à la question suivante: existe-t-il une interaction entre les deux variables I et T, et quelle est son importance? A cette fin, nous avons développé un modèle permettant d'évaluer l'interaction entre I et T, et par là son importance, globalement et pour chaque facteur. Le modèle proposé pour étudier l'interaction entre les variables I et T, est proche de l'analyse de la variance sans pour autant avoir la même approche. On peut le justifier succintement par le fait que les objectifs poursuivis ne sont pas les mêmes, et que nous n'avons pas de répétition sur les points (i, t).

4.1 Définition de l'interaction et mesure de l'interaction dans un tableau de contingence

On dit qu'il n'y a pas d'interaction entre I et T si la distance entre deux points du sous-nuage $N(i \times T)$ est la même pour tous les sous-nuages $\{N(i \times T)_{i \in I}\}$, et si la distance entre deux points d'un sous-nuage $N(I \times t)$ est invariante pour tous les sous-nuages $\{N(I \times t)\}_{t \in T}$, ce qui s'exprimerait par:

$$d^2[(i,t),(i,t')] = d^2[(i',t),(i',t')] \qquad \forall(i,i')$$
$$\text{et} \quad d^2[(i,t),(i',t)] = d^2[(i,t'),(i',t')] \qquad \forall(t,t') \ .$$

Ces propriétés sont illustrées sur un plan factoriel $\{s, s'\}$ par le schéma suivant:

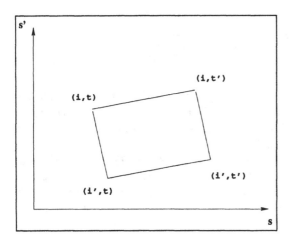

Fig. 7.1. Plan $\{s, s'\}$ sans interaction

S'il n'y a pas d'interaction entre les diplômes I et le sexe T, chacun des sous-nuages Sexe ou Diplômes a en projection sur chacun des axes la même forme, que ce soit à sexe fixé t pour les sous-nuages $N(I \times t)$, ou à diplôme fixé i pour les nuages Diplômes $N(i \times T)$.

Dans un tableau de contingence, l'absence d'interaction entre I et T se traduit de façon analogue à celle donnée précédemment, mais les distances font référence aux profils des éléments considérés et à la distance du χ^2.

4.2 Calcul des facteurs sans interaction sur $I \times T$ et calcul de l'interaction

Soit $F_s^{I \times T}(i, t)$ le facteur sur $I \times T$ associé à l'axe s obtenu lors de l'AC du tableau de données initial $(I \times T) \times J$, de terme général f_{ijt}, et soit $\hat{F}_s^{I \times T}$ le facteur sans interaction sur $I \times T$.

Nous notons F_s^I la projection du facteur $F_s^{I \times T}$ sur R^I et F_s^T la projection du facteur $F_s^{I \times T}$ sur R^T. Le facteur sans interaction sur $I \times T$, $\hat{F}_s^{I \times T}(i, t)$ s'écrit comme combinaison linéaire des facteurs sur I et T, soit F_s^I et F_s^T, soit:

$$\hat{F}_s^{I \times T}(i, t) = a_s F_s^I(i) + b_s F_s^T(t) \qquad \forall i \in I \qquad \forall t \in T \ .$$

Dans l'espace R^I , nous avons:

$$\left\| F_s^I \right\|^2 = \sum_i f_i \left[F_s^I(i) \right]^2 \ ,$$

soit la somme des carrés des distances pondérés des projections sur R^I au centre de gravité du nuage $N(I \times T)$, ce qui représente l'inertie inter-diplôme. Parallèlement, nous exprimons l'inertie inter-sexe par:

$$\left\| F_s^T \right\|^2 = \sum_t f_t \left[F_s^T(t) \right]^2 \ ,$$

où $F_s^I(i)$ et $F_s^T(t)$ sont respectivement les barycentres des projection sur l'axe s, des points (i, T) et (I, t).

Pour déterminer le facteur sans interaction, $\hat{F}_s^{I \times T}$, il suffit de déterminer les coefficients a_s et b_s, à l'aide d'un calcul classique de régression. Pour cela, on pose:

$$\begin{cases} \left\| F_s^I \right\|^2 = c_I; \ \left\| F_s^T \right\|^2 = c_T \\ < F_s^I, F_s^T > = \sum_{i,t} f_{it} F_s^I(i) F_s^T(t) = c_{IT} \end{cases} \cdot$$

Compte tenu de ce que:

$$< \hat{F}_s^{I \times T}, F_s^I > = \left\| F_s^I \right\|^2 = c_I \qquad (7.1)$$

$$< \hat{F}_s^{I \times T}, F_s^T > = \left\| F_s^T \right\|^2 = c_T \qquad (7.2)$$

et, d'après le théorème des trois perpendiculaires, F_s^I (resp. F_s^T) est la projection de $F_s^{I \times T}$ et de $\hat{F}_s^{I \times T}$ sur R^I (resp. R^T), on a:

$$\begin{pmatrix} a_s \\ b_s \end{pmatrix} = \begin{pmatrix} \|F_s^I\|^2 & < F_s^I, F_s^T > \\ < F_s^I, F_s^T > & \|F_s^T\|^2 \end{pmatrix}^{-1} \begin{pmatrix} \|F_s^I\|^2 \\ \|F_s^T\|^2 \end{pmatrix},$$

d'où, si $\|F_s^I\|^2 \|F_s^T\|^2 - < F_s^I, F_s^T >^2 \neq 0$:

$$a_s = \frac{\|F_s^T\|^2 \left[\|F_s^I\|^2 - < F_s^I, F_s^T > \right]}{\|F_s^I\|^2 \|F_s^T\|^2 - < F_s^I, F_s^T >^2} \tag{7.3}$$

$$\text{et} \quad b_s = \frac{\|F_s^I\|^2 \left[\|F_s^T\|^2 - < F_s^I, F_s^T > \right]}{\|F_s^I\|^2 \|F_s^T\|^2 - < F_s^I, F_s^T >^2}. \tag{7.4}$$

Le facteur sans interaction sur $I \times T$, $\hat{F}_s^{I \times T}$ s'écrit pour tout diplôme i et pour tout sexe t:

$$\hat{F}_s^{I \times T}(i, t) = a_s F_s^I(i) + b_s F_s^T(t)$$

$$\text{avec:} \quad F_s^I(i) = \sum_t \frac{f_{it}}{f_i} F_s^{I \times T}(i, t) \quad \text{et} \quad F_s^T(t) = \sum_i \frac{f_{it}}{f_t} F_s^{I \times T}(i, t)$$

a_s et b_s étant donnés par les expressions (7.3) et (7.4).

4.2.1 Calcul de l'interaction

L'inertie le long de l'axe s dans le modèle sans interaction est donnée par:

$$\hat{\lambda}_s = \|\hat{F}_s^{I \times T}\|^2$$

et l'inertie sans interaction globale est la somme des inertie sans interaction le long de chaque axe, soit:

$$\hat{\lambda} = \sum_s \hat{\lambda}_s = \sum_s \|\hat{F}_s^{I \times T}\|^2 .$$

L'interaction le long de l'axe s sera déterminée par la différence entre l'inertie associée au tableau de données initial et l'inertie du modèle sans interaction; nous la notons $I(s)$:

$$I(s) = \lambda_s - \hat{\lambda}_s = \lambda_s - (a_s^2 c_I + b_s^2 c_T + 2 a_s b_s c_{IT}) .$$

S'il n'y a pas d'interaction sur un axe donné s, chacun des sous-nuages en projection sur cet axe aurait la même forme, que ce soit à sexe fixé t pour les sous-nuages $N(I \times t)$, ou à Diplôme fixé i pour les sous-nuages $N(i \times T)$.

4.3 Estimation de fréquences $\hat{f}_{ijt}$ du tableau sans interaction

A l'aide de ce modèle, nous générons le tableau sans interaction de terme général $\hat{f}_{ijt}$. En considérant les facteurs obtenus lors de l'AC du tableau initial, soit:

- $\hat{F}_s^{I \times T}$, facteurs sans interaction sur $I \times T$
- G_s facteurs sur J
- λ_s la $s^{\text{ième}}$ valeur propre

et, en utilisant la formule de reconstitution, nous obtenons:

$$\hat{f}_{ijt} = f_{it} f_j \left(1 + \sum_s \frac{1}{\sqrt{\lambda_s}} \hat{F}_s^{I \times T}(i,t) G_s(j) \right).$$

Le tableau sans interaction ainsi généré a les mêmes marges que le tableau initial, soit f_{it} et f_j.

On vérifie aisément par ailleurs, les propriétés relatives à l'absence d'interaction soit:

$$\left. \begin{array}{l} d^2\left[(i,t),(i,t')\right] \quad \text{indépendant de } i \\ \text{et} \quad d^2\left[(i,t),(i',t)\right] \quad \text{indépendant de } t \end{array} \right\} \quad \forall i, \forall t$$

avec:

$$d^2\left[(i,t),(i,t')\right] = \sum_s (\hat{F}_s^{I \times T}(i,t) - \hat{F}_s^{I \times T}(i,t'))^2 = \sum_s b^2(s)(F_s^T(t) - F_s^T(t'))^2$$

et

$$d^2\left[(i,t),(i',t)\right] = \sum_s (\hat{F}_s^{I \times T}(i,t) - \hat{F}_s^{I \times T}(i',t))^2 = \sum_s a^2(s)(F_s^I(i) - F_s^I(i'))^2 .$$

4.3.1 Interprétation des propriétés relatives au tableau sans interaction

Considérons le profil d'une ligne (i,t) dans le tableau sans interaction, soit:

$$\frac{\hat{f}_{iJt}}{f_{it}} = \left\{ \frac{\hat{f}_{ijt}}{f_{it}}, j \in J \right\} .$$

Evaluons l'écart entre ce profil et le centre de gravité du nuage des profils lignes du tableau sans interaction. Le profil du centre de gravité est $\hat{f}_J = \{f_j, j \in J\} = f_J$. Nous aurons:

$$\frac{\hat{f}_{ijt}}{f_{it}} - f_j = f_j \sum_s \left(a_s F_s^I(i) + b_s F_s^T(t) \right) \frac{G_s(j)}{\sqrt{\lambda_s}} . \qquad (7.5)$$

Le profil $\frac{\hat{f}_{ijt}}{f_{it}}$ représente la probabilité conditionnelle de J sachant I et T, quand il n'y a pas d'interaction:

$$\frac{\hat{f}_{ijt}}{f_{it}} = P[J = j/I = i, T = t] \; .$$

D'après (7.5), nous réécrirons cette relation sous la forme:

$$\frac{\hat{f}_{ijt}}{f_{it}} = f_j \sum_s \frac{a_s}{\sqrt{\lambda_s}} F_s^I(i) G_s(j) + f_j \sum_s \frac{b_s}{\sqrt{\lambda_s}} F_s^T(t) G_s(j) + f_j \; .$$

Ceci permet donc décomposer ce profil sans interaction en trois termes:

$$\frac{\hat{f}_{ijt}}{f_{it}} = \varphi(i,j) + \psi(t,j) + f_j$$

où φ et ψ ne dépendent respectivement que de i et de j, et de t et de j, et f_j étant le terme relatif à la marge. Dans le terme sans interaction, la probabilité conditionnelle de J, sachant I et T, dissocie les parts respectives des liaisons entre I et J, et entre T et J.

4.4 Estimation du tableau résidu ou interaction

Le terme général r_{ijt} du tableau résidu est donné par la différence entre le terme général f_{ijt} du tableau initial et celui du tableau sans interaction $\hat{f}_{ijt}$, à laquelle on rajoute, pour des raisons techniques, à savoir la conservation des marges, le terme $f_{it}f_j$:

$$r_{ijt} = f_{ijt} - \hat{f}_{ijt} + f_{it}f_j \; .$$

Les marges du tableau interaction sont égales à celles du tableau initial, soit f_{it} et f_j.

Compte tenu de ce que:

$$f_{ijt} = f_{it}f_j \left(1 + \sum_s \frac{1}{\sqrt{\lambda_s}} F_s^{I \times T}(i,t) G_s(j) \right) \; ,$$

nous aurons pour le terme résidu r_{ijt}:

$$r_{ijt} = f_{it}f_j \sum_s \frac{1}{\sqrt{\lambda_s}} \left(F_s^{I \times T}(i,t) - \hat{F}_s^{I \times T}(i,t) \right) G_s(j) + f_{it}f_j \; .$$

Dans la pratique, on se limitera dans la somme précédente aux premiers facteurs.

5. Résultats

5.0.1 AC du tableau initial

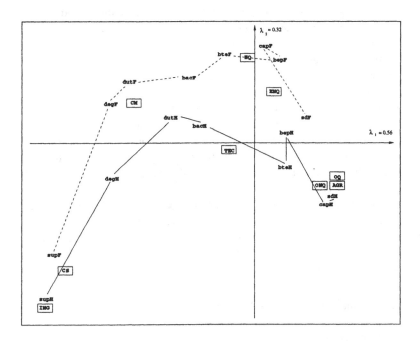

Fig. 7.2. AC du tableau initial

Les trois premiers axes de l'AC du tableau (Diplômes × Sexe) × Emplois représentent 79.12% de l'inertie totale, soit environ les 4/5 de l'inertie totale. Le plan 1 × 2 représente une forte structure (effet Guttman) ordonnant les diplômes, du plus bas au plus élevé (axe 1) et associant ceux-ci aux emplois de même niveau. L'axe 2 caractérise l'opposition entre les diplômes-hommes et les diplômes-femmes, à une exception près où l'on retrouve les diplômes supérieurs (hommes et femmes) dans le même quart de plan et qui sont fortement associés aux emplois d'ingénieur (ING) et de cadre supérieur (CS).

5.1 Décomposition inter et intra de l'inertie totale du nuage $N(I \times T)$

5.1.1 Décomposition inter et intra diplômes dans l'analyse des profils d'emploi

Le tableau 7.5 donne les pourcentages d'inertie inter exprimant la part de la variabilité entre diplômes, alors qu'intra évalue la part de la dispersion entre hommes et femmes à diplôme donné. On donne également les pourcentages d'inertie pour chacun des diplômes.

Ainsi la première colonne (Espace) donne la répartition inter intra dans l'espace de représentation. On note que l'inertie inter est deux fois plus importante que l'inertie intra: ceci exprime le fait que le dipôme joue un rôle prépondérant dans l'emploi occupé. L'inertie intra qui représente le tiers restant révèle que les différences entre profils d'emplois entre hommes et femmes à diplôme égal ont aussi une certaine importance. Cette différence est de loin la plus importante pour les CAP/BEP; 12,2% de l'inertie totale soit la moitié de l'inertie intra.

Les colonnes suivantes donnent cette décomposition pour les quatre premiers facteurs. Le premier facteur est un facteur inter, 94,4% de l'inertie totale, tandis que le second est un facteur mixte (51,3% et 48,7%). L'interprétation sera limitée aux barycentres pour le premier facteur, tandis qu'elle s'appuiera sur les barycentres et les sous-nuages pour le second facteur.

Tableau 7.5. Décomposition interdiplôme et intradiplôme

	Espace	F_1	F_2	F_3	F_4
Inter	0.709	0.944	0.513	0.660	0.811
Intra	0.291	0.066	0.487	0.340	0.189
sd	0.057	0.013	0.105	0.050	0.070
bepc	0.018	0.001	0.040	0.045	0.004
cap	0.122	0.037	0.288	0.184	0.091
bac	0.013	0.000	0.013	0.000	0.001
bte	0.015	0.003	0.021	0.036	0.001
deg	0.008	0.000	0.010	0.020	0.003
dut	0.032	0.002	0.002	0.001	0.017
sup	0.027	0.000	0.008	0.005	0.001
Intra	0.291	0.066	0.487	0.340	0.189

5.1.2 Décomposition inter et intra sexes dans l'analyse des profils d'emploi

De même (voir tableau 7.6), on note que les différences d'emploi des Hommes et des Femmes, tous diplômes cumulés sont quasiment négligeables (17,2%), par rapport aux différences entre les profils d'emplois pour chacun des sexes (82,8%). Les facteurs 1, 3 et 4 sont des facteurs intra, et le second est par contre un facteur mixte. Ce second facteur traduit une variablité d'égale importance pour les Hommes et les Femmes.

Tableau 7.6. Décomposition intersexe et intrasexe

	Espace	F_1	F_2	F_3	F_4
Inter	0.172	0.070	0.506	0.092	0.001
Intra	0.828	0.930	0.494	0.907	0.999
Hommes	0.465	0.544	0.244	0.313	0.824
Femmes	0.363	0.386	0.267	0.594	0.175

5.1.3 Qualités de représentation

Les indices, utilisés pour évaluer la qualité de représentation d'un point, sont aussi utilisés pour mesurer celles d'un nuage de points en projection sur un facteur; ceci permet de repérer les facteurs sur lesquels il est bien représenté et aussi de repérer ceux qui caractérisent un facteur. On donne aux tableaux 7.7, 7.8 et 7.9 les qualité de représentation du nuage des barycentres des deux décompositions du nuage des 16 profils d'emploi, ainsi que celles des sous-nuages correspondants et l'évaluation de l'interaction sur les trois premiers axes.

Tableau 7.7. Qualités de représentation du nuage des 8 barycentres des profils d'emploi et des 8 sous-nuages diplôme

	F_1	F_2	F_3	F_4
Barycentre	0.560	0.175	0.119	0.121
sd	0.097	0.445	0.113	0.130
bepc	0.014	0.546	0.322	0.025
cap	0.127	0.571	0.193	0.079
bac	0.006	0.255	0.000	0.007
bte	0.088	0.349	0.312	0.009
deg	0.015	0.303	0.327	0.040
dut	0.026	0.016	0.002	0.055
sup	0.002	0.074	0.024	0.005

Le nuage des 8 barycentres des profils d'emploi est le mieux représenté sur le premier facteur qui est un facteur inter. Le second facteur est caractérisé par la bonne représentation du sous-nuage diplôme CAP qui illustre les différences d'emploi des hommes et des femmes titulaires de ce diplôme.

Tableau 7.8. Qualités de représentation du nuage des 2 barycentres hommes et femmes et des 2 sous-nuages

	F_1	F_2	F_3	F_4
Barycentre	0.174	0.724	0.069	0.000
Hommes	0.500	0.120	0.087	0.190
Femmes	0.455	0.181	0.212	0.052

Le nuage des 2 barycentres des deux sexes n'est bien représenté que sur le facteur 2, tandis que le sous-nuage Hommes est bien représenté sur les facteurs 1 et 4 et le sous-nuage Femmes sur les facteurs 1 et 3.

Tableau 7.9. Interaction sur les trois premiers axes

Axes	Interaction	Initial	Pourcentage
1	0.0123	0.05577	2.21%
2	0.0282	0.3214	8.77%
3	0.0284	0.1697	16.74%

5.1.4 Evaluation de l'interaction sur les trois premiers axes

Les valeurs de l'interaction ont été obtenues à partir des facteurs sans interaction obtenus pour chaque axe. Cette interaction est environ deux fois moins importante sur le premier facteur que sur les deux facteurs suivants. L'interaction entre diplôme et sexe est donc plus visible sur ces derniers.

5.1.5 AC du tableau sans interaction

Dans l'analyse des tableaux sans interaction, l'absence d'interaction entre diplômes et sexe est bien visualisée sur les différents plans factoriels: la distance est invariante entre les profils des lignes homologues. Les distances entre les profils des hommes et des femmes sont les mêmes quel que soit le diplôme; (dutH,dutF), (degH,degF). La distance entre deux points d'un même sous-nuage est aussi égale à celle des deux points correspondants dans l'autre sous-nuage: (degF,bacF), (degH,bacH).

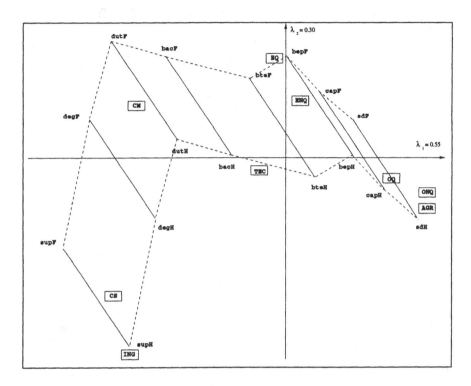

Fig. 7.3. AC du tableau sans interaction

Légende (voir tableaux 7.3 et 7.4). Par exemple:
SupH = diplôme d'études supérieures homme
SupH = diplôme d'études supérieures femme
ING = ingénieur

5.1.6 Comparaison avec les résultats de l'AC du tableau initial

Il n'y a pas une grande différence entre les représentations graphiques du plan 1 × 2 pour les deux analyses, ce qui est dû à la faiblesse de l'interaction. Ce que nous pouvons relever de notable est relatif aux diplômes CAP, aussi bien pour les hommes que pour les femmes. Dans le tableau initial, les CAP-Hommes sont plutôt des Ouvriers (Non Qualifiés ou Qualifiés), alors que les Femmes sont plutôt Employées Qualifiées, et dans le tableau sans interaction, les CAP-Hommes seraient plutôt des Ouvriers Qualifiés et les CAP-Femmes plutôt des Employées Non Qualifiées.

6. Comparaison avec le modèle log-linéaire

Rappelons que, dans le modèle log-linéaire (voir Daudin & Trécourt, 1980; Worsky, 1987; Hudon, 1990; Morineau, Nakache & Krzyzanowski, 1986, pour des exemples; Christensen, 1990, d'un point de vue théorique), on modélise le logarithme de l'espérance mathématique du terme général b_{ijt} du tableau b_{IJT}.

Supposant que l'interaction d'ordre 3 est nulle (ce qui revient à ne pas considérer le modèle saturé), on a le modèle suivant, en désignant par $E_{(b_{ijt})}$ l'espérance mathématique de b_{ijt}:

$$M_{ijt} = \ell n(E(b_{ijt})) = M + \alpha_i + \beta_j + \gamma_t + (\alpha\beta)_{ij} + (\beta\gamma)_{jt} + (\gamma\alpha)_{ti}$$

avec les contraintes

$$\sum_i \alpha_i = \sum_j = \sum_t \gamma_t = 0$$

$$\sum_i (\alpha\beta)_{ij} = \sum_j (\alpha\beta)_{ij} = \sum_j (\beta\gamma)_{jt} = \sum_t (\beta\gamma)_{jt} = \sum_t (\gamma\alpha)_{ti} = \sum_i (\gamma\alpha)_{ti} = 0$$

$$\sum_{i,j,t} \exp(E_{ijt}) = 1.$$

Les deux premiers types de contraintes sont les contraintes classiques d'identification que l'on retrouve en analyse de la variance, tandis que la dernière traduit le fait que le tableau b_{IJT} a pour total 1, et qu'il en est donc de même pour $E(b_{IJT})$. M correspond à l'effet général, $\alpha_i, \beta_j, \gamma_t$ désignent les termes généraux des effets principaux, $(\alpha\beta)_{ij}, (\beta\gamma)_{jt}, (\gamma\alpha)_{ti}$ désignent les termes généraux des interactions d'ordre 2.

On peut tester la nullité de chacun des effets principaux, et de chacune des interactions[2]. Nous ne développerons pas la théorie associée (voir à ce sujet Christensen, 1971), nous contentant de donner les sorties de la procédure CATMOD de SAS[3].

---

[2] La nullité de tous les termes d'interactions correspond, comme il est facile de le voir, au modèle d'indépendance.

[3] Nous remercions le rapporteur qui nous a fourni les tableaux 7.10 et 7.11 issus de la procédure CATMOD.

Tableau 7.10. Résultats de la procédure CATMOD

Réponse:	DIPLOME*EMPLOI*SEXE	Niveaux de réponse	(R) =	144
Variable de poids:	WT	Populations	(S) =	1
Données manquantes:0		Fréqence totale	(N) =	527935
		Observations	(OBS) =	144

Maximum de vraisemblance   Tableau d'analyse de variance

Source	DL	Chi-2	Prob
DIPLOME	7	1957.76	0.0000
EMPLOI	6	33469.07	0.0000
DIPLOME*EMPLOI	56	22316.39	0.0000
SEXE	1	5356.20	0.0000
DIPLOME*SEXE	7	10104.72	0.0000
EMPLOI*SEXE	8	93730.57	0.0000
RAPPORT DE VRAISEMBLANCE	56	30327.96	0.0000

On voit que tous les effets principaux et toutes les interactions sont significatifs. Si on examine les résidus, on décèle un certain nombre d'écarts importants entre valeur observée et valeur estimée par le modèle. Les quatre résidus les plus importants sont reportés dans le tableau 7.11 (au niveau des effectifs et non pas des fréquences).

Tableau 7.11. Classement des plus gros résidus

Réponse	SEXE	EMPLOI	DIPLOME	Nombre	Estimation	Résidu
99	F	Oq	Cap	4017	8020.61883	-4003.6188
59	H	Eq	Cap	4719	7904.70369	-3185.7037
131	F	Eq	Cap	32452	29266.2596	3185.70444
27	H	Oq	Cap	30926	26922.3805	4003.61953

Ce tableau met l'accent sur la mauvaise reconstruction par le modèle loglinéaire, pour les hommes et pour les femmes, des emplois Oq et Eq pour les diplômes Cap. On retrouve ainsi la particularité déjà notée à la section 5.1.6 et relative au diplôme Cap aussi bien pour les hommes que pour les femmes, et en ce qui concerne les ouvriers et employés (qualifiés et non qualifiés). On peut noter que, compte tenu du nombre important de cas examinés (le total des tableaux 7.1 et 7.2 est égal à 527935), il est logique que tous les tests effectués soient significatifs. On peut aussi remarquer, compte tenu des degrés de liberté du Chi-2, la faiblesse relative de l'interaction Diplôme × Sexe, ce que l'on avait déjà vu à la section 5.1.6, et l'importance des deux autres interactions. L'intérêt du modèle log-linéaire par rapport à l'analyse des correspondances et au modèle que l'on a développé réside dans la symétrie qu'il fait jouer aux trois ensembles I (diplôme), J (Emploi) et T (sexe). L'analyse des correspondances qui rompt cette symétrie a l'avantage de fournir des représentations graphiques et de décomposer l'une des interactions (ici Diplôme × sexe) suivant plusieurs facteurs.

7. Conclusion

Le modèle que nous avons proposé permet d'évaluer l'interaction entre les deux variables de la variable composée, globalement et sur chaque facteur, et permet de générer un tableau où cette interaction est éliminée; ce qui permet d'exprimer séparément les liaisons de chacune des deux variables de la variable composée avec la troisième variable. L'approche dissymétrique ainsi retenue se justifie assez souvent en pratique, et l'application de l'AC pour les tableaux ternaires "binarisés", avec et sans interaction, pourraient être une incursion supplémentaire dans les données, et en même temps devraient être un complément aux modèles log-linéaires.

L'analyse factorielle des interactions

Jean-Jacques Denimal [1]

[1] Laboratoire de Statistiques et Probabilités, Université des Sciences et Technologies, Lille, France

1. Introduction

Dans la pratique, le tableau de données est souvent associé à des variables qualitatives externes (âge, sexe, etc.). Il est alors nécessaire de proposer des méthodes permettant d'étudier l'influence sur le tableau de ces variables qualitatives externes ou permettant de détecter et d'expliquer les éventuelles interactions existant entre ces variables. Diverses techniques peuvent alors être proposées. Une modélisation classique du problème peut parfois être fournie par l'analyse de la variance, ce qui permet de détecter les effets significatifs (ou non) des variables qualitatives concernées. Cependant, si cette analyse doit être réalisée, elle doit souvent être complétée par d'autres analyses afin d'expliquer les effets significatifs qu'elle met en évidence (le test de Fisher restant un test global). D'autres modélisations, comme les modèles log-lineaires, peuvent être utilisées. De nombreux articles (Hudon, 1990; Daudin & Trecourt, 1980; Van der Heijden, de Falguerolles & de Leeuw, 1989) soulignent, par ailleurs, la complémentarité existant entre l'analyse des correspondances et les modèles log-lineaires. On peut également trouver des généralisations de ces deux approches dans l'article de Goodman (1986).

Sans prétendre remplacer les méthodes décrites ci-dessus, l'approche que nous proposons sous le nom d'analyse factorielle des interactions a pour objet de générer des représentations graphiques visualisant les interactions existant entre ces variables qualitatives externes et contribuant ainsi à une meilleure explication de ces interactions.

Des démarches analogues pour analyser un tableau de données structuré par des variables qualitatives externes ont été également proposées (Cazes & Moreau, 1991; Sabatier, 1989). L'analyse des interactions s'applique dans le cadre d'un tableau k_{IJ} croisant deux ensembles I et J, l'ensemble I étant muni de n partitions $P_1, P_2, \ldots, P_n$. Ces n partitions représentent, en fait, n variables qualitatives définies sur I que l'on peut considérer comme concomitantes au tableau k_{IJ}.

Deux approches sont proposées dans le cadre de ce chapitre. Nous considérons, tout d'abord, le cas d'un tableau de contingence ou de tout tableau pouvant être soumis à l'analyse des correspondances (AC) et nous développons l'analyse des interactions dans ce cadre. Ensuite, afin de faire la liaison avec la notion classique d'interaction utilisée en analyse de la variance, nous nous plaçons dans le cadre de l'analyse en composantes principales en considérant le tableau analysé comme un tableau "Individus × Variables".

On trouve, à la section 2, une présentation concrète de l'analyse des interactions à partir d'un tableau regroupant des taux de scolarisation de l'enseignement préélémentaire. Ce tableau est d'abord analysé dans le cadre de l'AC et les résultats et les interprétations des analyses éffectuées sont donnés à la section 3. Enfin, à la section 4, le tableau est placé dans le cadre de l'analyse en composantes principales, chacune des variables du tableau étant munie d'un modèle d'analyse de la variance à deux facteurs avec interactions. Des analyses factorielles sont proposées visualisant les interactions significatives et fournissant des représentations graphiques permettant de les expliquer.

2. Présentation de l'analyse des interactions à partir d'un exemple

2.1 Présentation de l'exemple

L'exemple concerne des données regroupant pour l'enseignement préélémentaire des taux de scolarisation calculés par rapport à un ensemble d'enfants scolarisables d'un âge, d'une année scolaire et d'une région donnés. Sur chaque ensemble ainsi défini, trois pourcentages de total 100% sont calculés et représentent des enfants scolarisés dans l'enseignement public (PUB), privé (PRIV), ou non scolarisés dans une école maternelle (AUT).

L'ensemble I des 24 lignes du tableau 8.1 regroupe les huit années scolaires (86-87, 87-88,..., 93-94) observées dans les deux départements français Pas-de-Calais (PDC) et Nord (NORD), ainsi que dans la France entière (FRA). Les valeurs observées pour cette modalité "France" peuvent être considérées comme des valeurs moyennes, tous départements confondus. Ces trois zones géographiques (PDC, NORD, FRA) seront appelées par la suite "régions" pour des raisons de commodité d'appellation.

L'ensemble J des 15 colonnes du tableau 8.1 regroupe les différents âges des enfants (deux à six ans) ainsi que le type d'établissement scolaire dans lequel ils sont scolarisés (Public, Privé, Autre). Cette modalité "Autre" a, en fait, plusieurs significations selon l'âge de l'enfant. En effet, elle regroupe les enfants non scolarisés dans une école maternelle publique ou privée. Ainsi, pour ceux âgés de deux ou trois ans, il s'agit d'enfants véritablement non scolarisés, au contraire des enfants âgés de cinq ou six ans concernés par cette modalité, que l'on peut considérer comme déjà scolarisés en école primaire pour une majorité d'entre eux. On trouvera ci-dessous le contenu de ce tableau k_{IJ} ainsi que les identificateurs de ses lignes et de ses colonnes. Ces derniers seront réutilisés dans les graphiques de la section 3.

Tableau 8.1. Taux de scolarisation (en %) d'un ensemble d'enfants en fonction du type d'enseignement et de l'âge dans trois régions

	année	2 ans pub	priv	autre	3 ans pub	priv	autre	4 ans pub	priv	autre	5 ans pub	priv	autre	6 ans pub	priv	autre
	86-7	29	4.5	66.5	83.6	11.7	4.7	87.5	12.5	0	87.3	12.7	0	1.4	0.2	98.4
	87-8	31.0	4.7	64.3	84.8	11.5	3.7	87.6	12.4	0	87.6	12.4	0	1.4	0.3	98.3
	88-9	31.3	4.9	63.8	86.4	11.5	2.1	87.8	12.2	0	87.5	12.5	0	1.4	0.3	98.3
FRAN-	89-0	30.8	5.0	64.2	87.1	11.7	1.2	87.8	12.2	0	87.8	12.2	0	1.3	0.2	98.5
CE	90-1	30.2	5.3	64.5	86.5	11.7	1.8	87.9	12.1	0	88.0	12.0	0	1.3	0.2	98.5
	91-2	29.2	5.2	65.6	87	11.8	1.2	87.8	12.2	0	87.8	12.2	0	0.9	0.2	98.9
	92-3	29.4	5.4	65.2	87.3	11.8	0.9	87.8	12.2	0	87.8	12.2	0	0.8	0.2	99
	93-4	29.8	5.6	64.6	87.3	11.8	0.9	87.9	12.1	0	87.8	12.2	0	1.0	0.2	98.8
	86-7	32.8	4.8	62.4	82.6	10.6	6.8	89.4	10.6	0	88.1	11.3	0.6	0.8	0.1	99.1
	87-8	35.2	5.0	59.8	83.6	10.9	5.5	88.7	11.3	0	88.4	10.5	1.1	0.9	0.1	99
PAS-	88-9	37.5	5.2	57.3	83.5	10.5	6	88.8	11.2	0	86.8	11	2.2	0.9	0.1	99
DE-	89-0	37.5	5.0	57.5	83.9	10.9	5.2	87.8	11.2	1.0	86.9	11.0	2.1	1.2	0.1	98.7
CA-	90-1	39.6	5.4	55	84.5	10.8	4.7	87.8	11.3	0.9	85.9	11.1	3	1.3	0.1	98.6
LAIS	91-2	41.8	5.3	52.9	84.5	11.1	4.4	87.5	11.4	1.1	86.3	11.5	2.2	0.4	0.1	99.5
	92-3	42.8	5.9	51.3	86.0	11.2	2.8	87.1	11.7	1.2	86.2	11.6	2.2	0.6	0.1	99.3
	93-4	44.6	5.9	49.5	85.4	11.1	3.5	88.9	11.6	0.5	86.4	11.7	1.9	0.8	0.2	99
	86-7	43.6	9.1	47.3	77.3	18.3	4.4	79.2	18.7	2.1	76.9	18.3	4.8	1.0	0.3	98.7
	87-8	46.2	9.4	44.4	77.4	18.5	4.1	79.3	18.8	1.9	76.6	17.8	5.6	1.0	0.3	98.7
	88-9	47.3	9.8	42.9	77.6	18.2	4.2	79	18.4	2.6	76.2	18.1	5.7	1.0	0.3	98.7
NORD	89-0	47.4	10.1	42.5	77.9	18.4	3.7	78.6	18.5	2.9	76	17.9	6.1	1.0	0.3	98.7
	90-1	48.1	10.5	41.4	78	19	3	78.6	19	2.4	75.9	18.3	5.8	1.0	0.3	98.7
	91-2	47.6	10.9	41.5	77.5	19.4	3.1	79.4	19.2	1.4	77	19.7	4.3	0.7	0.2	99.1
	92-3	49.4	11.3	39.3	77.9	19.5	2.6	79.7	19.5	0.8	76.6	19.1	4.3	0.7	0.2	99.1
	93-4	51	12.3	36.7	78.8	20.3	0.9	79.1	19.9	1	77.8	19.2	3	0.9	0.2	98.9

2.2 Les partitions P_1 et P_2 définies sur I

Deux variables qualitatives définies sur I, notées "Epoques" et "Régions", concomitantes au tableau k_{IJ} sont maintenant introduites. Ces deux variables peuvent se représenter sous la forme des tableaux binaires suivants croisant l'ensemble I avec les modalités de chacune d'elles (voir tableaux 8.2 et 8.3).

Variable "Epoques"   Variable "Régions"
(Partition P_1 de I)   (Partition P_2 de I)

Pour chacun de ces deux tableaux, les éléments de I auront des identificateurs composés de trois lettres représentant la région et d'un chiffre entre

1 et 8 désignant l'une des huit années scolaires étudiées. Ces deux variables qualitatives génèrent donc deux partitions de I, notées P_1 et P_2.

Ainsi, la variable "Régions" admettant les modalités Pas-de-Calais (PDC), Nord (NORD) et France (FRA) donne naissance à la partition notée P_2 dont on identifie les classes avec les modalités précédentes:

$$\text{PDC} = \text{PDC1, PDC2}, \ldots, \text{PDC8}; \text{NORD} = \text{NOR1}, \ldots, \text{NOR8};$$
$$\text{FRA} = \text{FRA1}, \ldots, \text{FRA8}.$$

Dans la suite de l'exposé, ces deux variables qualitatives interviendront sous la forme des deux partitions de I qu'elles engendrent.

2.3. Analyse des interactions entre les 2 partitions P_1 et P_2

Comme nous l'avons déjà dit, chaque élément de l'ensemble I est représenté par un point de $\mathbb{R}^{\text{Card}(J)}$. Il en est de même pour chaque classe des deux partitions P_1 et P_2 de I, qui est représentée par le centre de gravité de l'ensemble des points composant cette classe. On considère alors une classe, notée a, de la partition P_1 de I (P_1 étant la partition "Epoques", la classe a peut être, par exemple, la classe "86-88"). On choisit, ensuite, un élément i de la classe a, et l'on note b la classe de la partition P_2 ("Régions") qui contient i.

Les trois éléments i, a, b sont représentés par trois points de $\mathbb{R}^{\text{Card}(J)}$ qui sont notés respectivement i, $g(a)$, $g(b)$ (ces deux derniers points désignant les centres de gravité de a et de b). Ainsi, g étant le centre de gravité du nuage $N(I)$ des profils des lignes du tableau k_{IJ}, nous dirons que le tableau k_{IJ} est régi par un modèle additif suivant les deux variables "Epoques" et "Régions" si l'on a:

$$\forall i \in I, \; \overrightarrow{g(b)i} = \overrightarrow{gg(a)} \, ,$$

ce qui s'écrit encore: $i - g(b) = g(a) - g$; et ce qui donne après calcul:

$$\forall i \in I, \; \forall j \in J \quad \frac{k_{ij}}{k_i} = \frac{k_{aj}}{k_a} + \frac{k_{bj}}{k_b} - \frac{k_j}{k}$$
$$\text{avec} \quad k_{aj} = \sum_{i \in a} k_{ij}, \; k_a = \sum_{i \in a} k_i$$

(mêmes définitions pour $k_{b,j}$ et k_b).

Ainsi, i_1, i_2, i_3 étant trois éléments de la classe a (représentant par exemple l'époque "86-88"), appartenant respectivement aux trois classes de la partition P_2 (avec, par exemple, $b_1 = \text{PDC}$, $b_2 = \text{NORD}$, $b_3 = \text{FRA}$), nous avons alors, dans le cadre d'un modèle additif, la représentation définie à la figure 8.1.

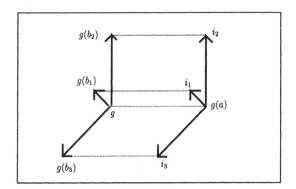

Fig. 8.1. Représentation géométrique dans le cas d'un modèle additif

Tableau 8.2. Variables "Epoques"

	86-88	88-90	90-92	92-94
FRA1	1	0	0	0
FRA2	1	0	0	0
FRA3	0	1	0	0
FRA4	0	1	0	0
FRA5	0	0	1	0
FRA6	0	0	1	0
FRA7	0	0	0	1
FRA8	0	0	0	1
PDC1	1	0	0	0
PDC2	1	0	0	0
PDC3	0	1	0	0
PDC4	0	1	0	0
PDC5	0	0	1	0
PDC6	0	0	1	0
PDC7	0	0	0	1
PDC8	0	0	0	1

Tableau 8.3. Variables "Régions"

	FRA	PDC	NORD
FRA1	1	0	0
FRA2	1	0	0
FRA3	1	0	0
FRA4	1	0	0
FRA5	1	0	0
FRA6	1	0	0
FRA7	1	0	0
FRA8	1	0	0
PDC1	0	1	0
PDC2	0	1	0
PDC3	0	1	0
PDC4	0	1	0
PDC5	0	1	0
PDC6	0	1	0
PDC7	0	1	0
PDC8	0	1	0

Autrement dit, les variations observées entre les trois régions pour l'époque "86-88" resteront inchangées pour les époques suivantes. Et, de même, les variations observées entre époques pour une région donnée, restent identiques pour les autres régions. Nous dirons, par contre, qu'il y a interaction entre les partitions P_1 ("Epoques") et P_2 ("Régions") si le tableau k_{IJ} n'est pas régi par un modèle additif.

L'ensemble de cet exposé peut être repris dans le cadre et avec le vocabulaire de l'analyse de la variance (voir section 4). Chaque colonne du tableau est maintenant considérée comme une variable à expliquer dans un modèle à deux facteurs, où les deux facteurs sont les deux partitions de I, P_1 ("Epoques") et P_2 ("Régions"). L'objectif de l'analyse des interactions est de proposer une méthode descriptive permettant de mettre en évidence les "colonnes" du tableau pour lesquelles le modèle additif n'est pas vérifié, c'est-à-dire pour lesquelles une interaction entre les deux facteurs P_1 et P_2 est observée, puis d'analyser et d'expliquer cette interaction.

En conséquence, en notant p_1^i et p_2^i les classes des partitions de P_1 et P_2 de I, contenant i (où i est un élément de I), nous appellerons mesure de l'interaction entre P_1 et P_2 la quantité $A(P_1, P_2)$ suivante:

$$A(P_1, P_2) = \sum_{i \in I} \frac{k_i}{k} \left\| \left(\frac{k_{ij}}{k_i} - \frac{k_{p_1^i j}}{k_{p_1^i}} - \frac{k_{p_2^i j}}{k_{p_2^i}} + \frac{k_j}{k} \right)_{j \in J} \right\|^2 ,$$

la norme utilisée $\| \ \|$ étant définie à partir de la métrique du χ^2 définie sur $\mathbb{R}^{\mathrm{Card}(J)}$. L'analyse factorielle des interactions entre P_1 et P_2 sera réalisée en soumettant à l'analyse des correspondances le tableau kr_{IJ} suivant:

$$\forall i \in I, \ \forall j \in J \quad k_{r_{ij}} = \frac{k_{p_1^i j} k_i}{k_{p_1^i}} + \frac{k_{p_2^i j} k_i}{k_{p_2^i}} - k_{ij}.$$

Les résultats de cette analyse, ainsi que leur interprétation, seront donnés à la section 3.

Remarque. Cette analyse généralise certaines analyses classiques:

- si la partition P_2 est la partition de I réduite à la seule classe I, le tableau $k_{r_{IJ}}$ devient:

$$k_{r_{ij}} = \frac{k_{p_1^i j} k_i}{k_{p_1^i}} - k_{ij} + \frac{k_j \cdot k_i}{k}.$$

L'analyse des correspondances de $k_{r_{IJ}}$ représente l'analyse factorielle intraclasses de k_{IJ} (Benzécri, 1983; Escofier, 1983b), I étant muni de la partition P_1. Cette analyse permet de générer des représentations où les éléments de chacune des classes de P_1 sont les plus dispersés possible autour du centre de gravité de leur classe.

- si la partition P_2 est la partition de I composée uniquement de singletons, le tableau $k_{r_{IJ}}$ se réduit à:

$$k_{r_{ij}} = \frac{k_{p_1^i j} k_i}{k_{p_1^i}}.$$

Son AC est équivalente (par application du principe d'équivalence distributionnelle) à celle du tableau $k_{P_1 J}$ croisant P_1 et J:

$$\forall p \in P_1, \ \forall j \in J \quad k_{P_1 J_{pj}} = \sum_{i \in p} k_{ij},$$

ce qui n'est autre que l'*analyse interclasse* de k_{IJ}, I étant muni de la partition P_1.

3. Application à l'exemple de la section 1

Le tableau k_{IJ} présenté à la section 1, et qui regroupe différents taux de scolarisation, sera choisi pour l'application de notre méthode. Cependant, nous soumettrons également notre tableau à d'autres analyses afin d'avoir la vue la plus complète possible du contenu du tableau.

Tout d'abord, le tableau k_{IJ} sera "classiquement" soumis à l'AC (3.1). Il apparaîtra que les résultats obtenus mettront surtout en évidence des différences entre "régions" (Nord, Pas-de-Calais, France). Il sera alors nécessaire d'effectuer une analyse intraclasses de k_{IJ} (3.2), vis-à-vis de la partition P_2 ("Régions") de I. Cette analyse permettra d'obtenir une représentation des éléments de I où les différences interrégion seront minimisées, ceci pour faire apparaître les variations temporelles des taux de scolarisation pour chacune de ces trois "régions". Comme on l'a vu précédemment, l'analyse intraclasses d'Escofier (1983b) est un cas particulier de notre analyse des interactions. Enfin, le tableau k_{IJ} sera soumis à l'analyse des interactions entre les deux partitions P_1 et P_2 de I, notées "Epoques" et "Régions" (3.3). Le tableau $k_{r_{IJ}}$, soumis à l'analyse des correspondances, est celui défini à la section 2.3.

3.1 Analyse des correspondances de k_{IJ}

On obtient un plan principal (voir figures 8.2 et 8.3) représentant 92% de l'inertie de k_{IJ}, dont 81% pour le premier axe, qui met principalement en évidence des différences interrégions.

En effet, le premier axe oppose la "région" Nord aux deux autres régions. Le "Nord" est caractérisé par un nombre plus élevé d'enfants de cinq ans non scolarisés dans une école maternelle (donc vraisemblablement déjà scolarisés dans l'enseignement élémentaire), ainsi que par un plus grand nombre d'enfants de deux ans scolarisés (2AUT prend des valeurs plus faibles pour le Nord). Le deuxième axe de cette représentation montre que la modalité 3AUT, représentant les enfants de trois ans non scolarisés dans une école maternelle, admet des taux décroissants de 1986 à 1994. Ce phénomène est plus particulièrement vérifié pour le Nord, et globalement pour la France, mais est beaucoup moins marqué pour le Pas-de-Calais où les taux de scolarisation des enfants de trois ans sont plus faibles.

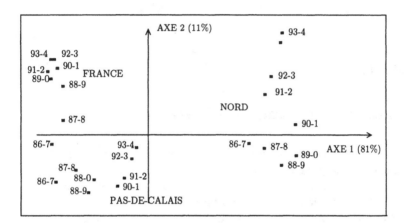

Fig. 8.2. AC de k_{IJ}. Représentation des éléments de I dans le plan factoriel 1-2

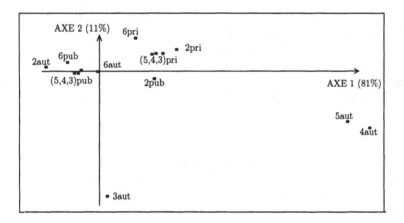

Fig. 8.3. AC de k_{IJ}. Représentation des éléments de J dans le plan factoriel 1-2.

3.2 Analyse intrarégion

Cette analyse intraclasse a pour but d'obtenir une représentation des lignes de k_{IJ} de façon à mettre le mieux possible en évidence les variations temporelles des taux de scolarisation observées pour chacune de ces trois "régions". Autrement dit, les différences interrégion, qui risquent de masquer ces variations temporelles, ne seront pas prises en compte.

On obtient un plan principal (voir figures 8.4 et 8.5), représentant 84% de l'inertie intraclasse de la partition "Régions" de I (dont 50% pour le premier axe). Celui-ci est expliqué par la modalité 3AUT, c'est-à-dire par les enfants de trois ans non scolarisés. Le premier axe traduit, lorsqu'on le parcourt de gauche à droite, une diminution du nombre de ces enfants. Ce phénomène était déjà apparu lors de l'analyse précédente, mais il apparaît plus clairement ici que pour la France entière, cette décroissance d'abord marquée se ralentit par la suite. Le deuxième axe, lorsqu'il est parcouru de bas en haut, traduit une diminution du nombre des enfants âgés de quatre ou cinq ans (4AUT et 5AUT) non scolarisés dans une école maternelle. On sait que ces taux sont plus faibles pour les deux "régions" Pas-de-Calais et France, mais plus importants pour le Nord. Ce qui est nouveau ici, c'est la variation temporelle de ce taux pour les enfants de cinq ans. On observe ainsi pour les "régions" Nord et Pas-de-Calais une croissance de ce taux pour les premières années (86 à 90 environ), puis une décroissance pour les années suivantes.

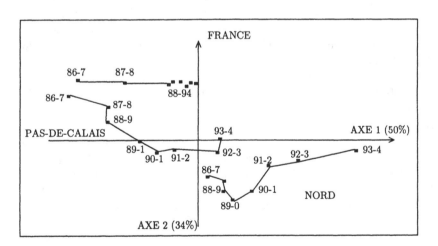

Fig. 8.4. Analyse intraclasse de k_{IJ} vis-à-vis de la partition "Régions"; représentation des éléments de I dans le plan factoriel 1-2

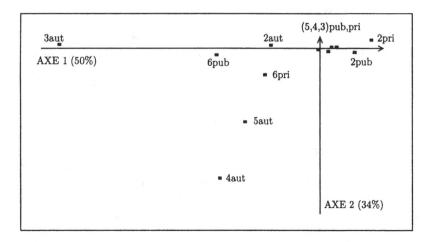

Fig. 8.5. Analyse intraclasse de k_{IJ} vis-à-vis de la partition "Régions"; représentation des éléments de J dans le plan factoriel 1-2

3.3 Analyse des interactions

L'analyse des interactions a pour but d'étudier l'écart entre le tableau observé k_{IJ} et celui que l'on obtiendrait dans l'hypothèse d'un modèle additif pour les deux facteurs "Epoques" et "Régions". Les données de $k_{r_{IJ}}$ mesurent ces différents écarts. Ainsi, une valeur élevée de $k_{r_{IJ}}$ représente une case (i,j) où la valeur du tableau modèle est beaucoup plus importante que celle du tableau observé k_{IJ}.

Après avoir soumis le tableau $k_{r_{IJ}}$ à l'analyse des correspondances, on constate, tout d'abord, que les cinq colonnes 2PUB, 2AUT, 3AUT, 4AUT, 5AUT ont des valeurs INR élevées dont le total représente 88% de l'inertie de $k_{r_{IJ}}$.

De plus, cette analyse factorielle génère un plan principal (voir figures 8.6 et 8.7) représentant 75% de l'inertie du tableau analysé (dont 53% pour le premier axe). Le long de cet axe, il apparaît des variations temporelles pour le Nord et le Pas-de-Calais qui sont complètement contraires, et ceci pour la modalité 4AUT de J (4AUT= enfants de 4 ans non scolarisés dans une école maternelle). En effet, pour la "région" Pas-de-Calais, les valeurs observées de ces taux, pour $j=$ 4AUT, sont nulles pour les années 86-89, donc plus faibles que dans le cas additif, puis deviennent plus élevées pour les années suivantes. Le phénomène inverse est observé pour la "région" Nord. Le deuxième axe obtenu met en évidence des variations temporelles différentes selon qu'il s'agit de la "région" France ou des "régions" Nord et Pas-de-Calais, et ceci pour les modalités 2PUB et 2AUT (représentant respectivement les enfants de deux ans scolarisés dans le public ou non scolarisés). On observe, en effet, une nette augmentation des taux de scolarisation des enfants âgés de deux ans pour les "régions" Nord et Pas-de-Calais de 1986 à 1994. Par contre, cette croissance n'est pas retrouvée lorsqu'on considère les chiffres globaux de la France entière.

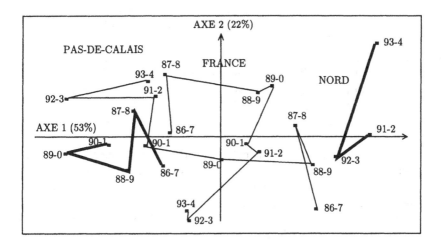

Fig. 8.6. Analyse des interactions entre les partitions "Régions" et "Epoques". Représentation des éléments de I dans le plan factoriel 1-2

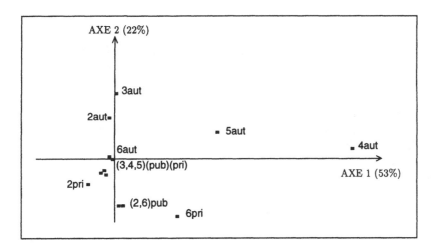

Fig. 8.7. Analyse des interactions entre les partitions "Régions"et "Epoques". Représentation des éléments de J dans le plan factoriel 1-2

4. Comparaison avec l'approche classique de l'analyse de la variance

L'analyse des correspondances impose un traitement particulier des données, chaque point-ligne (ou colonne) étant représenté par son profil et étant muni d'un poids égal à sa fréquence. Ainsi, lors de l'analyse des interactions, le point 4AUT, malgré un poids faible (les deux tableaux k_{IJ} et kr_{IJ} ayant mêmes marges) présente un profil très éloigné du profil moyen et se trouve donc représenté par un point très éloigné du centre de gravité général, participant ainsi de manière importante à la création du premier axe.

Afin de revenir à la notion classique d'interaction utilisée en analyse de la variance, nous allons nous placer, dans la suite de ce paragraphe, dans le cadre de l'analyse en composantes principales considérant le tableau initial k_{IJ} comme un tableau croisant un ensemble I de 24 "individus" et un ensemble J de 15 "variables", chacune d'elles étant considérée comme une variable à expliquer dans le cadre d'une analyse de la variance à deux facteurs avec interaction. Ces deux facteurs sont les facteurs "Régions" et "Epoques", ce dernier n'ayant cette fois que deux modalités afin d'obtenir ultérieurement des représentations graphiques plus simples. Ainsi, les deux facteurs "Régions" et "Epoques" comportent respectivement 3 et 2 modalités:

Région: France (FRA), Pas-de-Calais (PDC), Nord (NORD)

Epoques: Epoque 1 (86-87,87-88,88-89,89-90), Epoque 2 (90-91,91-92,92-93,93-94).

Le croisement de ces deux facteurs crée des modalités vérifiées par un même nombre d'observations (4 observations), ce qui permettra de se placer dans la cadre d'une analyse de la variance à deux facteurs avec interaction avec la décomposition habituelle de la somme de carrés totale. Ces deux facteurs "Régions" et "Epoques" définissent respectivement deux partitions P_1 et P_2 ayant respectivement 3 classes et 2 classes, la partition intersection $P_1 \cup P_2$ étant formée de classes de 4 éléments. Ces deux partitions P_1 et P_2 engendrent un tableau kr_{IJ} défini à partir du tableau initial k_{IJ} (voir 2.3) comme suit:

$\forall i \in I, \forall j \in J,$

$$kr_{ij} = \frac{k_{p_1^i j} k_i}{k_{p_1^i}} + \frac{k_{p_2^i j} k_i}{k_{p_2^i}} - k_{ij}.$$

Dans le cas du tableau proposé, on a: $\forall i \in I, k_i = 500$. On obtient alors plus simplement:

$\forall p_1 \in P_1, \forall p_2 \in P_2, \forall i \in p_1 \cap p_2,$

$$kr_{ij} = \frac{1}{8} \sum_{\ell \in P_1} k_{\ell j} + \frac{1}{12} \sum_{\ell \in P_2} k_{\ell j} - k_{ij}.$$

Afin de visualiser et d'interpréter les interactions entre les deux facteurs "Régions" et "Epoques", pour chacune des 15 analyses de la variance réalisées sur les 15 variables du tableau k_{IJ}, nous proposons tout d'abord de considérer le tableau moyen krm déduit de kr_{IJ} en considérant la moyenne des 15 variables sur chacune des classes de la partition "intersection" $P_1 \cap P_2$:
$\forall\, p_1 \in P_1, \forall\, p_2 \in P_2,$

$$krm_{p_1 \cap p_2 j} = \frac{1}{2} \sum_{\ell \in p_1} k_{\ell j} + \frac{1}{2} \sum_{\ell \in p_2} k_{\ell j} - k_{ij} - \frac{1}{4} \sum_{\ell \in p_1 \cap p_2} k_{\ell j}.$$

Une analyse plus générale de ces interactions pourrait être réalisée directement sur le tableau kr_{IJ}. Nous reviendrons sur ce point à la remarque 1 donnée ci-dessous.

Pour le tableau krm, la variance d'une variable j ($j \in J$) vaut:

$$\mathrm{var}_j = \frac{1}{6} \sum_{p_1 \in P_1} \sum_{p_2 \in P_2} \left[\frac{k_{p_1 j}}{8} + \frac{k_{p_2 j}}{12} - \frac{k_{p_1 \cap p_2 j}}{4} - \frac{k_j}{24} \right]^2$$

avec $k_{pj} = \sum_{\ell \in p} k_{\ell j}, \ \ k_j = \sum_{\ell \in I} k_{\ell j}.$

On retrouve, ainsi, qu'à un coefficient multiplicatif près var_j représente la somme des carrés SCE_{int_j} associé à l'interaction dans le cadre d'un modèle à 2 facteurs avec interaction appliqué à la variable $(k_{ij})_{i \in I}$.

Plus exactement, on a: $24 \cdot \mathrm{var}_j = SCE_{\mathrm{int}_j}$. Dans le cadre du même modèle, on introduit la somme des carrés résiduels SCE_{rj}:

$$SCE_{rj} = \sum_{p_1 \in P_1} \sum_{p_2 \in P_2} \sum_{i \in p_1 \cap p_2} \left[k_{ij} - \frac{k_{p_1 \cap p_2 j}}{4} \right]^2.$$

L'étude des interactions entre les deux facteurs "Régions" et "Epoques" se fera donc en soumettant le tableau:

$$\left(\frac{krm_{pj}}{\sqrt{SCE_{rj}/24}} \right)_{\substack{p \in P_1 \cap P_2 \\ j \in J}}$$

à l'analyse en composantes principales non normée. (Le qualificatif "non normée" signifie que l'ACP est réalisée à partir de la matrice de variances-covariances et non à partir de la matrice des corrélations).

En effet, pour le tableau précédent, la variance de chaque variable j vaut alors $SCE_{\mathrm{int}_j}/SCE_{rj}$. La détection d'une interaction significative se fera en comparant cette valeur à la quantité $(2/18) \cdot F_c(2, 18)$ où $F_c(2, 18)$ représente le Fisher critique à (2,18) degrés de liberté correspondant à un risque α choisi a priori. Ainsi, si $\alpha = 5\%$, on obtient $(2/18) \cdot F_c(2, 18) = 0.39$. L'ACP non normée précédente va donc générer des axes qui tiendront compte des variances des variables, autrement dit, qui seront obtenus principalement à partir des variables j admettant des interactions significatives. Cette ACP génère deux axes représentant chacun 51% et 48% de l'inertie totale. Autrement dit, la représentation des lignes et des colonnes du tableau analysé dans le plan principal sera quasiment parfaite. Deux graphiques (Fig. 8.8 et 8.9) sont donnés ci-dessous représentant les lignes et les colonnes du tableau analysé.

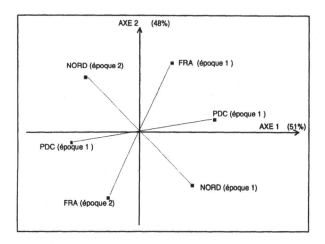

Fig. 8.8. Analyse des interactions entre les partitions "Régions" et "Epoques". Représentation des éléments de $P_1 \cap P_2$ dans le plan factoriel 1-2.

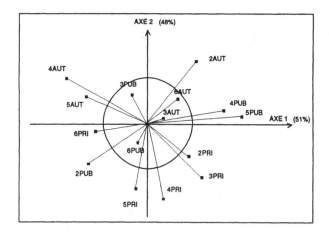

Fig. 8.9. Analyse des interactions entre les partitions "Régions" et "Epoques". Représentation des éléments de J dans le plan factoriel 1-2.

Concernant le nuage des lignes représentant les 6 classes de la partition $P_1 \cap P_2$, il apparaît, compte tenu de la définition du tableau krm, que le centre de gravité du sous-ensemble de points $\{p_1 \cap p_2/p_2 \in P_2\}$, $\forall$ $p_1 \in P_1$ est confondu avec le centre de gravité général placé à l'origine des axes. Il en est de même pour les points-lignes $\{p_1 \cap p_2/p_1 \in P_1\}$, $\forall$ $p_2 \in P_2$. Quant au nuage des points-colonnes, le tracé du cercle centré à l'origine et de rayon r tel que $r^2 = (1/9) \cdot F_c(2, 18) = 0.39$ (pour un risque $\alpha = 5\%$) permet de mettre en évidence les variables pour lesquelles l'interaction est significative (ce qui est le cas pour toutes les variables, à l'exception de 3PUB, 6AUT, 3AUT, 6PUB).

L'interprétation des deux graphiques est celle d'une ACP usuelle, en se souvenant qu'une valeur importante $krm_{p_1 \cap p_2 j}$ correspond à un couple de classes (p_1, p_2) $\forall$ $p_1 \in P_1$, $\forall$ $p_2 \in P_2$ pour lesquelles la valeur observée $k_{p_1 \cap p_2 j}$ est plus faible devant celle obtenue sous l'hypothèse d'additivité, à savoir $k_{p_1 j}/8 + k_{p_2 j}/12 - k_j/24$. Ainsi, si l'on considère par exemple la variable 4AUT, les deux graphiques (Fig. 8.10 et 8.11) donnés ci-dessous permettent la comparaison des valeurs observées et de celles obtenues sous l'hypothèse d'additivité:

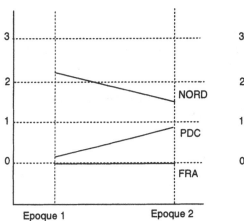 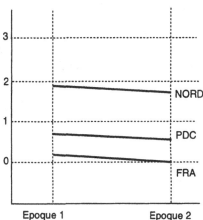

Fig. 8.10. Valeurs observées   **Fig. 8.11.** Valeurs obtenues
sous l'hypothèse d'additivité

On vérifie ainsi que pour la variable 4AUT, le terme d'interaction s'explique à partir des modalités (Nord, Epoque 2) et (PDC, Epoque 1) pour lesquelles la valeur calculée sous l'hypothèse d'additivité est supérieure à la valeur observée.

Remarque 1. Plus généralement, une analyse factorielle des interactions pourrait être obtenue directement à partir du tableau kr_{IJ} en lui appliquant une analyse discriminante linéaire, l'ensemble I étant muni de la partition

$P_1 \cup P_2$ (une analyse discriminante linéaire étant en fait une ACP particulière). On vérifie dans ce cas que les variances internes et externes d'une fonction linéaire discriminante f sont exactement égales (au coefficient multiplicatif près $1/24$) aux sommes des carrés SEC_{int} et SEC_r associées respectivement aux termes d'interaction et au terme résiduel dans le cadre d'une analyse de la variance à deux facteurs avec interaction appliquée à la fonction f. Ainsi, la première fonction linéaire discriminante est donc celle pour laquelle le quotient $\text{SEC}_{\text{int}}/\text{SEC}_r$ est maximal. Dans le cas de l'exemple développé ici, cette analyse pose problème puisque les 15 variables du tableau kr_{IJ} ne sont pas indépendantes. Elles sont en effet regroupées en 5 blocs, chacun d'eux contenant 3 variables de somme constante.

Remarque 2.   Le tableau k_{IJ} proposé ici provient en fait du croisement de 4 variables qualitatives: "Région", "Années", "Age", "Statut". Les analyses proposées ont été réalisées à partir du choix de "Région" et "Années" comme variables qualitatives externes. Il est clair que des analyses analogues pourraient être menées à partir de choix différents.

5. Conclusion

La méthode présentée ici permet d'analyser les interactions entre deux partitions définies sur l'une des dimensions d'un tableau. Cette approche permet en outre une quantification et une visualisation graphiques des interactions entre ces partitions. Elle se généralise au cas d'un nombre quelconque de partitions et correspond à une généralisation de l'analyse des correspondances multiples dans le cas particulier où le tableau k_{IJ} est le tableau identité.

Partie III

Méthodes connexes

Analyse non symétrique des correspondances pour des tables de contingences

Carlo Lauro et Roberta Siciliano [1]

[1] Département de Mathématiques et de Statistiques, Université Frederico II, Naples, Italie

1. Introduction

L'analyse des correspondances est une méthode factorielle bien connue pour analyser les associations dans les tables de contingence à deux entrées. On trouve différentes extensions de cette analyse dans la littérature (voir par ex. Hayashi, 1952; Benzécri et al., 1973; Nishisato, 1980a; Greenacre, 1984; Gifi, 1990). Un nombre important d'articles se sont inspirés de l'analyse des correspondances, par exemple l'analyse des correspondances multiples, l'analyse des correspondances partielles (Aluja Banet & Lebart, 1984), l'analyse des correspondances généralisées (Escoufier, 1985), l'analyse des correspondances avec contrainte de linéarité (Takane, Yanai & Mayekawa, 1991), l'analyse logarithmique (Kazmierczack, 1985), les techniques d'"optimal scaling" pour des données qualitatives non linéaires (de Leeuw, 1973; Young, 1981; Tenenhaus & Young, 1985; van Rijckevorsel & de Leeuw, 1988), les techniques d'analyse en composantes principales pour tables à trois indices (Kroonenberg, 1983), le modèle de corrélation canonique (Goodman, 1985, 1986; Gilula & Haberman, 1986, 1988). Pour toutes ces extensions de l'analyse des correspondances, on fait l'hypothèse fondamentale que les variables jouent un rôle symétrique. En d'autres termes, l'analyse des correspondances d'une table à deux entrées étudie l'association entre deux variables réponses. Cela est particulièrement clair dans le cas où on considère l'analyse des correspondances comme une analyse canonique (Hotelling, 1936) appliquée à des données qualitatives, les variables qualitatives étant codées sous la forme d'une matrice d'indicatrices (pour plus de détails, voir Lebart, Morineau & Warwick, 1984).

Dans ce chapitre, on décrit une méthode d'analyse factorielle connue sous le nom d'analyse non symétrique des correspondances (ANSC). Elle peut être considérée comme une alternative à l'analyse des correspondances quand les variables ne jouent pas un rôle symétrique. En d'autres termes, l'ANSC d'une table à deux entrées étudie la dépendance entre une variable réponse et une variable explicative. En fait, à l'origine, l'ANSC a été introduite comme l'analyse en composantes principales dans un sous-espace de référence pour des variables qualitatives. Cette analyse est équivalente à l'analyse en composantes principales avec variables instrumentales de Rao (1964).

Nous mettons l'accent sur les similarités et les différences entre l'analyse des correspondances classique et l'ANSC en présentant ses propriétés et quelques applications. Nous montrons qu'il est préférable de choisir l'ANSC plutôt que l'analyse des correspondances pour analyser certains types de données, principalement quand deux variables sont liées par une relation de dépendance à la fois logique et causale.

Au point 2, nous considérons l'analyse des tables de contingence à deux entrées. Nous présentons l'ANSC comme un modèle de rang réduit permettant de décomposer en termes factoriels l'écart à l'indépendance de la distribution de probabilité conditionnelle. De même que l'analyse des correspondances se justifie par la décomposition du coefficient Φ^2 de Pearson, l'ANSC se justifie par la décomposition du coefficient de prédictibilité τ de Goodmann & Kruskal (1954).

On peut considérer deux approches principales pour estimer les paramètres d'un modèle: l'approche exploratoire et l'approche confirmatoire. Du point de vue exploratoire, l'ANSC peut être considérée comme une méthode factorielle pour représenter graphiquement une table de contingence (Lauro & D'Ambra, 1984; D'Ambra & Lauro, 1989, 1991; Lauro & Siciliano, 1989). Du point de vue confirmatoire, l'ANSC peut être considérée comme la recherche d'un modèle statistique pour le meilleur ajustement aux données observées (Siciliano, Mooijaart & van der Heijden, 1990, 1993; Siciliano, 1992). La principale différence entre ces deux approches réside dans la méthode d'estimation des paramètres et donc dans le critère à optimiser. Dans le modèle factoriel, nous optimisons le critère des moindres-carrés pour obtenir la meilleure représentation géométrique des profils ligne et colonne dans des espaces factoriels. Par contre, dans le modèle statistique, nous optimisons l'ajustement des fréquences théoriques avec les fréquences observées par le test du rapport de vraisemblance. Une application de l'ANSC à l'analyse de la dépendance des réponses d'un test d'intelligence avec les niveaux d'éducation pour un échantillon d'étudiants hollandais (N=7926) est présentée.

Le point 3 porte sur l'analyse des tables de contingence à trois entrées. Nous présentons tout d'abord l'ANSC multiple et partielle pour l'analyse des tables à trois entrées fondée sur l'utilisation d'une variable composée (i.e. une classification croisée de deux ou plusieurs variables), ensuite une application de l'ANSC multiple portant sur un échantillon de 1681 résidents de 12 quartiers de Copenhague. Dans cet exemple l'objectif est d'établir le type de dépendance entre le niveau de satisfaction des conditions d'habitat et certaines variables, tels les contacts sociaux, le type d'habitat, etc. Nous considérons également une application de l'ANSC sur les données précédentes concernant le test d'intelligence et les niveaux d'éducation, les étudiants étant classés en fonction du sexe. Ensuite, une autre extension de l'ANSC multiple est développée; elle permet d'analyser les effets principaux et les interactions dans une table de contingence à trois entrées. Nous donnons une application de cette dernière approche concernant l'analyse de la structure des salaires en Hollande en fonction de l'âge et du niveau d'éducation. Enfin, nous considérons quelques extensions du modèle de base à un modèle plus général pour analyser les tables à trois entrées (Siciliano, 1992; Balbi & Siciliano, 1994). Nous appliquons une version avec contrainte du modèle général à une analyse longitudinale. Les données portent sur l'accès au marché du travail des étudiants diplômés en économie de l'Université de Naples durant la période 1982-1992. En conclusion, nous discutons brièvement les liens de l'ANSC à d'autres modèles statistiques.

2. L'analyse d'une table à deux entrées

A l'origine, l'ANSC a été introduite comme un modèle factoriel permettant de décomposer une table de contingence observée afin d'obtenir une représentation factorielle optimale de la relation de dépendance entre les catégories des lignes et des colonnes (Lauro & D'Ambra, 1984; D'Ambra & Lauro, 1989; Lauro & Siciliano, 1989). L'ANSC a ensuite été proposée comme un modèle statistique basé sur une distribution de probabilité (Siciliano, 1992; Siciliano, Mooijaart & van der Heijden, 1993). Par la suite, et afin de pouvoir considérer les deux interprétations (l'approche exploratoire et l'approche confirmatoire), nous présenterons l'ANSC comme un modèle de rang réduit pour les tables de contingence à deux entrées. On cherche à définir un modèle de base qui décompose une matrice de probabilités conditionnelles: en fonction de la procédure d'estimation (la méthode des moindres-carrés ou la méthode du maximum de vraisemblance), le modèle de rang réduit peut donner lieu soit à une interprétation exploratoire, soit à une interprétation confirmatoire. Nous décrivons l'interprétation géométrique de l'ANSC en tant que modèle de rang réduit et nous développons certaines aides à l'interprétation graphique en termes d'analyse prédictive. Enfin, nous donnons un exemple sur des données réelles.

2.1 L'ANSC comme modèle de rang réduit

Considérons le cas d'une table de contingence à deux entrées, soit p_{ij} la probabilité de tomber dans la cellule (i, j) dans la table de contingence avec I lignes et J colonnes ($i = 1, \ldots, I; j = 1, \ldots, J$), on utilise la notation usuelle pour les sommations, i.e. $\sum_i p_{ij} = p_{.j}$. Dans le cas où la variable ligne est dépendante de la variable colonne, l'ANSC donne la décomposition en valeurs singulières suivante de la matrice des probabilités conditionnelles:

$$\frac{p_{ij}}{p_{.j}} = p_{i.} + \sum_m \lambda_m r_{im} c_{jm}, \qquad (9.1)$$

pour $m = 1, \ldots, M \leq M^* = \min(I - 1, J - 1)$, $\lambda_1 \geq \ldots \geq \lambda_M \geq 0$ étant les valeurs singulières.

Les scores r_{im} et c_{jm} satisfont aux conditions suivantes de centrages et d'orthonormalité:

$$\sum_i r_{im} = 0 \, , \qquad \sum_j c_{jm} p_{.j} = 0, \tag{9.2}$$

$$\sum_i r_{im} r_{im^*} = \delta_{mm^*} \, , \qquad \sum_j c_{jm} c_{jm^*} p_{.j} = \delta_{mm^*}, \tag{9.3}$$

où δ_{mm^*} est le symbole de Kronecker.

On voit (9.1) que l'ANSC considère les probabilités conditionnelles $\frac{p_{ij}}{p_{.j}}$. Leur écart à la marge ligne $p_{i.}$ est modélisé comme une somme de M produits de la forme $\lambda_m r_{im} c_{jm}$. Quand la variable ligne est indépendante de la variable colonne, on a alors $\frac{p_{ij}}{p_{.j}} = p_{i.}$.

2.2 La justification à l'aide du coefficient τ de prédictibilité

L'ANSC se justifie grâce à la relation avec le coefficient τ de prédictibilité de Goodman & Kruskal (1954). A l'origine, Goodman & Kruskal ont défini le coefficient τ d'une matrice de probabilité pour mesurer l'accroissement relatif en probabilité de prédire correctement la variable ligne connaissant le niveau de la variable colonne. Par la suite, Light & Margolin (1971) définissent le coefficient τ pour un échantillon afin d'analyser l'hétérogénéité ou la variabilité de données catégorielles. Le coefficient τ d'une variable réponse I, étant donné une variable explicative J, peut être exprimé de la façon suivante:

$$\tau_{I|J} = \frac{\sum_i \sum_j \left(\frac{p_{ij}}{p_{.j}} - p_{i.} \right)^2 p_{.j}}{\left(1 - \sum_i p_{i.}^2 \right)}. \tag{9.4}$$

Le dénominateur du coefficient $\tau_{I|J}$ est une mesure de l'hétérogénéité totale des catégories de réponse au sens du coefficient Gini d'hétérogénéité. Quant au numérateur du coefficient $\tau_{I|J}$, il correspond à la part d'hétérogénéité totale (hétérogénéité expliquée) due au pouvoir prédictif des catégories du prédicteur. Le coefficient $\tau_{I|J}$ varie entre 0 (aucun pouvoir prédictif) et 1 (prédiction parfaite). $\tau_{I|J} = 0$ quand il y a indépendance $\frac{p_{ij}}{p_{.j}} = p_{i.}$ pour chaque couple (i, j) et $\tau_{I|J} = 1$ quand, pour chaque catégorie colonne j (pas nécessairement unique), il existe une catégorie ligne i telle que $p_{ij} = p_{.j}$. Dans le cas de réponse binaire, le coefficient $\tau_{I|J}$ est équivalent au coefficient de contingence de Pearson ϕ^2.

L'ANSC s'appuie sur la relation suivante entre les valeurs singulières λ_m et le coefficient $\tau_{I|J}$ de prédictibilité de Goodman & Kruskal (1954):

$$\tau_{I|J}\left(1 - \sum_i p_{i.}^2\right) = \sum_m \lambda_m^2. \qquad (9.5)$$

D'après (9.5), l'analyse des correspondances non symétriques décompose la prédictibilité mesurée par le coefficient $\tau_{I|J}$ en un certain nombre de dimensions. La partie de $\tau_{I|J}$ expliquée par chaque dimension est donnée par λ_m^2. L'objectif est cependant de décomposer la table observée en utilisant un nombre de facteurs M inférieur à M^*. De cette façon nous considérerons une décomposition de rang réduit utilisant un plus petit nombre de facteurs dans (9.1). Pour des raisons de facilité d'interprétation, dans la plupart des cas on recherchera une représentation factorielle en deux dimensions de la dépendance des catégories de réponse sur les catégories prédictives.

Dans le cas de l'approche confirmatoire où on utilise l'estimation du maximum de vraisemblance, le nombre des dimensions doit être choisi pour obtenir un ajustement acceptable des fréquences observées (Siciliano, Mooijaart & van der Heijden, 1993). Dans le cas de l'approche exploratoire où on utilise l'estimation des moindres-carrés, on optimise la représentation factorielle pour pouvoir décomposer en dimension plus petite la plus grande prédictibilité au sens du coefficient τ. Dans le cas où toutes les dimensions sont prises en compte, les scores obtenus avec l'estimateur du maximum de vraisemblance du modèle saturé avec $M = M^*$ sont identiques aux scores obtenus avec la méthode des moindres-carrés.

2.3 L'aspect géométrique

Nous décrivons maintenant le fondement géométrique de l'ANSC. On s'intéresse à la matrice d'éléments $\frac{p_{ij}}{p_{.j}}$ $(i = 1, \ldots, I; j = 1, \ldots, J)$. Les catégories colonne de la matrice sont représentées dans un espace euclidien de dimension I par des points dont les coordonnées correspondent au vecteur colonne d'éléments $\frac{p_{ij}}{p_{.j}}$. Pour pouvoir prendre en compte le fait que les J colonnes ont généralement un nombre inégal d'observations, on leur attribuera des poids $p_{.j}$. La moyenne pondérée de ce nuage de points colonne est le vecteur d'éléments $\sum_j p_{.j}\left(\frac{p_{ij}}{p_{.j}}\right) = p_{i.}$ $(i = 1, \ldots, I)$. Comme nous nous intéressons à la dispersion autour de l'origine, nous utilisons la matrice d'éléments $\left(\frac{p_{ij}}{p_{.j}} - p_{i.}\right)$. La représentation est alors centrée puisque $\sum_j p_{.j}\left(\frac{p_{ij}}{p_{.j}} - p_{i.}\right) = 0$. Il en résulte que la distance d'un point j à l'origine O est égale à:

$$d^2(j, O) = \sum_i \left(\frac{p_{ij}}{p_{.j}} - p_{i.}\right)^2, \ (j = 1, \ldots, J), \qquad (9.6)$$

et la dispersion totale autour de l'origine, appelée inertie IN, est égale à:

$$IN = \sum_j p_{.j} d^2(j, O) = \sum_j p_{.j} \sum_i \left(\frac{p_{ij}}{p_{.j}} - p_{i.}\right)^2. \qquad (9.7)$$

La distance (9.6) montre qu'un point est à une distance d'autant plus grande de O que l'écart entre $\frac{p_{ij}}{p_{.j}}$ et la moyenne $p_{i.}$ est plus grand ou, en d'autres termes, quand la prédictibilité de se trouver dans une catégorie ligne spécifique est plus importante pour la colonne j. L'inertie (9.7) n'est pas seulement déterminée par la prédictibilité des colonnes, mais aussi par leur poids $p_{.j}$. De ce fait, on supprime l'influence de colonnes relativement vides par contre les catégories colonne les mieux remplies contribuent davantage. Lauro & D'Ambra (1984) ont remarqué que l'inertie (9.7) est proportionnelle au coefficient $\tau_{I|J}$ de prédictibilité de Goodman & Kruskal (9.4). On cherche maintenant à étudier la dispersion autour de l'origine dans un espace euclidien de dimension I en projetant le plus possible d'inertie (le coefficient $\tau_{I|J}$) dans des espaces de dimensions réduites. Pour ce faire, on définit de nouveaux axes et les coordonnées des points colonne sur ces axes en utilisant la décomposition en valeur singulière généralisée (Greenacre, 1984). Nous précisons d'abord quelques propriétés de la représentation des catégories ligne.

Nous définissons un espace pour les points ligne de la façon suivante: les choix des poids des points colonne $p_{.j}$ et de la métrique de l'espace colonne déterminent les choix faits pour les points ligne. Les catégories ligne sont représentées par des points dans un espace de dimension J avec la métrique définie à partir des $p_{.j}$ et avec les lignes de la matrice d'éléments $\left(\frac{p_{ij}}{p_{.j}} - p_{i.}\right)$ comme coordonnées. Les points ligne ont le même poids égal à 1. Le nuage des points ligne est centré puisque $\sum_i \left(\frac{p_{ij}}{p_{.j}} - p_{i.}\right) = 0$. La distance du point i à l'origine 0 est égale à:

$$d^2(i, O) = \sum_j \left(\frac{p_{ij}}{p_{.j}} - p_{i.}\right)^2 p_{.j}, \qquad (9.8)$$

et l'inertie IN de l'espace ligne est aussi égale à (9.7).

En conclusion, en ce qui concerne l'interprétation géométrique, l'ANSC diffère de l'analyse des correspondances usuelles par la métrique différente utilisée dans l'espace colonne: l'ANSC est basée sur la métrique euclidienne usuelle au lieu de la métrique du χ^2 sur laquelle repose l'analyse des correspondances classique. Ce choix s'explique, dans le cas de la métrique du χ^2, par le fait que la distance (9.6) doit être pondérée par un coefficient $1/p_{.j}$, de telle façon que des proportions relativement faibles de marge $p_{.j}$ finissent par exagérer la distance d'un point j à l'origine. De plus, l'usage de la métrique euclidienne conduit à décomposer le coefficient de prédictibilité τ au lieu du coefficient d'association χ^2.

2.4 L'estimation des moindres-carrés

Dans l'espace de dimension I les points colonne sont situés dans un sous-espace de dimension $M^* = \min(I-1, J-1)$, dimension qui est aussi celle du sous-espace des points ligne; car il est souvent difficile d'étudier le nuage des points dans cet espace de dimension élevée. On effectue donc une rotation de la configuration de points en utilisant la décomposition en valeurs singulières généralisées. On procède comme suit: considérons la matrice P définie par les éléments $\left(\frac{p_{ij}}{p_{\cdot j}} - p_{i\cdot}\right)$. On veut appliquer la décomposition en valeurs singulières généralisées de la matrice P suivant les métriques $D_c = \text{diag}(p_{\cdot j})$ et I. On trouve:

$$P = R\Lambda C' \qquad R'R = I \qquad C'D_cC = I, \qquad (9.9)$$

où les vecteurs ligne de la matrice R correspondent aux scores des I catégories ligne, les vecteurs ligne de la matrice C correspondent aux scores des J catégories colonne et où la matrice diagonale Λ comprend les valeurs singulières. On voit (9.9) qu'il revient au même de chercher la décomposition en valeur singulière de la matrice $PD_c^{1/2}$. Remarquons que la formule (9.9) est équivalente au modèle (9.1), la première étant écrite sous forme matricielle et la seconde sous forme scalaire.

En se référant à la littérature française, on peut effectuer une représentation graphique des points ligne en utilisant comme coordonnée une ligne de $R\Lambda$, et pour les points colonne en utilisant comme coordonnée une ligne de $C\Lambda$. En abandonnant quelques-unes des dernières colonnes de $R\Lambda$ (i.e. nous ne considérerons pas les coordonnées pour les dernières dimensions), on peut étudier des représentations du nuage des points ligne dans des espaces de plus petite dimension. Ces représentations sont optimales, P étant approché au sens des moindres-carrés par $P_{[M]} = R_{[M]}\Lambda_{[M]}C_{[M]}$, où $R_{[M]}$ et $C_{[M]}$ sont les matrices déduites de R et C en omettant les dernières $(M^* - M)$ colonnes, et $\Lambda_{[M]}$ la matrice diagonale des valeurs singulières où les dernières $(M^* - M)$ valeurs sont omises (voir Greenacre, 1984; Escoufier, 1988).

On obtient des représentations factorielles de rang réduit en utilisant les coordonnées $R_{[M]}\Lambda_{[M]}$ pour les points ligne et $C_{[M]}\Lambda_{[M]}$ pour les points colonne, où l'on considère une normalisation symétrique. Mais de telles représentations factorielles ne sont pas des biplots. On ne peut en effet reconstituer les fréquences observées à l'aide des coordonnées. Quand on impose des contraintes linéaires sur les scores ligne et colonne, on peut envisager une solution différente en termes de décomposition en valeurs singulières (Siciliano, Mooijaart & van der Heijden, 1993). Un type de contrainte est donné par l'égalité entre deux scores ligne pour chaque dimension, i.e., $r_{im} = r_{i^*m}$ pour $i^* \neq i$. Un autre type est donné lorsqu'un score ligne est égal à 0 pour chaque dimension, i.e., $r_{im} = 0$. De telles contraintes linéaires peuvent simplifier considérablement l'interprétation des représentations factorielles. Les contraintes linéaires sont définies sous forme matricielle de la façon suivante:

$$G'R^* = 0 \qquad H'C^* = 0, \qquad (9.10)$$

où G possède I lignes et K colonnes et H possède J lignes et L colonnes. Les matrices G et H ont un rang respectivement égal à K et L, K et L étant le nombre de contraintes linéaires respectivement sur les scores ligne et les scores colonne. Les estimations des scores ligne et des scores colonne sous contrainte sont fournies respectivement par la matrice R^* et C^*. Ces scores peuvent être obtenus par la décomposition en valeurs singulières de

$$(\mathrm{I} - G(G'G)^{-1}G')PD_c^{1/2}(\mathrm{I} - D_c^{-1/2}H(H'D_c^{-1}H)^{-1}H'D_c^{-1/2}) = A\Lambda B' \quad (9.11)$$

avec $A'A = \mathrm{I} = B'B$, et Λ la matrice diagonale des valeurs singulières en ordre décroissant. Les scores sous contrainte sont donnés par $R^* = A$ et $C^* = D_c^{-1/2}B$. Remarquons que les conditions d'orthonormalité (9.3) sont satisfaites puisque $R^{*\prime}R^* = \mathrm{I}$ et $C^{*\prime}D_cC^* = \mathrm{I}$. On peut montrer que (9.11) est équivalent à (9.9) dans le cas sans contrainte en posant $G = \mathrm{I}1$ et $H = D_c1$ (où 1 est un vecteur dont les éléments sont tous égaux à l'unité). Remarquons que cette procédure impose les mêmes contraintes sur les scores ligne et les scores colonne de chaque dimension.

2.5 L'estimation du maximum de vraisemblance

On peut également concevoir l'analyse non symétrique des correspondances comme un modèle statistique basé sur une distribution de probabilités. Dans ce cas, les J colonnes de la table de contingence suivent une procédure d'échantillonnage associé avec une loi multinomiale, c'est-à-dire que, pour chaque j, les I proportions observées n_{ij} constituent un échantillon extrait d'une distribution multinomiale, avec une strate de taille fixée $n_{.j}$. Dans l'approche confirmatoire, on cherche à estimer les paramètres du modèle (9.1) afin d'obtenir un bon ajustement des probabilités estimées $\hat{p}_{ij}$ aux proportions observées n_{ij}. Pour cela, on maximise le logarithme de la fonction de vraisemblance associé à l'échantillonnage multinomial précédent

$$\max_{\lambda_m, r_{im}, c_{jm}} \log L = \sum_i \sum_j n_{ij} \log \frac{p_{ij}}{p_{.j}}$$

$$= \sum_i \sum_j n_{ij} \log \left(p_{i.} + \sum_m \lambda_m r_{im} c_{jm} \right) \quad (9.12)$$

sous les conditions de centrage et d'orthonormalité (9.2) et (9.3). En utilisant les multiplicateurs de Lagrange, l'estimation du maximum de la vraisemblance des marges ligne est égale aux marges observées, c'est-à-dire $\hat{p}_{i.} = n_{i.}$. En fait, les paramètres λ_m étant des facteurs scalaires, ils n'ont pas besoin d'être estimés directement. On peut considérer une procédure d'estimation en deux étapes. Dans la première étape, sous les conditions de centrage (9.2) on maximise (9.12) avec $\lambda_m = 1$ et $\hat{p}_{i.} = n_{i.}$ pour identifier les estimations des probabilités conditionnelles $\frac{\hat{p}_{ij}}{\hat{p}_{.j}}$, étant donné les valeurs des paramètres $\hat{r}_{im}$ et $\hat{c}_{jm}$. Dans la deuxième étape, considérant les conditions d'orthonormalité (9.3), on obtient des estimations des paramètres du modèle $\hat{\lambda}_m$, $\hat{r}_{im}$ et $\hat{c}_{jm}$ avec la décomposition en valeur singulière généralisée (9.9) et en utilisant les estimations $\frac{\hat{p}_{ij}}{\hat{p}_{.j}}$ à la place des fréquences observées.

Dans la première étape, on peut considèrer n'importe quel algorithme itératif d'optimisation non linéaire pour obtenir des estimations uniques d'une matrice de rang M et d'éléments $\left(\frac{\hat{p}_{ij}}{\hat{p}_{.j}} - \hat{p}_{i.}\right)$, où M doit fournir un ajustement convenable aux données observées.

Siciliano, Mooijaart & van der Heijden (1990, 1993) proposent un algorithme itératif basé sur la méthode multidimensionnelle de Newton qui réalise dans la procédure d'estimation l'optimisation non linéaire sous contraintes linéaires (9.10). L'ajustement optimal du modèle (9.1) aux données avec uniquement les conditions (9.2) peut être obtenu par la statistique usuelle de rapport de vraisemblance G^2:

$$G^2 = -2 \sum_i \sum_j n_{ij} \log \frac{\hat{p}_{ij}}{n_{ij}} \qquad (9.13)$$

qui a asymptotiquement une distribution du χ^2 avec les degrés de liberté $df = (I - M - 1)(J - M - 1)$. Le nombre de degrés de liberté du modèle (9.1) est égal à la différence entre le nombre de cellules indépendantes $J(I - 1)$ et le nombre de paramètres indépendants $[(I - 1) + M(I - 1) + M(J - 1) + M + M(M + 1)]$. On voit que, quand $M = M^* = \min(I - 1)(J - 1)$, le modèle est saturé ($df = 0$) et, quand $M = 0$ (i.e. $\lambda_m = 0$ pour chaque m), on a l'indépendance statistique ($df = (I - 1)(J - 1)$). On peut tester les contraintes du modèle sur les données en utilisant la statistique du rapport de vraisemblance G^2 avec les degrés de liberté $df = [(I - M - 1)(J - M - 1) + M(K + L)]$, où K et L sont le nombre de contraintes respectivement sur les scores ligne et les scores colonne. On peut également évaluer la différence des ajustements optimaux entre deux modèles avec des contraintes différentes en utilisant la statistique du rapport de vraisemblance conditionnelle (voir, par exemple, Agresti, 1990).

Des différences existent dans les estimations des paramètres entre l'ANSC et l'analyse des correspondances classique. Dans l'ANSC, par opposition à l'analyse des correspondances, les catégories ligne de la variable réponse ont un système de pondération différent de celui des catégories colonne de la variable explicative. Il en résulte que les solutions des moindres-carrés sont différentes dans les deux analyses. Au contraire, les estimateurs du maximum de vraisemblance des probabilités attendues sont les mêmes dans les deux modèles et donc le modèle de l'ANSC et le modèle de l'analyse des correspondances fournissent le même ajustement aux données (i.e. les mêmes estimations des probabilités attendues $\hat{p}_{ij}$). En raison de la différence des systèmes de pondération, les conditions d'orthonormalité, utilisées pour identifier les paramètres, sont différentes dans les deux modèles. Les estimations de paramètres du modèle de l'analyse des correspondances peuvent être déterminés par une décomposition en valeur singulière différente de (9.9) (à laquelle nous devons ajouter une matrice diagonale $1/\sqrt{p_{.j}}$). On voit donc que les estimations des paramètres du modèle, i.e. $\hat{r}_{im}$, $\hat{c}_{jm}$, $\hat{\lambda}_m$, et donc les représentations géométriques des relations entre les catégories ligne et les catégories colonne, seront en général différentes dans les deux modèles. Ils ne peuvent être équivalents que dans deux cas simples: quand $M = 1$, puisque, dans ce cas, les conditions d'orthonormalité ne sont pas requises pour déterminer les estimations des paramètres, et quand $p_{.i}$ est égal à $1/I$ pour chaque i, où la distribution marginale uniforme ne fournit aucune différence dans les décompositions en valeurs singulières.

2.6 L'interprétation des représentations graphiques dans l'ANSC

L'analyse des correspondances non symétriques décompose la matrice centrée P d'éléments $\left(\frac{p_{ij}}{p_{.j}} - p_{i.}\right)$. On projette en général les points ligne et les points colonne dans le même espace réduit à deux dimensions pour obtenir une représentation, appelée représentation simultanée. La qualité de la représentation en rang réduit peut être évaluée par la proportion d'inertie (et donc du coefficient $\tau_{I|J}$) expliquée par les deux premiers axes factoriels, égale à la somme des carrés des valeurs singulières. Cette somme peut être exprimée en termes de somme de carrés de distance à l'origine, en utilisant les conditions d'orthonormalité (9.3):

$$\tau_{I|J}(1 - \sum_i p_{i.}^2) = \sum_m \lambda_m^2 = \sum_j p_{.j} \sum_m (\lambda_m c_{jm})^2 = \sum_i \sum_m (\lambda_m r_{im})^2. \quad (9.14)$$

D'après (9.5), le coefficient $\tau_{I|J}$ est proportionnel à $\sum_m \lambda_m^2$ et donc (9.14) suggère que l'on peut partitionner la prédiction évaluée par le coefficient τ sur différentes dimensions, sur les catégories colonne et sur les catégories ligne. La proportion de la prédiction décomposée sur la dimension m est égale à $\lambda_m^2 / \sum_m \lambda_m^2$. En utilisant (9.14) on peut identifier les catégories ligne qui sont les mieux prédites et les catégories colonne qui ont le plus de pouvoir prédictif, en considérant les mesures de prédictibilité suivantes: $\text{pred}(R_i)$ pour les lignes et $\text{pred}(C_j)$ pour les colonnes:

$$\text{pred}(R_i) = \frac{\sum_m (\lambda_m r_{im})^2}{\sum_m \lambda_m^2}, \qquad \text{pred}(C_j) = \frac{\sum_m (\lambda_m c_{jm})^2 p_{.j}}{\sum_m \lambda_m^2}, \quad (9.15)$$

avec $\sum_i \text{pred}(R_i) = 1$ et $\sum_i \text{pred}(C_j) = 1$.

De plus, nous remarquons que $\sum_m (\lambda_m r_{im})^2$ est égal au carré de la distance de la ligne i, à l'origine définie dans (9.8), et que $\sum_m (\lambda_m c_{jm})^2$ est égal au carré de la distance du point colonne j, à l'origine définie dans (9.6).

La dispersion des points colonne autour de l'origine visualise le pouvoir prédictif des catégories colonne sur la variable réponse. Quand un point colonne j est situé près de l'origine, les coordonnées $\lambda_m c_{jm}$ pour $m = 1, 2$ étant presque égales à zéro, la $j^{\text{ième}}$ catégorie colonne a un très faible pouvoir prédictif; la variable réponse ne dépend donc pas de cette catégorie. Si c'est la même chose pour les J points colonne, alors les deux variables sont presque indépendantes. Au contraire, quand le point colonne j est très éloigné de l'origine, alors la $j^{\text{ième}}$ catégorie colonne a un très haut pouvoir prédictif et la variable réponse dépend donc de cette catégorie. Si c'est le cas pour tous les points colonne, alors il existe une prédictibilité considérable entre les deux variables au sens du coefficient $\tau_{I|J}$. Nous pouvons interpréter la proximité entre deux points colonne j et j' en disant qu'elles possèdent un pouvoir prédictif semblable, et donc on pourrait agréger les catégories colonne j et j' en une seule catégorie, en lui attribuant comme poids $p_{.j} + p_{.j'}$. En fait, dans l'analyse des correspondances non symétriques, le principe d'équivalence distributionnelle s'applique pour les catégories colonne, mais pas pour les catégories ligne (Lauro & D'Ambra, 1984).

La dispersion des points ligne autour de l'origine visualise l'intensité de la dépendance entre les catégories ligne et la variable colonne.

Quand un point ligne est situé près de l'origine, les coordonnées $\lambda_m r_{im}$ pour $m = 1, 2$ étant presque égales à zéro, la $i^{\text{ième}}$ catégorie-ligne n'est pas très bien prédite par la variable colonne. Au contraire, quand le point ligne i est très loin de l'origine, alors la $i^{\text{ième}}$ catégorie-ligne est très bien prédite par la variable colonne. Lorsque deux points i et i' sont proches, alors les catégories i et i' sont prédites de la même façon mais ne peuvent être agrégées.

Dans la représentation simultanée, nous pouvons interpréter la distance d'un point colonne j aux I points ligne en nous appuyant sur la formule de transition suivante:

$$\sum_i \left(\frac{p_{ij}}{p_{.j}} - p_{i.} \right) r_{im} = \sum_i \frac{p_{ij}}{p_{.j}} r_{im} - \sum_i p_{i.} r_{im} = \lambda_m c_{jm}. \tag{9.16}$$

D'après (9.16), on voit que, à une constante près, la coordonnée d'un point colonne correspond à la moyenne pondérée des coordonnées ligne avec des poids égaux à $p_{ij}/p_{.j}$.

On peut explorer la stabilité de la configuration des points en ANSC en utilisant l'approche de Greenacre (1989). On peut distinguer la stabilité externe à la réplication de l'analyse et la stabilité interne à la modification des données. Balbi (1992) utilise des outils graphiques comme le "peeling" et les cônes convexes pour explorer la stabilité externe de la représentation factorielle dans l'ANSC. Lauro & Balbi (1994) définissent les fonctions d'influence pour les valeurs propres λ_m^2, et les vecteurs propres de l'analyse non symétrique des correspondances pour évaluer la stabilité interne.

Enfin, nous signalons quelques résultats sur la distribution asymptotique des valeurs propres et des distances dans l'ANSC (Siciliano, 1990). En particulier, les valeurs propres issues de l'ANSC sont asymptotiquement distribuées comme les valeurs propres d'une matrice de Wishart, centrée et non standard, sous indépendance stochastique. De ces résultats il découle également que l'inertie totale (qui est liée au coefficient de prédictibilité $\tau_{I|J}$) a une distribution asymptotique qui est, à un facteur près, proportionnelle à une distribution du χ^2. Cela permet de tester l'hypothèse nulle d'indépendance. De plus, la distance d'un point ligne à l'origine et la distance entre deux points ligne ont chacune asymptotiquement une distribution qui est proportionnelle à une distribution du χ^2 sous l'hypothèse d'indépendance. Donc la contribution d'un point ligne aussi bien que la collapsibilité de deux réponses peuvent être également vérifiées par un test statistique.

2.7 Exemple: orientation dans l'école secondaire aux Pays-Bas

Pour illustrer l'interprétation du modèle de l'ANSC, nous analysons les données du tableau 9.1 concernant un échantillon (N=7926) d'étudiants hollandais (Meester & de Leeuw, 1983). La table de contingence à deux dimensions croise le test d'intelligence (TIC) comme variable explicative (variable colonne), et le niveau d'éducation obtenu après 4 années d'éducation secondaire comme variable réponse (variable ligne). Les scores au TIC sont répartis en 7 catégories, chaque catégorie correspondant à un certain intervalle de réponses correctes. Les niveaux d'éducation sont: 1. abandon (DO); 2. niveau élémentaire de formation professionnelle (LBO); 3. niveau moyen d'éducation générale (MAVO); 4. niveau avancé d'éducation professionnelle (MBO); 5. niveau supérieur d'éducation générale (HAVO); 6. éducation générale préparant à l'université (VWO). Ce tableau a déjà été analysé par van der Heijden, Mooijart & de Leeuw (1992) avec l'analyse sous contrainte budget, par Siciliano & van der Heijden (1994) avec l'analyse budget simultanée, et par Siciliano & Mooijaart (1995) avec des modèles d'association à 3 facteurs.

Lorsqu'on utilise l'approche confirmatoire de l'ANSC, le modèle avec une seule dimension ne s'ajuste pas aux données, car $G^2 = 178.35$ avec $df = 20$. Au contraire, le modèle avec deux dimensions permet un ajustement convenable aux données car $G^2 = 12.12$ avec $df = 12$. On obtient exactement les mêmes estimations des paramètres avec la méthode du maximum de vraissemblance et avec la méthode des moindres-carrés. Le tableau 9.2 présente les scores du prédicteur et les scores réponse avec leur mesure de prédictibilité utile à l'interprétation. Les valeurs singulières sont $\lambda_1 = .150$ et $\lambda_2 = .040$, la première dimension expliquant 93% de l'inertie totale.

Tableau 9.1. Etudiants hollandais classés selon le niveau d'éducation et selon le score au test d'intelligence (TIC).

Score au TIC Niveau d'éducation	1	2	3	4	5	6	7
DO	75	77	105	125	89	38	17
LBO	216	305	495	522	389	168	34
MAVO	67	144	267	368	339	194	54
MBO	51	84	239	345	301	208	65
HAVO	26	65	200	332	383	258	98
VWO	12	27	104	216	325	321	178

Tableau 9.2. ANSC du tableau 9.1.

Score du prédicteur	dimension 1	dimension 2	mesures de prédictibilité
1	1.885	2.587	.186
2	1.466	.644	.171
3	.831	-.080	.111
4	.208	-.816	.020
5	-.404	-.603	.042
6	-1.179	.071	.208
7	-2.023	2.508	.262

Score de la réponse	dimension 1	dimension 2	mesures de prédictibilité
DO	.182	.257	.035
LBO	.677	.363	.437
MAVO	.066	-.474	.019
MBO	.047	-.427	.014
HAVO	-.362	-.282	.127
VWO	-.610	.562	.368

La somme des mesures de prédictibilité étant égale à 1, nous montrons que les catégories réponse qui sont les mieux prédites dans le modèle de l'ANSC sont LBO (.437) et VWO (.368), et les catégories explicatives qui ont le plus grand pouvoir prédictif sont les catégories de score au TIC égales à 1 (.186), 6 (.208) et 7 (.262). En fait, l'orientation dans les différents types d'éducation est plus facile pour les valeurs extrêmes du score au TIC. Sur la figure 9.2, on peut voir la représentation factorielle en deux dimensions après la normalisation des scores du prédicteur en les multipliant par les valeurs singulières.

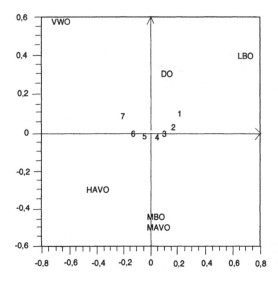

Fig. 9.1. Niveau d'éducation versus scores au test d'intelligence: plan factoriel 1-2 de l'ANSC

La première dimension ordonne les catégories du prédicteur en fonction de l'ordre des niveaux d'éducation des différents types d'école. La deuxième dimension oppose les niveaux extrêmes d'éducation comme VWO, LBO et DO et le niveau intermédiaire d'éducation comme HAVO, MBO et MAVO. Les étudiants avec un score au TIC élevé choisissent un type d'école préparant à l'université, tandis que les étudiants avec un score au TIC faible choisissent un niveau élémentaire d'éducation professionnelle ou abandonnent. Les catégories du prédicteur, concernant un niveau moyen d'éducation générale MAVO ou un niveau avancé d'éducation professionnelle, sont très proches. On voit donc qu'il y a peu de différence dans les choix de ces types d'école.

3. L'analyse des tables à trois dimensions

On peut généraliser l'ANSC pour analyser les tables de contingence à trois dimensions qui croisent les catégories d'une variable réponse avec les catégories de deux variables explicatives. Nous présentons deux approches de l'ANSC adaptées à l'analyse des tables de contingence à trois dimensions: la première approche porte sur des tableaux multiples à deux dimensions (D'Ambra & Lauro, 1989; Lauro & Siciliano, 1989); la seconde approche est plus générale puisqu'elle prend en compte le rôle différent joué par chacune des trois dimensions du tableau de contingence (Siciliano, 1992; Siciliano & Mooijaart, 1995). Nous décrivons plusieurs modèles de rang réduit en soulignant particulièrement les propriétés géométriques et les différences plutôt que la procédure d'estimation associée soit à la méthode des moindres-carrés, soit à la méthode du maximum de vraisemblance. Nous présentons également des applications des modèles proposés. Enfin nous montrons comment l'ANSC peut être utilisée avantageusement en complément des modèles logit-linéaires.

3.1. L'ANSC multiple et partielle

Soit p_{ijk}, la probabilité de se trouver dans la cellule (i, j, k) d'un tableau de contingence à trois dimensions où $i = 1, \ldots, I$; $j = 1, \ldots, J$; $k = 1, \ldots, K$. Comme on le voit dans la figure 9.2, on peut disposer le tableau en trois dimensions comme un ensemble de K tableaux à deux dimensions $I \times J$. Dans chacun des tableaux à deux dimensions, les I lignes sont les catégories d'une variable réponse notée I. En fonction du rôle respectif joué par les variables explicatives, notées J et K, nous pouvons effectuer soit une ANSC multiple, soit une ANSC partielle.

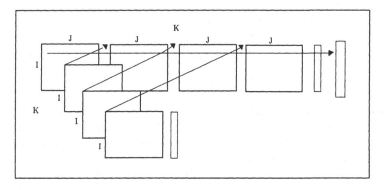

Fig. 9.2. Procédure de mise à plat d'une table à trois dimensions pour construire une table multiple à deux dimensions définies par un ensemble de K tableaux $I \times J$

ANSC multiple. Nous pouvons construire facilement une variable composée JK en croisant les catégories de la variable explicative J avec celles de la variable explicative K. L'ANSC multiple analyse la dépendance de la variable réponse I avec une variable explicative composée JK. Nous utilisons la même décomposition que (9.1) où la variable J est remplacée par la variable composée JK:

$$\frac{p_{ijk}}{p_{\cdot jk}} = p_{i\cdot\cdot} + \sum_m \lambda_m r_{im} c_{jkm} \qquad (9.17)$$

pour $m = 1, \ldots, M \leq M^* = \min(I - 1, JK - 1)$, et $\lambda_1 \geq \ldots \geq \lambda_M \geq 0$, avec des conditions semblables à (9.2) et (9.3). Géométriquement, on s'intéresse à la dispersion des JK points de coordonnées $\frac{p_{ijk}}{p_{.jk}}$, par rapport au centroïde dont les coordonnées sont définies par les termes de la marge ligne $p_{i..}$. Un tel écart peut être décomposé en M termes factoriels fournissant une représentation factorielle de rang réduit des I lignes par rapport aux JK colonnes.

De plus, les scores colonne c_{jkm} constituant également une matrice à trois dimensions $J \times K \times M$, nous considérons une décomposition orthogonale des scores colonne du type $c_{jkm} = \nu_{jm} + \nu_{km} + \nu_{jkm}$ avec des contraintes de type ANOVA. Le modèle (9.17) peut être exprimé sous la forme d'un modèle linéaire ANOVA avec un effet principal et des interactions de premier et de second ordre:

$$\frac{p_{ijk}}{p_{.jk}} = p_{i..} + \sum_m \lambda_m r_{im} \nu_{jm} + \sum_m \lambda_m r_{im} \nu_{km} + \sum_m \lambda_m r_{im} \nu_{jkm}. \qquad (9.18)$$

La formule (9.18) permet de fournir des représentations factorielles distinctes des interactions entre I et J, entre I et K, et de l'interaction du deuxième ordre entre I, J et K (Lauro & Siciliano, 1989). L'ANSC multiple se justifie par une relation semblable à (9.4) avec le coefficient multiple $\tau_{I|JK}$ de Gray & Williams (1975):

$$\tau_{I|JK} = \frac{\sum_i \sum_j \sum_k \left(\frac{p_{ijk}}{p_{.jk}} - p_{i..} \right)^2 p_{.jk}}{1 - \sum_i p_{i..}^2}. \qquad (9.19)$$

ANSC partielle. Nous considérons ensuite le tableau multiple à deux dimensions comme un ensemble de K tableaux à deux dimensions $I \times J$ et nous analysons la dépendance de la variable réponse I sur la variable explicative J sur chaque catégorie de la variable stratifiante K. Pour le $k$ème tableau ($k = 1, \ldots, K$), on s'intéresse à la matrice d'éléments $\frac{p_{ijk}}{p_{.jk}}$ et à l'écart au modèle d'indépendance conditionnelle $\frac{p_{i.k}}{p_{..k}}$. On peut décomposer cet écart suivant le modèle:

$$\frac{p_{ijk}}{p_{.jk}} = \frac{p_{i.k}}{p_{..k}} + \sum_m \lambda_m r_{im} c_{jkm} \qquad (9.20)$$

pour $m = 1, \ldots, M \le M^* = \min\{I - 1, K(J - 1)\}$, et $\lambda_1 \ge \ldots \ge \lambda_M \ge 0$.

On peut représenter géométriquement les catégories colonne du $k$ième tableau comme des points dans un espace euclidien de dimension I en utilisant le vecteur colonne d'éléments $\frac{p_{ijk}}{p_{.jk}}$ comme coordonnées, chaque point colonne ayant un poids $p_{.jk}$. La moyenne pondérée de ce nuage de points colonne est le vecteur d'éléments $\sum_j \frac{p_{.jk}}{p_{..k}} \left(\frac{p_{ijk}}{p_{.jk}} \right) = \frac{p_{i.k}}{p_{..k}}$. Comme on s'intéresse à la dispersion autour de l'origine, nous considérons la matrice d'élément $\left(\frac{p_{ijk}}{p_{.jk}} - \frac{p_{i.k}}{p_{..k}} \right)$ comme coordonnée. On peut donc centrer la $k$ième représentation factorielle puisque $\sum_j \frac{p_{.jk}}{p_{..k}} \left(\frac{p_{ijk}}{p_{.jk}} - \frac{p_{i.k}}{p_{..k}} \right) = 0$. Il résulte que pour la représentation des catégories colonne dans le $k^{\text{ième}}$ tableau, la distance d'un point j à l'origine est égale à:

$$d_k^2(j, O) = \sum_i \left(\frac{p_{ijk}}{p_{.jk}} - \frac{p_{i.k}}{p_{..k}} \right)^2 . \tag{9.21}$$

L'ANSC partielle prend en compte simultanément les K nuages de points, de poids $p_{..k}$ $(k = 1, \ldots, K)$, de telle façon que la dispersion totale autour de l'origine soit

$$IN_{I|J,K} = \sum_k p_{..k} \sum_j \frac{p_{.jk}}{p_{..k}} d_k^2(j, O) = \sum_k \sum_j p_{.jk} \sum_i \left(\frac{p_{ijk}}{p_{.k}} - \frac{p_{i.k}}{p_{..k}} \right)^2 \tag{9.22}$$

où $\sum_j \frac{p_{.jk}}{p_{..k}} d_k^2(j, O)$ est l'inertie totale pour le $k^{\text{ième}}$ tableau.

L'inertie totale pour l'ANSC partielle est liée au numérateur du coefficient partiel $\tau_{I|J,K}$ de Gray & Williams (1975):

$$\tau_{I|J,K} = \frac{\sum_i \sum_j \sum_k \left(\frac{p_{ijk}}{p_{.jk}} - \frac{p_{i.k}}{p_{..k}} \right)^2 p_{.jk}}{\left(1 - \sum_i \sum_k \left(\frac{p_{i.k}}{p_{..k}} \right)^2 \right)} . \tag{9.23}$$

Une procédure de sélection ascendante des tableaux. L'inertie totale dans l'ANSC multiple du tableau mis à plat peut être décomposée selon le théorème de Huyghens comme la somme de l'inertie de l'ANSC partielle et de l'inertie de l'ANSC simple du tableau à deux dimensions $I \times K$:

$$IN_{I|J,K} = IN_{I|J,K} + IN_{IK}. \tag{9.24}$$

Donc le coefficient partiel $\tau_{I|J,K}$ peut être relié au coefficient multiple $\tau_{I|JK}$ et au coefficient simple $\tau_{I|K}$ de la façon suivante:

$$\tau_{I|J,K} = \frac{\tau_{I|JK} - \tau_{I|K}}{1 - \tau_{I|K}} . \tag{9.25}$$

On peut utiliser la relation (9.25) dans une procédure de sélection ascendante du tableau multiple ayant la plus haute prédictibilité explicative de la variable réponse I. Pour un ensemble de variables explicatives, nous sélectionnons à chaque pas la variable ayant le plus grand coefficient partiel τ en utilisant (9.25) de la façon suivante: la variable K peut être considérée comme la variable composée comprenant toutes les variables déjà sélectionnées, la variable J étant candidate à la sélection. Nous appliquons (9.25) jusqu'à ce que l'entrée d'une nouvelle variable ne fournisse pas un accroissement significatif du coefficient partiel τ. On peut appliquer cette procédure pour sélectionner des variables explicatives à inclure dans des modèles logit-linéaires comme nous le montrerons à la section suivante.

3.2 Exemple: satisfaction des conditions d'habitat à Copenhague

Nous présentons une application de l'ANSC multiple d'un tableau de contingence à 4 dimensions portant sur un échantillon de 1681 résidents de 12 quartiers de Copenhague. Les données du tableau 9.3 décrivent les relations entre le type d'habitat (tours, appartements, atriums, maisons en terrasse), l'intensité des contacts avec les autres résidents (bas-élevé), l'influence sur l'aménagement du logement (bas, moyen, élevé) et la satisfaction avec les conditions d'habitat. Ce tableau a déjà été étudié par l'analyse logit-linéaire (voir Agresti, 1984). Pour notre analyse, nous considérons, comme variable réponse, la variable composée définie par le degré de contact et la satisfaction avec les conditions de logement et, comme variable explicative, la variable composée définie par le type d'habitat et la maîtrise de l'agencement du logement. Pour simplifier la description des résultats, nous avons désigné les catégories réponse par les lettres A, B, C, D, E, F et les catégories prédictives par les nombres 1 à 12 comme on le voit dans le tableau 9.3.

Le modèle de l'ANSC multiple à une dimension ne s'ajuste pas aux données puisque $G^2 = 58.55$ avec $df = 40$. Au contraire, le modèle à deux dimensions s'ajuste aux données puisque $G^2 = 29.74$ avec $df = 27$. Pour être bref, nous ne montrons pas ici les estimateurs des paramètres et leurs mesures de prédictibilité bien que nous donnions les résultats de l'analyse. Les catégories explicatives qui ont le plus de pouvoir prédictif sont 3 (vivant dans des tours et ayant une influence élevée sur l'aménagement du logement) et 4 (vivant en appartement et ayant une faible influence sur l'aménagement du logement). Les catégories réponse qui sont les mieux prédites sont C (ayant peu de contact avec les autres résidents et une satisfaction élevée avec les conditions d'habitat) et D (ayant beaucoup de contact et peu de satisfaction).

La représentation factorielle de la figure 9.3 permet de décrire les relations entre les catégories. Sur le premier axe factoriel, il y a une opposition entre la faible satisfaction et la satisfaction élevée avec les conditions d'habitat, et une opposition entre beaucoup d'influence et peu d'influence sur l'aménagement du logement. Le deuxième axe factoriel explique l'intensité du contact avec les autres résidents par rapport au type de maison (peu de résidents comme l'atrium et beaucoup de résidents comme les tours et les appartements).

Tableau 9.3. 1681 résidents à Copenhague classés selon l'habitat, la satisfaction et le contact.

Contact		faible			élevé		
Influence sur l'aménagement	Satisfaction	faible (A)	moyenne (B)	élevée (C)	faible (D)	moyenne (E)	élevée (F)
Tours	faible (1)	21	21	28	14	19	37
	moyenne (2)	34	22	36	17	23	40
	élevée (3)	10	11	36	3	5	23
Appartements	faible (4)	61	23	17	78	46	43
	moyenne (5)	43	35	40	48	45	86
	élevée (6)	26	18	54	15	25	62
Atriums	faible (7)	13	9	10	20	23	20
	moyenne (8)	8	8	12	10	22	24
	élevée (9)	6	7	9	7	10	21
Maisons en terrasses	faible (10)	18	6	7	57	23	13
	moyenne (11)	15	13	13	31	21	13
	élevée (12)	7	5	11	5	6	13

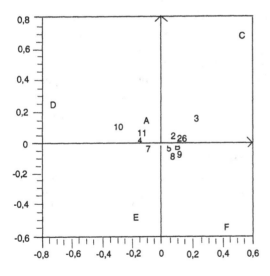

Fig. 9.3. Habitat par influence, versus satisfaction par contact: plan factoriel 1-2 de l'ANSC multiple

On voit que les résidents avec un degré élevé de satisfaction pour les conditions d'habitat et peu de contact avec les autres résidents vivent généralement dans des tours, des appartements ou dans des maisons-terrasse, mais ont une influence élevée sur l'aménagement du logement. Au contraire, les résidents avec un degré de satisfaction faible et beaucoup de contacts avec les autres résidents vivent dans des appartements ou dans des maisons-terrasse, mais ont peu d'influence sur l'aménagement du logement. Remarquons également que les catégories qui ont des mesures de prédictibilité élevées sont souvent situées loin de l'origine dans la représentation factorielle à deux dimensions. Cela vient du fait que ces catégories ont une contribution élevée sur la définition de la direction des axes factoriels.

Enfin, nous avons imposé des contraintes aux modèles de l'ANSC multiple; en particulier nous avons remarqué d'après le graphique que certaines catégories sont très proches de l'origine. Par exemple, lorsque nous imposons aux scores prédicteurs d'être égaux à 0, l'ajustement de ce modèle sous contrainte n'est pas bon ($G^2 = 45.52$ avec $df = 31$). Par conséquent, ces catégories prédictives contribuent également dans le modèle sans contrainte, bien que leur représentation dans le plan soit difficile à interpréter.

3.3 Exemple: choix d'une école secondaire aux Pays-Bas

Nous considérons maintenant l'échantillon présenté à la section 2.7, mais nous classons les étudiants hollandais en fonction de trois variables: le niveau d'éducation obtenu après 4 années d'éducation secondaire, le test d'intelligence (TIC) et le sexe (voir tableau 9.4). Dans cette analyse, on cherche à vérifier si, à niveau d'intelligence égal, il existe une différence de comportement entre filles et garçons pour le choix du type d'éducation.

Le modèle d'ANSC multiple avec deux dimensions ne s'ajuste pas aux données ($G^2 = 82.11$ avec $df = 33$). Le modèle d'ANSC partiel ne s'ajuste pas non plus aux données, ce qui prouve qu'on ne peut pas faire l'hypothèse d'une différence de comportement sensible entre les filles et les garçons.

Le modèle d'ANSC simple à deux dimensions pour le tableau à deux entrées concernant seulement les garçons s'ajuste aux données ($G^2 = 82.11$ avec $df = 33$). Ce même modèle convient également pour les filles $G^2 = 12.98$ avec $df = 12$. Les figures 9.4 et 9.5 montrent les représentations factorielles qui sont issues de ces analyses et qui paraissent très semblables l'une à l'autre.

Tableau 9.4. Etudiants hollandais classés selon l'éducation, le test d'intelligence et le sexe.

Score au test TIC Niveau d'éducation	garçons						
	1	2	3	4	5	6	7
DO	75	77	105	125	89	38	17
LBO	216	305	495	522	389	168	34
MAVO	67	144	267	368	339	194	54
MBO	51	84	239	345	301	208	65
HAVO	26	65	200	332	383	258	98
VWO	12	27	104	216	325	321	178
	filles						
DO	51	60	115	123	78	56	9
LBO	144	223	382	370	290	107	26
MAVO	60	134	288	424	442	266	72
MBO	75	167	320	458	428	258	72
HAVO	23	68	211	373	450	402	169
VWO	5	9	77	183	307	326	209

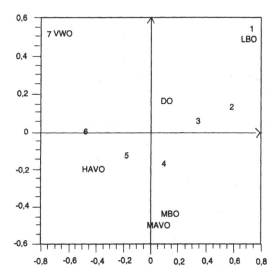

Fig. 9.4. Niveau d'éducation en fonction du test d'intelligence pour les filles: plan factoriel 1-2 de l'ANSC

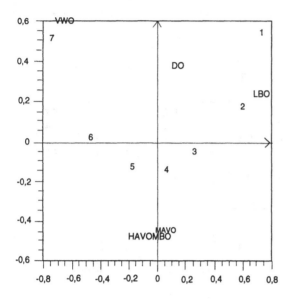

Fig. 9.5. Niveau d'éducation en fonction du test d'intelligence pour les garçons: plan factoriel 1-2 de l'ANSC

3.4 Exemple: structure des revenus aux Pays-Bas

Nous analysons des données issues d'une enquête sur la structure des revenus, effectuée aux Pays-Bas en 1972 (Israëls et al., 1982). Il s'agit d'un tableau de contingence à 4 entrées qui croise la variable réponse revenu avec les variables explicatives éducation, âge et type d'activité.

En utilisant la procédure de sélection ascendante par l'ANSC décrite à la section 3.1, on sélectionne d'abord la variable âge ($\tau_{\text{revenu/âge}} = 0.08$; $\tau_{\text{revenu/éducation}} = 0.04$; $\tau_{\text{revenu/type d'activité}} = 0.01$). Comme seconde variable, la variable éducation est sélectionnée ($\tau_{\text{revenu/éducation, âge}} = 0.06 > \tau_{\text{revenu/ type d'activité, âge}} = 0.01$). D'après le tableau multiple sélectionné, on considère comme variables explicatives la variable éducation (qui possède 3 catégories ordonnées) et la variable âge (4 catégories ordonnées). Nous appliquons le modèle de l'ANSC multiple en prenant en compte la décomposition ANOVA proposée dans la section 3.1). Les 98% du $\tau_{\text{revenu/ âge*éducation}}$ sont expliqués par les deux premières valeurs singulières de l'ANSC ($\lambda_1 = 82.7\%$; $\lambda_2 = 15.3\%$). Sur la figure 9.6 nous présentons deux graphiques, le premier à gauche est relatif à l'interaction entre la variable réponse et la variable explicative composée, celui de droite montre les effets principaux (voir la décomposition (9.18) à la section 3.1).

Le premier axe factoriel ordonne les modalités prédictives avec le fameux effet Guttman associé au deuxième axe. Remarquons que les trajectoires des catégories A3 et A4 sont voisines et parallèles ce qui suggère de les rassembler en une seule classe selon la propriété d'équivalence distributionnelle pour les catégories de la variable explicative. De plus, la relation $\tau_{\text{âge}} + \tau_{\text{éducation}} \cong \tau_{(\text{âge}*\text{éducation})} = 0.13$ montre que, par rapport aux effets principaux, l'effet d'interaction ne joue pas un rôle intéressant (Lauro & Siciliano, 1989).

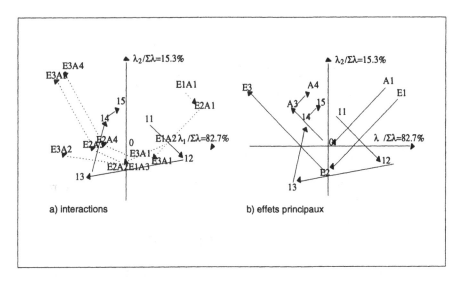

Fig. 9.6. Plan factoriel 1-2 de la décomposition ANOVA dans l'ANSC multiple; revenu, éducation par âge

3.5 Modèle général de l'ANSC pour des tableaux à trois dimensions

Dans le cadre de l'analyse exploratoire, on trouve dans la littérature plusieurs contributions qui traitent de la décomposition d'un tableau de contingence à trois dimensions en termes factoriels qui prennent en compte toutes les interactions de variables (pour une synthèse, voir Kroonenberg, 1983). Dans ce qui suit, nous nous limitons aux tableaux à trois dimensions où l'une des variables est la variable réponse, et les deux autres des variables explicatives. Comme on peut le voir sur la figure 9.7, nous considérons le tableau à trois dimensions comme un cube dont les éléments sont les distributions conditionnelles $\frac{p_{ijk}}{p_{.j.}p_{..k}}$ et nous analysons leur écart par rapport à la distribution marginale $p_{i.}$ de la variable réponse.

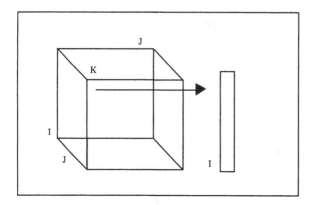

Fig. 9.7. ANSC des tableaux à trois dimensions

Le modèle général de l'ANSC pour les tableaux de contingence à trois dimensions peut être structuré comme un modèle linéaire orthogonal et additif:

$$\frac{p_{ijk}}{p_{.j}p_{..k}} = p_{i..} + \left[\frac{p_{ij.}}{p_{.j.}} - p_{i..}\right] + \left[\frac{p_{i.k.}}{p_{..k}} - p_{i..}\right] + \varepsilon_{ijk} , \qquad (9.26)$$

qui est la somme de l'interaction entre les variables I et J, de l'interaction entre les variables I et K et de l'interaction entre les trois variables I, J, K. On peut évaluer facilement la différence entre (9.26) et le modèle linéaire orthogonal et additif défini par Lancaster (1958): en fait, l'interaction entre les variables explicatives J et K est nulle sous la condition que la procédure d'échantillonnage multinomial-produit soit respectée pour chacun des K tableaux (i.e., $p_{.jk} = p_{.j.}p_{..k}$).

Afin de pouvoir représenter dans des espaces factoriels les interactions précédentes, nous considérons une décomposition bilinéaire pour chacune des interactions à deux facteurs et une décomposition PARAFAC/CANDECOMP (Harshman, 1970; Carroll & Chang, 1970) pour l'interaction à trois facteurs. Nous pouvons alors spécifier le modèle (9.26) avec les décompositions de rang réduit suivantes:

$$\left[\frac{p_{ij.}}{p_{.j.}} - p_{i..}\right] = \sum_p \lambda_p r_{ip} c_{jp} \text{ pour } p = 1, \ldots, P \leq P^* = \min(I-1, J-1) \quad (9.27)$$

$$\left[\frac{p_{i.k}}{p_{..k}} - p_{i..}\right] = \sum_q \zeta_q d_{iq} e_{kq} \text{ pour } q = 1, \ldots, Q \leq Q^* = \min(I-1, K-1) \quad (9.28)$$

$$\varepsilon_{ijk} = \sum_s \rho_s x_{is} y_{js} z_{ks} \text{ pour } s = 1, \ldots, S \leq S^* = \min(I-1, J-1, K-1). \quad (9.29)$$

Certaines versions sous contraintes du modèle (9.26) avec (9.27)-(9.29) peuvent être considérées avec profit pour des applications particulières. Un ensemble de contraintes consiste à imposer les mêmes quantifications pour une variable dans les interactions à deux et à trois facteurs:

$$\frac{p_{ijk}}{p_{.j.}p_{..k}} = p_{i..} + \sum_s \lambda_s x_{is}y_{js} + \sum_s \lambda_s x_{is}z_{ks} + \sum_s \lambda_s x_{is}y_{js}z_{ks} \qquad (9.30)$$

pour $s = 1, \ldots, S \leq S^* = \min(I-1, J-1, K-1)$. Dans ce cas, le rang maximum est $P = Q = S$ pour chacune des matrices à deux et à trois facteurs. La décomposition bilinéaire permet une représentation factorielle distincte des relations entre les variables I et J, et entre les variables I et K; de même, la décomposition trilinéaire permet une représentation simultanée de la relation entre les variables I et J, étant donné le niveau de la variable K, et de la relation entre les variables I et K, étant donné le niveau de la variable J.

On obtient un autre modèle avec contrainte en imposant $Q = Q^*$ et des quantifications identiques pour les variables I et J dans les interactions à deux et à trois facteurs:

$$\frac{p_{ijk}}{p_{.j.}p_{..k}} = \frac{p_{i.k}}{p_{...k}} + \sum_s \lambda_s x_{is}y_{js}(1 + z_{ks}) \qquad (9.31)$$

pour $s = 1, \ldots, S \leq S^* = \min(I-1, J-1, K-1)$. Le modèle (9.31) est particulièrement utile pour l'analyse longitudinale d'un ensemble de K tableaux de contingence à deux entrées: les scores z_{ks} quantifient l'intensité des relations entre les variables I et J à travers les K tableaux.

Siciliano (1992) présente la version maximum de vraisemblance du modèle général (9.26) comme une version non symétrique du modèle des corrélations canoniques généralisées de Choulakian (1988). Balbi & Siciliano (1994) montrent comment identifier les paramètres du modèle en utilisant la méthode du maximum de vraisemblance et aussi quelques relations avec l'estimation des moindres-carrés. Lombardo, Carlier & D'Ambra (1996), à la suite de Carlier & Kroonenberg (1996), présentent l'approche des moindres-carrés pour l'ANSC des tableaux de contingence à trois entrées. L'approche que nous avons considérée ci-dessus suit celle de Siciliano & Mooijaart (1995) qui fournit de la même façon le modèle général d'association pour le tableau de contingence à trois entrées. On trouvera dans Siciliano & Mooijaart (op. cit.) la plupart des résultats concernant l'estimation du maximum de vraisemblance et le calcul des degrés de liberté qui peuvent être facilement adaptés au modèle général de l'ANSC.

3.6 Exemple: analyse longitudinale du marché du travail

Nous présentons une application de l'ANSC à l'analyse longitudinale d'un ensemble de deux tableaux à deux entrées. Nous considérons des données concernant l'accès au marché du travail pour des étudiants diplômés de la faculté d'économie de l'Université de Naples durant la période 1982-1992. Pendant la dernière décennie, on a procédé à une enquête périodique (1987, 1990, 1992). Des études précédentes ont suggéré de partitionner la population par rapport à trois facteurs de stratification: le sexe, l'origine géographique et les résultats finaux (avec respectivement 2, 4, et 3 catégories). Une analyse exploratoire des données suggère de ne considérer que deux catégories pour chacune des trois variables: homme/femme; napolitain/non napolitain; résultats élevés/faibles. La variable dépendante est le type d'activité professionnelle avec les catérories suivantes: industrie, commerce, banque, administration publique, consulting, autres. Les données sont regroupées dans un tableau à trois entrées $8 \times 6 \times 3$ ($n = 803$).

Une version restreinte du modèle général (9.26) avec $P = 0$ et $S = 0$, c'est-à-dire sans interaction du premier ordre (I, J) et sans interaction du deuxième ordre (I, J, K), ne s'ajuste pas bien aux données ($G^2 = 160$ avec $df = 105$); de même le modèle avec seulement $S = 0$ ne s'ajuste pas aux données ($G^2 = 80$ avec $df = 70$). Un bon ajustement est obtenu en considérant une décomposition de plein rang pour les deux termes bilinéaires et $S = 1$ pour le terme trilinéaire ($G^2 = 60$ avec $df = 58$). Les estimateurs du maximum de vraisemblance sont présentés dans le tableau 9.5.

Nous pouvons interpréter les résultats de la façon suivante: une valeur positive élevée du produit $x_{i1} y_{j1} z_{k1}$ montre une dépendance forte de la $i^{\text{ième}}$ catégorie de la variable réponse I avec la $j^{\text{ième}}$ catégorie de la variable explicative J, étant donné la $k^{\text{ième}}$ catégorie de la variable explicative K. Le changement de signe de z_{k1} pour les différentes périodes 1982-1986 montre que la relation de dépendance entre les variables I et J change au cours du temps. En particulier, nous mettons en évidence que la valeur de z_{k1} étant négative pour la période 1982-1986, nous cherchons des scores x_{i1} et y_{j1} de signes opposés correspondant aux valeurs élevées. Les Napolitains et les femmes non napolitaines avec des résultats élevés trouvent un emploi dans l'industrie, le commerce, la finance et la banque. La valeur de z_{k1} est positive pour les autres périodes, ce qui montre que ces mêmes catégories changent d'activité (administration publique et autres activités). Cette interprétation est cohérente avec le fait que la crise économique qui caractérise les premières années 90 fournit peu d'opportunités, pour un premier emploi, de s'insérer dans le secteur privé.

Tableau 9.5. ANSC à trois dimensions des données concernant le marché du travail pour des étudiants diplômés en économie à l'Université de Naples.

premier score prédicteur			y_{j1}
homme	napolitain	résultats faibles	-0.518
		résultats élevés	-0.239
	non napolitain	résultats faibles	0.456
		résultats élevés	0.538
femme	napolitaine	résultats faibles	0.114
		résultats élevés	0.009
	non napolitaine	résultats faibles	0.043
		résultats élevés	0.403
deuxième score prédicteur			z_{k1}
	années	1982–1986	-1.428
		1986–1989	0.331
		1989–1992	0.976
scores réponse			x_{i1}
	emploi	industrie	0.999
		commerce	0.441
		banque et finance	0.908
		administration publique	-1.844
		consulting	0.249
		autres activités	-0.985
valeur singulière			$\lambda_1 = 0.2$

3.7 ANSC et modélisation statistique

L'analyse non symétrique des correspondances est aussi reliée à d'autres modèles statistiques pour des données qualitatives comme les modèles logit-linéaires, les modèles logit-bilinéaires et l'analyse des budgets latents (Siciliano, 1992). Lauro & Siciliano (1989) montrent que les solutions des moindres-carrés de l'ANSC sont des approximations par des développements en série des effets-multiplicatifs des modèles logit-linéaires quand l'écart à l'indépendance n'est pas trop grand. De plus, ils ont également montré comment l'ANSC peut être utilisée comme un outil exploratoire pour décrire les résidus entre deux différents modèles logit-linéaires restreints. Siciliano,

Lauro & Mooijaart (1990) ont montré comment l'ANSC peut être utilisée pour fournir des représentations factorielles des matrices estimées des interactions à deux facteurs dans les modèles logit-linéaire et logit-bilinéaire. Une application de l'ANSC a été récemment proposée par Mola & Siciliano (1996) dans le contexte des procédures de classification.

Ce chapitre est issu d'une recherche financée par le CNRS, subside no 92.1872.P et MURST à raison de 60%.

Dualité Burt-Condorcet: relation entre analyse factorielle des correspondances et analyse relationnelle

J. F. Marcotorchino[1]

[1] Centre Scientifique IBM-France, Paris

1. Introduction

L'Analyse Relationnelle[1] des données (ARD), qui date de la fin des années 1970, est de plus en plus employée par les utilisateurs statisticiens ou chargés d'études, des compagnies d'assurances et des entreprises de distribution; pourtant elle est toujours considérée comme une méthode "parallèle" au courant principal qu'on pourrait qualifier de "factorialiste"[2]. Le but de ce chapitre faisant suite aux travaux de Michaud (1989), Marcotorchino (1987), Bedecarrax (1989), Messatfa (1990), ou Bedecarrax & Warnesson (1988), sur les extensions potentiellement très porteuses d'applications de l'Analyse Relationnelle, est de promouvoir l'idée qu'il existe des "passerelles" entre Analyse Relationnelle et Analyse des Correspondances Multiples (ACM), ne serait-ce que pour traiter les mêmes entités (c'est-à-dire le même type de structures de données).

S'il est vrai, et ceci est connu, que l'ARD et l'ACM sont deux méthodes différentes que l'on peut utiliser sur un même tableau de données croisant variables qualitatives et individus (ce cas étant le plus simple mais aussi le plus usuel pour l'ARD), il n'en reste pas moins vrai qu'en ACM on transforme les données de départ pour obtenir un tableau de Burt là où, en ARD, on obtient un tableau dit de Condorcet. La question qui se pose alors, avant même de savoir si l'ARD et l'ACM n'auraient pas par hasard quelques points communs, serait:

---

[1] Il s'agit d'une méthode d'Analyse des Données fondée sur le principe de présentation relationnelle ou logique des données (qui doivent être de nature qualitative), avec des critères d'association ou d'agrégation dont l'optimisation par rapport à une relation cherchée (équivalence ou ordre total) s'effectue par programmation linéaire. De nombreuses références à cette méthodologie sont indiquées dans la bibliographie.

[2] En fait, il s'agira ici de l'Analyse (Factorielle) des Correspondances Multiples (ACM), dont la caractéristique principale est d'être une méthode d'analyse factorielle des correspondances adaptée au traitement des données catégorielles ou qualitatives auxquelles on a fait subir un précodage binaire appelé "Codage Disjonctif Complet".

"Les tableaux de Burt et de Condorcet correspondent-ils à la même structure d'information?"

A cette question, on pourrait en ajouter une autre qui lui est directement liée:

"Qu'apporterait l'exploitation des tableaux de Burt en Analyse Relationnelle et des tableaux de Condorcet en Analyse des Correspondances Multiples?"

La réponse à ces deux questions fera l'objet de la recherche des liens existant entre ARD et ACM. Il sera intéressant, en particulier, de voir que l'utilisation du tableau de Burt, que nous définissons ci-après, permet une classification des modalités en Analyse Relationnelle (ce qui n'était pas fait de façon directe en ARD).

De même, l'introduction du tableau de Condorcet en Analyse des Correspondances Multiples permet de mieux comprendre la notion d'indice de présence-rareté, totalement sous-jacent dans ce type d'Analyse Factorielle.

2. Quelques définitions

Supposons que nous disposions de données relatives à N individus notés: $O_1, O_2, ..., O_N$ caractérisés par leur comportement sur M variables qualitatives ou à modalités notées: $V_1, V_2, ..., V_M$, chacune ayant respectivement: $p_1, p_2, ..., p_M$ modalités, telles que

$$\sum_{k=1}^{M} p_k = P.$$

Nous poserons dans ce texte:

$I=$ Ensemble des individus; $J =$ Ensemble des modalités; $N =$Nombre d'individus; $M=$Nombre de variables; $P=$ Nombre total de modalités.

A partir de ces quantités, nous pouvons alors définir les trois tableaux suivants.

2.1 Le tableau disjonctif complet

Le tableau disjonctif complet noté K est de dimension $N \times P$, son terme général k_{ij} est défini de la façon suivante:

$$k_{ij} = \begin{cases} 1 & \text{si } i \text{ possède la modalité } j, \\ 0 & \text{sinon.} \end{cases}$$

Il possède les propriétés suivantes:

a) Pour tout individu i, la marge en ligne $k_{i.}$ est une constante égale au nombre de variables M

b) La somme totale $k_{..}$ de ses éléments est égale à MN.

2.2 Le tableau de Burt

Le tableau de Burt, noté B, est de dimension $P \times P$, son terme général $b_{jj'}$ est défini par:

$b_{jj'}$ = nombre d'individus possédant à la fois les modalités j et j'.

Soit, en notation étendue:

$$b_{jj'} = \sum_{i=1}^{N} k_{ij} k_{ij'}, \qquad (10.1)$$

c'est-à-dire en notations matricielles $B = K'K$, où K' désigne la matrice transposée de K.

On a par ailleurs la propriété suivante:

$$b_{jj'} \leq \min(b_{jj}, b_{j'j'}).$$

2.3 Le tableau de Condorcet

Le tableau de Condorcet, noté C, est de dimension $N \times N$, son terme général $c_{ii'}$ est défini par:

$c_{ii'}$ = nombre de variables pour lesquelles les individus i et i' possèdent la même modalité.

Soit, en notation étendue:

$$c_{ii'} = \sum_{j=1}^{P} k_{ij} k_{i'j}; \qquad (10.2)$$

c'est-à-dire en notations matricielles[3]: $C = KK'$.

On a par ailleurs la propriété que

$$c_{ii'} \leq min(c_{ii}, c_{i'i'}) = M$$

et, si chaque variable est une variable qualitative (partition), on a de plus

$$c_{ii'} + c_{i'i''} - c_{ii''} \leq M \qquad \forall\, (i, i', i'') \qquad \text{(transitivité généralisée)}.$$

---

[3] Le tableau de Condorcet relationnel s'obtient comme la somme des M relations binaires C^k caractérisant les M variables qualitatives de départ

$$C = \sum_{k=1}^{M} C^k, \ c_{ii'} = \sum_{k=1}^{M} c_{ii'}^k, \qquad (10.3)$$

où

$$c_{ii'}^k = \begin{cases} 1 & \text{si } i \text{ et } i' \text{ ont la même modalité de la variable } k \text{ (ou sont en relation)} \\ 0 & \text{sinon.} \end{cases}$$

La définition relationnelle (10.3) de $c_{ii'}$ est plus générale que sa définition vectorielle (10.2).

3. Les tableaux pondérés

Dans ce paragraphe, nous étudierons deux tableaux dérivés de ceux de Burt et de Condorcet, dont nous verrons l'importance dans la suite de cet article.

3.1 Le tableau de Burt pondéré

Le tableau de Burt pondéré, noté $\widehat{B}^4$, est défini à partir du tableau K par pondération de la contribution par ligne d'un individu i; son terme général se présente sous la forme suivante:

$$\hat{b}_{jj'} = \sum_{i=1}^{N} \frac{k_{ij}k_{ij'}}{k_{i.}} = \frac{b_{jj'}}{M}, \tag{10.4}$$

soit: $\hat{B} = B/M$

cette dernière expression étant obtenue grâce à la propriété a) du point 2.1.

La somme totale $\hat{b}_{..}$ de ses éléments est:

$$\hat{b}_{..} = \sum_{j=1}^{P} \sum_{j'=1}^{P} \sum_{i=1}^{N} \frac{k_{ij}k_{ij'}}{k_{i.}} = \sum_{i=1}^{N} k_{i.} = NM. \tag{10.5}$$

3.2 Le tableau de Condorcet pondéré

Le tableau de Condorcet pondéré noté $\widehat{C}$, est défini à partir du tableau K par pondération de la contribution par colonne des modalités j; son terme général se présente sous la forme suivante:

$$\hat{c}_{ii'} = \sum_{j=1}^{P} \frac{k_{ij}k_{i'j}}{k_{.j}}. \tag{10.6}$$

Cette formule suppose que $k_{.j}$ n'est jamais nul, ce qui signifie que chaque modalité j est au moins attribuée une fois[5]. La somme totale $\hat{c}_{..}$ de ses éléments est

---

[4] qui ne doit pas être confondu avec la notation habituelle de valeur d'estimation.

[5] Le tableau de Condorcet pondéré $\widehat{C}$ s'obtient comme la somme des M relations $\widehat{C^k}$ pondérées de la façon suivante:

$$\widehat{C} = \sum_{k=1}^{m} \widehat{C}^k, \quad \text{où}$$

$$\hat{c}_{ii'}^{k} = \begin{cases} \frac{c_{ii'}^{k}}{c_{i.}^{k}} & \text{si } i \text{ et } i' \text{ ont la même modalité de la variable } k \text{ (ou sont en relation)} \\ 0 & \text{sinon,} \end{cases}$$

où $c_{i.}^{k} = \sum_{i'} c_{ii'}^{k}$ est le nombre d'individus ayant la même modalité de la variable k que l'individu i. $\hat{c}_{ii'}^{k}$ est alors un indice de "présence-rareté".

$$\hat{c}_{..} = \sum_{i=1}^{N} \sum_{i'=1}^{N} \hat{c}_{ii'} = \sum_{j=1}^{P} k_{.j} = NM. \qquad (10.7)$$

4. Rappel sur l'approche relationnelle

Nous étudions ici la contribution de l'approche "burtienne" en Analyse Relationnelle. Ceci est nouveau car l'approche Relationnelle avait trait originellement à la classification des individus (Condorcet) ou à la classification simultanée des variables et des individus (sériation) et non pas à la classification des modalités. Nous sommes maintenant relativement proche du cadre de l'Analyse des Correspondances.

4.1 La Classification condorcéenne

Au tableau de Condorcet C défini à la section 2, nous pouvons définir "le tableau complémentaire" associé $\overline{C}$ par:

$\overline{c}_{ii'}$ = nombre de variables pour lesquelles les individus i et i' ne possèdent pas la même modalité.

Connaissant C et $\overline{C}$, le problème de la classification de la population I des N individus dans l'optique relationnelle condorcéenne consiste à trouver une partition (i.e. une relation d'équivalence) de la population I notée X (inconnue) qui maximise le critère de Condorcet. Comme la relation X peut être représentée par une matrice booléenne de terme général $x_{ii'}$, vérifiant les contraintes de symétrie et de transitivité, maximiser le critère de Condorcet (pour sa définition, voir Michaud, 1987) revient à résoudre le problème linéaire en variables (0-1) suivant:

$$\max_{X} \mathcal{C}(X),$$

où

$$\mathcal{C}(X) = \sum_{i=1}^{N} \sum_{i'=1}^{N} (c_{ii'} x_{ii'} + \overline{c}_{ii'} \overline{x}_{ii'}) \qquad (10.8)$$

$$= \sum_{i=1}^{N} \sum_{i'=1}^{N} (c_{ii'} - \overline{c}_{ii'}) x_{ii'} + \sum_{i=1}^{N} \sum_{i'=1}^{N} \overline{c}_{ii'}$$

avec $\overline{x}_{ii'} = 1 - x_{ii'}$ et vérifiant les contraintes suivantes:

$$\mathfrak{C}(X) : \begin{cases} x_{ii'} - x_{i'i} = 0 & \forall\, (i, i') & \text{(symétrie)} \\ x_{ii'} + x_{i'i''} - x_{ii''} \leq 1 & \forall\, (i, i', i'') & \text{(transitivité)} \\ x_{ii'} \in \{0, 1\} & \forall\, (i, i') & \text{(binarité)}. \end{cases}$$

La solution optimale X^* de ce problème peut être obtenue par l'approche "programmation linéaire", proposée par Marcotorchino & Michaud (1978).

La solution obtenue est une partition de la population I en classes disjointes sans fixation a priori du nombre de classes. Vu la complexité de l'approche de programmation linéaire, c'est une approche heuristique de complexité proportionnelle au nombre N d'individus qui est utilisée pour maximiser $\mathcal{C}(X)$ (cf. Michaud, 1989).

4.2 La classification dans l'optique Sériation

Le problème relationnel est associé au tableau K, dans le but de trouver une relation appelée "**block-seriation**" et notée Z, de terme général z_{ij}, maximisant un critère de "**block-seriation**" (généralisation au cas $I \times J$ du problème de Condorcet). Ce problème a été introduit sous sa forme relationnelle par l'auteur (Marcotorchino, 1987) dans le cadre du problème de "**Group Technology**" traité par Garcia & Proth (1985) avec des notations différentes. Il peut être interprété comme la recherche simultanée de deux partitions, l'une portant sur l'ensemble des individus I, l'autre portant sur l'ensemble des modalités J, à partir d'une matrice (0,1), donnant une correspondance ou un lien ligne-colonne. Cette double partition sera représentée par la matrice Z de dimension NP et maximisant le critère $\max_Z \mathcal{C}(Z)$, où

$$\mathcal{C}(Z) = \sum_{i=1}^{N}\sum_{j=1}^{P}(k_{ij}z_{ij} + \overline{k}_{ij}\overline{z}_{ij}) = \sum_{i=1}^{N}\sum_{j=1}^{P}(2k_{ij}-1)z_{ij} + \sum_{i=1}^{N}\sum_{j=1}^{P}\overline{k}_{ij}, \quad (10.9)$$

avec $\overline{k}_{ij} = 1 - k_{ij}$, $\overline{z}_{ij} = 1 - z_{ij}$ et vérifiant les contraintes de "**block-correspondance**" suivantes:

$$\begin{cases} \qquad\qquad z_{ij} \in \{0,1\} & \forall\,(i,j) & \text{(binarité)} \\ z_{ij} + z_{ij'} + z_{i'j} - z_{i'j'} - 1 \leq 1 & \forall\,(i,i',j,j') & \text{(triade impossible)} \\ \sum_{j=1}^{P} z_{ij} \geq 1 \quad \sum_{i=1}^{N} z_{ij} \geq 1 & & \text{(affectation)}. \end{cases}$$

4.3 La classification burtienne

Comme il n'existe, dans l'environnement de l'Analyse Relationnelle, aucun critère correspondant à l'ensemble des modalités J, et par analogie avec ce qui a été vu plus haut, nous pouvons déduire pour B un critère ayant la même structure que celui de Condorcet. On peut montrer que le critère recherché est défini comme suit:

- on remplace $X = \{x_{ii'}\}$ par $Y = \{y_{jj'}\}$
- on remplace $(c_{ii'} - \overline{c}_{ii'})$ par $\left(2b_{jj'} - \frac{b_{jj} + b_{j'j'}}{2}\right)$ ou $(b_{jj'} - \overline{b}_{jj'})$.

On peut déduire la valeur de $\overline{b}_{jj'}$

$$\bar{b}_{jj'} = \frac{b_{jj} + b_{j'j'}}{2} - b_{jj'} = \frac{1}{2}\sum_{i=1}^{N}[k_{ij}\bar{k}_{ij'} + k_{ij'}\bar{k}_{ij}].$$

Le problème d'optimisation associé à Burt peut se formuler de la façon suivante:

$$\max_{Y} \mathcal{C}(Y)$$

où : $$\mathcal{C}(Y) = \sum_{j=1}^{P}\sum_{j'=1}^{P}(b_{jj'}y_{jj'} + \bar{b}_{jj'}\bar{y}_{jj'}),$$

avec $\bar{y}_{jj'} = 1 - y_{jj'}$, et vérifiant les contraintes suivantes:

$$\mathfrak{C}(Y): \begin{cases} y_{jj'} - y_{j'j} = 0 & \forall\,(j,j') & \text{(symétrie)} \\ y_{jj'} + y_{j'j''} - y_{jj''} \leq 1 & \forall\,(j,j',j'') & \text{(transitivité)} \\ y_{jj'} \in \{0,1\} & \forall\,(j,j') & \text{(binarité)}. \end{cases}$$

Le processus de résolution est le même que précédemment.

4.4 La première unification

Dans les paragraphes précédents, nous avons vu qu'il était possible de traiter à un même niveau les individus et les modalités, mais la dualité n'était pas tout à fait complète à cause de certains déséquilibres entre les structures relationnelles liées à Burt et Condorcet, par exemple:

$$b_{..} = \sum_{j=1}^{P}\sum_{j'=1}^{P}b_{jj'} \neq c_{..} = \sum_{i=1}^{N}\sum_{i'=1}^{N}c_{ii'} \text{ et de même } \bar{b}_{..} \neq \bar{c}_{..}.$$

Pour pallier ce défaut, et afin d'avoir une dualité complète comme en ACM, nous allons construire un nouveau processus d'unification pour aboutir à une meilleure dualité.

5. Seconde unification relationnelle

Comme nous l'avons annoncé, l'objectif de cette deuxième unification relationnelle est de faire disparaître les déséquilibres entre critères et de rechercher une liaison plus étroite avec l'ACM. Dès lors, si nous revenons aux matrices de base de l'ACM Ψ de terme général $\psi_{jj'}$ et Θ de terme général $\theta_{ii'}$, nous pouvons montrer les relations suivantes:

$$\psi_{jj'} = \sum_{i=1}^{N} \frac{k_{ij}k_{ij'}}{k_{i.}\sqrt{k_{.j}}\sqrt{k_{.j'}}} = \frac{b_{jj'}}{M\sqrt{k_{.j}}\sqrt{k_{.j'}}} = \frac{\hat{b}_{jj'}}{\sqrt{k_{.j}}\sqrt{k_{.j'}}} \qquad (10.10)$$

$$\theta_{ii'} = \sum_{j=1}^{P} \frac{k_{ij}k_{ij'}}{k_{.j}\sqrt{k_{i.}}\sqrt{k_{i'.}}} = \frac{\hat{c}_{ii'}}{\sqrt{k_{i.}}\sqrt{k_{i'.}}} \qquad (10.11)$$

$$\theta_{ii'} = \frac{\hat{c}_{ii'}}{M} = \frac{1}{M}\sum_{k=1}^{M} \frac{c_{ii'}^{k}}{c_{i.}^{k}} \qquad (10.12)$$

On constate que le tableau de travail en ACM n'est autre que la moyenne de M indices de "présence-rareté".

Ces formules montrent de façon évidente le rôle sous-jacent des tableaux de Burt et de Condorcet pondérés $\widehat{B}$ et $\widehat{C}$ que nous avions définis respectivement en (10.3) et (10.6).

C'est pour cette raison que les tableaux $\widehat{B}$ et $\widehat{C}$ seront à la base de nouveaux critères complétant par cela la seconde unification relationnelle.

Critère de Burt pondéré

$$\widehat{C}(Y) = \sum_{j=1}^{P}\sum_{j'=1}^{P}(\hat{b}_{jj'}y_{jj'} + \bar{\hat{b}}_{jj'}\bar{y}_{jj'}) \qquad (10.13)$$

$$= \sum_{j=1}^{P}\sum_{j'=1}^{P}(\hat{b}_{jj'} - \bar{\hat{b}}_{jj'})y_{jj'} + \sum_{j=1}^{P}\sum_{j'=1}^{P}\bar{\hat{b}}_{jj'}. \qquad (10.14)$$

Critère de Condorcet pondéré

$$\widehat{C}(X) = \sum_{i=1}^{N}\sum_{i'=1}^{N}(\hat{c}_{ii'}x_{ii'} + \bar{\hat{c}}_{ii'}\bar{x}_{ii'}) \qquad (10.15)$$

$$= \sum_{i=1}^{N}\sum_{i'=1}^{N}(\hat{c}_{ii'} - \bar{\hat{c}}_{ii'})x_{ii'} + \sum_{i=1}^{N}\sum_{i'=1}^{N}\bar{\hat{c}}_{ii'}. \qquad (10.16)$$

En divisant le critère de Condorcet par M, on obtient le critère $\frac{\widehat{C}(X)}{M}$ suivant:

$$\frac{\widehat{C}(X)}{M} = \sum_{i=1}^{N}\sum_{i'=1}^{N}\left(\frac{\hat{c}_{ii'}}{M}x_{ii'} + \frac{\bar{\hat{c}}_{ii'}}{M}\bar{x}_{ii'}\right) \qquad (10.17)$$

$$= \sum_{i=1}^{N}\sum_{i'=1}^{N}\left(\frac{\hat{c}_{ii'}}{M} - \frac{\bar{\hat{c}}_{ii'}}{M}\right)x_{ii'} + \sum_{i=1}^{N}\sum_{i'=1}^{N}\frac{\bar{\hat{c}}_{ii'}}{M}, \qquad (10.18)$$

ce critère ayant l'avantage d'utiliser la matrice $\frac{\widehat{C}}{M}$ qui n'est autre que la matrice Θ (voir formule (10.12)).

6. Equilibre des quantités en jeu

Puisque nous avons annoncé précédemment qu'une amélioration de la première unification relationnelle consisterait à équilibrer les quantités entrant dans l'élaboration des critères, il importe de vérifier ici ces propriétés.

En effet, on peut montrer que:

$$\overline{b}_{..} = \overline{\overline{c}}_{..} = \overline{k}_{..} = NP - NM.$$

6.1 Liens avec l'inertie factorielle

L'un des résultats les plus intéressants concernant le lien entre l'Analyse Relationnelle et l'ACM est mis en lumière par les formules suivantes[6], correspondant à l'expression relationnelle de l'inertie factorielle: si l'on note ℓ le nombre de classes de la partition obtenue, G_h le centre de gravité de la classe I_h et μ_i le poids de l'individu 0_i, on peut montrer, dans l'espace des individus, par exemple, les formules suivantes:

$$I_{totale} = \frac{P}{M} - 1 \qquad \text{(résultat connu de l'ACM)}$$

$$= \frac{1}{NM} \sum_{i=1}^{N} \sum_{i'=1}^{N} \overline{\overline{c}}_{ii'} \qquad \text{(expression relationnelle de l'inertie totale)}$$

$$I_{intra} = \sum_{h=1}^{\ell} \sum_{i \in I_h} \mu_i \|O_i - G_h\|^2 \quad \text{(notations factorielles)}$$

$$= \frac{P}{M} - \sum_{i=1}^{N} \sum_{i'=1}^{N} \frac{\hat{c}_{ii'}}{M} \frac{x_{ii'}}{x_{i.}} = \sum_{i=1}^{N} \sum_{i'=1}^{N} \frac{\overline{\overline{c}}_{ii'}}{M} \frac{x_{ii'}}{x_{i.}}$$

$$I_{inter} = \sum_{i=1}^{N} \sum_{i'=1}^{N} \frac{\hat{c}_{ii'}}{M} \frac{x_{ii'}}{x_{i.}} - 1.$$

6.2 La maximisation de l'inertie apportée par une partition

Il est facile de vérifier que:

$$I_{intra} + I_{inter} = I_{totale} \qquad \text{(Formule d'Huyghens)}.$$

Théorème. *L'expression des Inerties interclasse et intraclasse (I_{inter} et I_{intra}) en notations relationnelles fait disparaître l'obligation de connaître le nombre de classes de la partition X par rapport à laquelle nous les calculons. Les sommations sur h (numéro des classes) et j (numéro des modalités) ne sont plus nécessaires (comme dans l'approche géométrique). De plus, cette*

---

[6] Pour une démonstration, voir Marcotorchino (1991).

expression sépare bien l'information sur les données "$\hat{c}_{ii'}$" des informations relatives à la partition "$x_{ii'}$".

Tous les critères de partitionnement inertiels sont basés sur la maximisation de l'inertie interclasse I_{inter} ou sur la minimisation de l'inertie intraclasse I_{intra}, ce qui équivaut à maximiser la différence $I_{inter} - I_{intra}$.

La fonction à optimiser est donc:

$$\mathcal{I}(X) = I_{inter}(X) - I_{intra}(X) \tag{10.19}$$

$$= \sum_{i=1}^{N} \sum_{i'=1}^{N} \frac{(\hat{c}_{ii'} - \bar{\bar{c}}_{ii'})}{M} \frac{x_{ii'}}{x_{i.}} - 1. \tag{10.20}$$

Pour utiliser $\mathcal{I}(X)$, il faut se rappeler que la partition X, qui nous garantirait une "recondensation optimale"[7] vis-à-vis des données de départ, serait une partition qui maximiserait l'inertie interclasse I_{inter} et minimiserait simultanément l'inertie intraclasse I_{intra}, c'est-à-dire maximiserait la quantité:

$$\max_{X} [I_{inter}(X) - I_{intra}(X)] = \max_{X} \mathcal{C}(X).$$

Il faut alors résoudre le problème suivant:

$$(P1) \begin{cases} \max_{X} \mathcal{I}(X) \\ x_{ii} = 1 \ \forall \, i \\ \mathfrak{C}(X) \end{cases}$$

Il est connu des utilisateurs de critères inertiels que, bien que le problème ci-dessus soit apparemment un problème fort complexe de programmation linéaire, il possède une solution simpliste et décevante fournie par la partition X^* suivante:

$$X^* = \{x_{ii} = 1, \quad x_{ii'} = 0 \qquad \forall \, i \neq i'\},$$

en d'autres termes:

• X^* a N classes formées d'individus isolés,
• I_{inter} est maximale et vaut:

$$I_{inter} = \frac{P}{M} - 1.$$

---

[7] Par "recondensation optimale", il faut se rappeler, comme le souligne Lerman (1979), qu'une partition minimisant un critère d'inertie intraclasse, ou maximisant un critère d'inertie interclasse peut apparaître comme une Analyse Factorielle avec contraintes. La recondensation du nuage $N(I)$ définie par une telle partition (classification) peut être regardée comme le résultat de la projection de chacun des points 0_i sur le centre de gravité de la classe à laquelle il appartient. Dans cette recondensation du nuage, I_{inter} est la part de l'inertie totale restituée par la partition (inertie expliquée), tandis que I_{intra} est la part perdue.

7. Comparaison de l'inertie classificatoire et de l'inertie expliquée par l'analyse factorielle

Soient $\mathcal{R}$ l'ensemble des r premiers axes factoriels et $\overline{\mathcal{R}}$ l'ensemble des axes restants d'une ACM sur un nuage de points $N(I)$.

Soit $X(\kappa)$ une partition de ce même nuage de points en κ classes.

Soit $I_{intra}(\mathcal{R})$ la part de l'inertie intraclasse totale expliquée par la projection des points O_i sur les r premiers axes factoriels par rapport aux classes définies par la partition $X(\kappa)$, et $I_{inter}(\mathcal{R})$, la part de l'inertie interclasse totale expliquée sur ces mêmes axes par rapport à la même partition $X(\kappa)$. Nous définissons l'inertie factorielle projetée par

$$I_F(\mathcal{R}) = I_{intra}(\mathcal{R}) + I_{inter}(\mathcal{R}).$$

De la même manière, appelons I_X la part de l'Inertie totale expliquée par la partition $X(\kappa)$, la part de l'inertie intraclasse $I_{intra}(X)$ ayant été perdue par la "recondensation classificatoire", il ne reste plus que l'inertie interclasse totale

$$I_X = I_{inter}(X).$$

On a donc:

$$I_F(\mathcal{R}) = I_{intra}(\mathcal{R}) + I_{inter}(\mathcal{R})$$
$$I_X = I_{inter}(\mathcal{R}) + I_{inter}(\overline{\mathcal{R}}).$$

Ainsi l'on a:

$$I_X - I_F(\mathcal{R}) = I_{inter}(\overline{\mathcal{R}}) - I_{intra}(\mathcal{R}). \tag{10.21}$$

Cette formule (10.21) est importante, puisqu'elle justifie l'apport de l'approche classificatoire dans un processus d'analyse des données en environnement ACM.

Si le signe de (10.21) est > 0, la partition X apporte plus d'information interprétable sur la population que la projection des points individus sur les r premiers axes factoriels.

Mais comme en pratique r sera choisi faible, nous aurons donc souvent $I_{inter}(\overline{\mathcal{R}})$ non négligeable devant $I_{inter}(\mathcal{R})$ et, de ce fait, supérieure à $I_{intra}(\mathcal{R})$ d'où:

$$I_X - I_F(\mathcal{R}) > 0.$$

En conclusion, si nous sommes dans la configuration précédente, il y a de grandes chances pour qu'une partition de la population en classes optimales vis-à-vis du critère d'Inertie Totale interclasse, du fait de sa possibilité de capter l'information en profondeur (c'est-à-dire non restreinte aux premiers facteurs), nous donne une interprétation meilleure de la structure de nos données.

En d'autres termes, si nous étions capables de fournir une partition "optimale" de la population vis-à-vis du critère de l'Inertie interclasse $I_{inter}(X)$, nous aurions à notre disposition la possibilité d'entourer sur les premiers diagrammes factoriels (axes 1-2, 1-3, 2-3 par exemple) les classes obtenues lors du calcul de cette partition optimale, la connaissance de ces contours fournissant un support non subjectif à l'interprétation.

8. Le critère de Condorcet pondéré comme palliatif à $\mathcal{I}(X)$

Comme nous venons de le voir au point 5.2, la maximisation de $\mathcal{I}(X)$, requise dans l'interprétation factorielle aidée par la classification, nous donne malheureusement une solution triviale.

Or, si l'on regarde le critère $\mathcal{I}(X)$ (formule (10.20)) et le critère $\frac{\widehat{c}(X)}{M}$ (formule (10.18)), il apparaît que les parties variables de $\mathcal{I}(X)$ et $\frac{\widehat{c}(X)}{M}$ ne diffèrent que par la division du terme $x_{ii'}$ par $x_{i.}$ dans $\mathcal{I}(X)$ par rapport à $\widehat{c}(X)$. Le coût dépendant des données, à savoir:

$$\left(\frac{\widehat{c}_{ii'}}{M} - \frac{\overline{\overline{c}}_{ii'}}{M} \right),$$

étant le même dans les deux expressions.

Or le critère de Condorcet Pondéré est un critère à solution non triviale, ayant des propriétés axiomatiques (Marcotorchino, 1991) qui en font un "bon" critère de partitionnement.

Il vérifie en effet plusieurs conditions:

1. la condition de Pareto.
   Cette condition stipule que si toutes les variables sont identiques alors le résultat final est identique à l'une de ces variables de départ. En d'autres termes si deux objets sont dans la même classe pour toutes les variables, alors ils seront dans la même classe pour la partition solution;
2. la condition de l'Union Cohérente.
   Si à partir de m variables de départ, on sélectionne un sous-ensemble de m_1 variables telle qu'on obtienne une partition solution X_1 et qu'à partir des $m_2 = (m - m_1)$ variables restantes on obtienne la même partition X_1, alors cette condition garantie qu'en réunissant les deux sous-ensembles disjoints des m_1 et m_2 variables on obtiendra toujours la même partition solution X_1 (cette condition est rarement vérifiée par les critères usuels);
3. la condition de Neutralité Totale.
   L'obtention d'une partition solution doit être indépendante à la fois de l'ordre dans lequel apparaissent les variables et de celui dans lequel apparaissent les objets. En d'autres termes que le résultat trouvé doit rester inchangé quelle que soit la permutation des lignes ou des colonnes que l'on peut faire subir aux tableaux de données avant traitement.
4. la condition de Non Dictature.
   Cette condition signifie qu'aucune variable ou modalité (dans le cas de

données disjonctives complètes), ne peut par son seul profil déterminer une partition (classification) des objets qui soit celle obtenue par la maximisation du critère associé (Condorcet, Condorcet Pondéré, ou Burt);

5. la condition d'Equivalence Distributionnelle.

Cette condition, applicable seulement au critère de Condorcet Pondéré, signifie que si deux modalités j et j' ont le même "comportement" sur l'ensemble des objets (c'est-à-dire même profil colonne pour le tableau disjonctif K), on peut regrouper ces modalités en une modalité unique notée $j'' = j + j'$, sans changer la valeur du critère de Condorcet pondéré.

Dès lors, si nous résolvons le problème suivant, nous avons:

$$(P2) \quad \begin{cases} \max_{X} \frac{\widehat{c}(X)}{M} \\ x_{ii} = 1 \\ \mathfrak{C}(X). \end{cases}$$

Nous obtenons une solution X^*, non triviale (c'est-à-dire non restreinte à avoir tous les individus isolés). Cette solution X^*, dépendant des données résumées par $\frac{\widehat{c}}{M}$ (la matrice factorielle Θ de l'ACM), a κ^* classes.

Cette valeur κ^* est alors ajoutée comme contrainte nouvelle, lors de la maximisation de $\mathcal{I}(X)$.

Le problème à résoudre est alors le suivant:

$$(P3) \quad \begin{cases} \max_{X} \mathcal{I}(X) \\ x_{ii} = 1 \ \forall \ i \\ \mathfrak{C}(X) \\ k(X) = k*. \end{cases}$$

La solution, X^{**}, de ce problème, s'obtient très facilement par la méthode donnée dans l'article de Marcotorchino (1991) en très peu d'itérations[8] à partir de X^*.

9. Conclusion sur le processus dit d'"Analyse Factorielle Relationnelle"

Les étapes à suivre pour faire une Analyse Factorielle Relationnelle sont donc les suivantes:

1. faire une ACM sur les données qualitatives de base, après codage disjonctif et obtention du tableau K;

---

[8] En fait, ce que nous avons constaté pour tous les exemples pratiques que nous avons traités, c'est que la solution X^* était équivalente à X^{**}. Ceci laisse ouverte une démonstration sur le fait que: $X^* = X^{**}$? Outre l'identité des coûts des fonctions économiques, cette propriété constatée, et non démontrée, renforce l'utilisation de $\frac{c(X)}{M}$ comme palliatif à $\mathcal{I}(X)$.

2. projeter les points du nuage $N(I)$ sur r axes factoriels;
3. construire $\widehat{C}$ (tableau de Condorcet Pondéré) en utilisant le calcul vectoriel de $\hat{c}_{ii'}$, fondé sur le tableau K (cf. formule (10.6)), ou utiliser les calculs de $\theta_{ii'}$ faits à la section 5 puisque: $\theta_{ii'} = \frac{\hat{c}_{ii'}}{M}$;
4. trouver la solution X^* du problème (P2);
5. obtenir, par des opérations élémentaires à partir de X^*, la solution X^{**} du problème (P3);
6. entourer sur les axes (1-2, 1-3, 2-3, etc.) les contours des classes obtenues à l'étape 5.

10. Exemple d'application

Afin d'illustrer le principe de la méthode, que nous appellerons maintenant "Analyse Factorielle Relationnelle" du fait de la juxtaposition des deux méthodologies ACM et Analyse Relationnelle qu'elle sous-tend, nous allons prendre comme exemple vingt-six cantons suisses décrits par dix-neuf variables continues (voir annexe; données communes à Cazes et Moreau, ce volume), que nous avons discrétisées grâce à la règle de Sturges (cf. Tenenhaus, 1994, p. 16). Nous avons obtenu 112 modalités au total, soit à peu près six modalités par variable. On a donc ici $N = 26$, $M = 19$ et le nombre de modalités $P = 112$. La partition du critère de Condorcet Pondéré possède $\kappa^* = 9$ classes[9] et correspond à une valeur du critère $(\frac{\widehat{C}(X)}{M})$ égale à:

$$\frac{\widehat{C}(X^*)}{M} \approx 130.$$

Cherchons maintenant la solution du problème:

$$\begin{cases} \max_{X} \mathcal{I}(X) \\ \kappa(X) = 9, \end{cases}$$

c'est-à-dire cherchons la partition à 9 classes ayant une inertie interclasse maximale (ou, ce qui est équivalent, maximisant le critère $\mathcal{I}(X)$). Pour ce faire, partant de X^*, nous appliquerons l'heuristique qui consiste à répéter les étapes suivantes:

– faire le transfert d'un individu d'une classe à une autre;
– faire l'échange simultané, entre deux classes, d'individus appartenant à l'une et à l'autre, et ceci tant qu'il y a amélioration du critère.

La solution X^* de Condorcet Pondéré fournit:

$$I_{inter}(X^*) \approx 2.58; \quad I_{intra}(X^*) \approx 2.31,$$

---

[9] Ce qui semble beaucoup, mais correspond au fait que le nombre de variables descriptives est très élevé par rapport au nombre de cantons.

d'où:

$$I_{totale}(X^*) \approx 4.89.$$

La valeur de $\mathcal{I}(X^*)$ est:

$$\mathcal{I}(X^*) = I_{inter}(X^*) - I_{intra}(X^*) \approx 0.27.$$

En appliquant, sur notre exemple, l'heuristique précédente à partir de X^*, nous constatons que les étapes de transfert et d'échange ne modifient pas X^*. Nous en déduisons donc que la meilleure partition maximisant $\mathcal{I}(X)$ à 9 classes est identique à la partition X^*.

On a donc ici $X^* = X^{**}$, ce qui implique $I_{inter}(X^*) = I_{inter}(X^{**})$.

10.1 Résultats

Nous pouvons, maintenant, représenter X^* sur le diagramme des deux premiers axes factoriels (voir figure 10.1), et constater que les classes formées se positionnent de façon régulière sur le premier plan factoriel, excepté les classes CL4, CL7 et CL9 dont le deploiement sur le plan n'est pas intuitif.

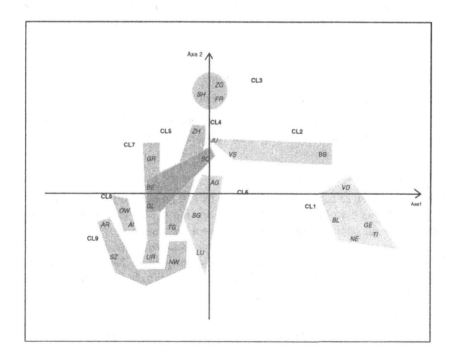

Fig. 10.1. Positionnement des classes dans le plan factoriel (1,2)

10.1.1 Quelques chiffres

Les dix premières valeurs propres λ_i de la matrice de Condorcet Pondéré divisée par M sont dans l'ordre décroissant: 1.00; 0.70; 0.53; 0.49; 0.47; 0.44; 0.42; 0.40; 0.38; 0.37.

Le pourcentage p d'inertie des deux premiers axes est 25.15%. Le pourcentage d'information recueilli par la partition X^* au travers de la quantité $I_{inter}(X^*)$ est donné par:

$$\frac{I_{inter}(X^*)}{I_{totale}} \approx \frac{2.58}{4.89} \approx 52.76.$$

On en déduit donc que la partition X^* apporte beaucoup plus d'information que la simple lecture du premier plan factoriel. On constate d'ailleurs ici la superposition des classes CL5 et CL7 sur le plan et l'ambiguïté du "classement" des cantons "BE" et "GL" positionnés dans la zone doublement hachurée.

En théorie, il faudrait aller jusqu'à l'interprétation des plans (1,2) (1,3) (1,4) (2,3) (2,4)... $(\kappa - 2, \kappa - 1)$ pour être sûr d'avoir représenté plus d'information qu'avec la partition X^*. De plus, à l'entourage et l'obtention de X^* sur le diagramme factoriel, nous pouvons associer des indicateurs de classificabilité, de cohérence, etc. Mais ceci est un autre propos, relatif à l'Analyse Factorielle Relationnelle dans sa pratique.

10.2 Un rapide essai d'interprétation

10.2.1 Retour sur les données de l'exemple

Les codes des cantons projetés sur le plan factoriel (1,2) ainsi que les 19 variables mesurées sur ces cantons sont listés en annexe du livre.

10.2.2 Interprétation succincte

A titre d'essai, en se reposant sur la figure 10.1 et en nous aidant du positionnement factoriel des classes, de leur opposition sur le plan (1,2) et des indices associés à la description des classes, proposées par l'analyse relationnelle (et non données ici), nous pouvons déduire les résultats suivants: les cantons formant les classes CL1 et CL2 regroupant Genève, Vaud, Neuchâtel, Valais, Tessin, Jura, Bâle, Liestal et Bâle-Ville s'opposent aux cantons formant les classes CL8 et CL9 regroupant Argovie, Schwytz, Nidwald, Obwald et Appenzell Rhodes-Intérieures.

Cette opposition sur l'axe 1 est confirmée par les paramètres caractéristiques des classes. Les classes CL1 et CL2 sont caractérisées par un fort taux d'entrée universitaire en 1993, un fort taux de maturité, un fort taux de chômeurs inscrits. Les classes CL8 et CL9 sont caractérisées, quant à elles, par un faible taux féminin d'entrée universitaire, un faible taux féminin de maturité, un faible taux féminin de chômage.

Les classes CL1 et CL2 ont par ailleurs un taux d'élèves de langue étrangère assez fort par rapport à la moyenne suisse, ce qui les distingue des classes CL8 et CL9 pour lesquelles ce taux est au plus bas.

Ceci fait apparaître une interprétation par variable extérieure à l'étude, liée au positionnement cartographique et topologique des cantons, qui pourrait avoir eu une influence non négligeable et sous-jacente sur la structuration du nuage et sur son interprétation.

Une nouvelle méthode d'analyse de données: la méthode "points et flèches"

Chikio Hayashi[1]

[1] Institut de Statistiques Mathématiques, Tokyo, Japon

1. Introduction

Nous exposons ici une méthode de visualisation graphique qui facilite une compréhension intuitive des données. Cette méthode permet de représenter les différences de distribution de catégories de réponse à des questions. Simultanément, elle permet de représenter les caractéristiques de certaines classes d'individus en fonction des similarités des distributions de réponses dans chacune des classes.

2. Explication de la méthode

On sait qu'il est important et fructueux d'analyser les réponses à un questionnaire suivant certaines variables signalétiques (comme le sexe, l'âge, le niveau d'éducation, etc.) et suivant des croisements de variables (le sexe par l'âge, l'âge par le niveau d'éducation, le sexe par le niveau d'éducation, le sexe par le niveau d'éducation par l'âge, etc.). Avec le développement de l'informatique, il est devenu facile d'effectuer des tableaux croisés. Cependant, si le nombre de questions, le nombre de variables signalétiques et le nombre de leurs modalités (attributs) sont élevés, alors le volume des tabulations devient considérable. Nous restons souvent perplexes devant la masse d'informations issues du traitement informatique. Il est alors souhaitable de développer une méthode d'analyse des données qui, grâce à un bon support visuel, nous permette de résumer la complexité de ces informations. Pour ce faire, nous présentons une nouvelle approche issue de la méthode de quantification IV (quantification de type e_{ij}) ou de la méthode de quantification de type K-L.

Rappelons brièvement les principes des méthodes de quantification IV et de quantification de type K-L[1]. Dans le cas de la quantification IV, e_{ij} représente une similarité entre des éléments i et j. On cherche à représenter

---

[1] Ces méthodes s'apparentent aux méthodes de positionnement multidimensionnel (voir Iglesias, 1975).

ces éléments par des points dans un espace euclidien de telle façon que les distances entre les points correspondent aux similarités avec une qualité d'ajustement raisonnable. x_k^s désignant la coordonnée de l'élément k dans la $s^{\text{ième}}$ dimension, on maximise la quantité Q:

$$Q = -\sum_k \sum_{\substack{\ell \\ \ell \neq k}} e_{k\ell} \left\{ \sum_s (x_k^s - x_\ell^s)^2 / \tau_s^2 \right\} \quad \text{avec} \quad \tau_s^2 = \frac{1}{N} \sum_k x_k^{s^2}$$

sous des conditions d'orthogonalité. Dans le cas de la quantification K-L, e_{ij} représente une dissimilarité entre les éléments i et j. On cherche à représenter les éléments i et j par des points dans un espace euclidien de manière à minimiser la quantité

$$W^2 = \sum_i \sum_j \left(e_{ij} - d_{ij}^2 + L \right) \ ,$$

d_{ij} étant la distance entre les éléments i et j $(d_{ij}^2 = \sum_s (x_i^s - x_j^s)^2)$ et L une constante à déterminer (pour plus de détails, voir Hayashi, 1976).

Supposons que les données sur lesquelles porte l'analyse concernent différentes mesures effectuées sur un certain nombre de sujets (voir le tableau théorique 11.1). Supposons également que ces sujets soient classés pour chaque mesure, S_{ir} étant le rang du sujet i évalué par la mesure r; les rangs varient de 1 à N.

Tableau 11.1. Un type de présentation des données ordinales

Sujet	Mesure 1		2		.....	R	
1	3		N				
2	5		2				
3	1	C	6	C			C
.	.	l	.	l			l
.	.	a	.	a			a
.	.	s	.	s			s
.	.	s	.	s			s
.	.	e	.	e			e
.	.	m	.	m			m
.	.	e	.	e			e
.	.	n	.	n			n
.	.	t	.	t			t
N	4		5				

Nous voyons par exemple que le sujet 1 est le 3e dans l'échelle de la mesure 1 mais le dernier dans l'échelle de la mesure 2. Le sujet 2 est le 5e dans l'échelle de la mesure 1 mais le 2e dans l'échelle de la mesure 2, etc.

Nous nous proposons de développer une méthode qui permette de visualiser ces différents classements.

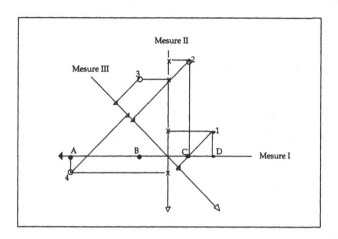

Fig. 11.1. Représentation de données ordinales

Légende. les projections des sujets (1, 2, 3, 4) sur chacun des axes associés aux mesures (I, II, III) sont conformes à leur rang tel que présenté au tableau 11.2

Considérons tout d'abord l'exemple simple fourni par les données hypothétiques du tableau 11.2.

Tableau 11.2. Données hypothétiques pour $N = 4$ et $R = 3$

		$N = 4$	$R = 3$	
		Mesure	r	
Sujet	i	1	.	R
		I	II	III
1	A	1	3	4
.	B	2	1	3
.	C	3	2	1
N	D	4	4	2

Nous cherchons à résumer ces données sous forme graphique pour en faciliter l'interprétation. Dans ce tableau, le sujet 1 est le 1er pour la mesure I, le 3e pour la mesure II, le 4e pour la mesure III, etc. Ce tableau est représenté graphiquement par la figure 11.1: les sujets 1, 2, 3 et 4 y sont représentés par des points et les mesures par des axes. Nous considérons la projection des points sur ces axes et nous leur attribuons un rang en fonction de leur position. Prenons par exemple l'axe qui correspond à la 3e mesure:

l'ordre des projections sur cet axe est 3, 4, 2, 1. Autrement dit, pour la mesure III, le sujet 1 a le 4e rang, le sujet 2 le 3e rang, le sujet 3 le 1er rang et le sujet 4 le 2e rang. Ce classement est identique à celui du tableau 11.2. Dans un tel graphique, les sujets voisins ont des caractéristiques semblables pour l'ensemble des mesures; autrement dit, leurs rangs sont proches l'un de l'autre. De plus, si les axes sont voisins, ils induisent un classement semblable des sujets. Nous pouvons donc comparer les sujets et les mesures dans un même espace et ainsi saisir intuitivement leurs similarités ou leurs différences.

Nous utilisons ici la méthode de quantification de type e_{ij}. Nous supposons tout d'abord que d_{ij}^2 est la dissimilarité entre le sujet i et le sujet j; d_{ij}^2 est alors défini par:

$$d_{ij}^2 = \frac{1}{R} \sum_{r=1}^{R} (S_{ir} - S_{jr})^2 \,,$$

où S_{ir} est le rang du $i^{\text{ème}}$ sujet pour la $r^{\text{ème}}$ mesure ($i = 1, 2, \ldots, N$; $r = 1, 2, \ldots, R$; R est le nombre total de mesures). Cette expression montre que, si S_{ir} et S_{jr} sont proches, i et j sont alors voisins. La dissimilarité apparaît comme la moyenne des carrés des différences entre S_{ir} et S_{jr}. C'est une situation typique pour utiliser la quantification de type e_{ij}. Ici, il vaut mieux considérer que la similarité entre i et j (e_{ij}) vérifie $e_{ij} \approx -d_{ij}^2$. e_{ij} correspond bien à une échelle qui mesure la similarité entre i et j. On cherche un espace de représentation dont la dimension soit la plus faible possible, idéalement un espace de dimension 2, voire 3.

Considérons un modèle appliqué à un espace de dimension 2:

$$S_{ir} = a_r x_i + b_r y_i \,,$$

où x_i et y_i sont les poids (i.e. les scores factoriels) du sujet i dans l'espace de dimension 2, a_r et b_r les scores (poids factoriel) de la mesure r dans cet espace. Pour a_r et b_r nous imposerons les conditions suivantes:

$$\sum_{r=1}^{R} a_r/R = 0, \ \sum_{r=1}^{R} b_r/R = 0 \ \text{(la moyenne des scores est égale à 0)};$$

$$\sum_{r=1}^{R} a_r^2/R = 1, \ \sum_{r=1}^{R} b_r^2/R = 1 \ \text{(la variance des scores est égale à 1)};$$

$$\sum_{r=1}^{R} a_r b_r/R = 0 \ \text{(condition d'orthogonalité entre les scores).}$$

Nous avons alors:

$$S_{ir} - S_{jr} = a_r(x_i - x_j) + b_r(y_i - y_j)$$

$$\text{et} \ d_{ij}^2 = \frac{1}{R} \sum_{r=1}^{R} (S_{ir} - S_{jr})^2 = (x_i - x_j)^2 + (y_i - y_j)^2 \,.$$

Nous considérons donc la similarité e_{ij} entre i et j. Si nous supposons que e_{ij} correspond à:

$$-\frac{1}{R}\sum_{r=1}^{R}(S_{ir} - S_{jr})^2 = -d_{ij}^2 \ ,$$

nous devons alors déterminer x et y de telle façon que e_{ij} corresponde à:

$$(x_i - x_j)^2 + (y_i - y_j)^2 \ .$$

Nous supposons ici que x et y sont normalisés. C'est le point de vue de la quantification de type e_{ij}. Il vaut donc mieux utiliser ce type de quantification pour déterminer x_i et y_i ($i = 1, 2, \ldots N$). Si e_{ij} est identique à $-d_{ij}^2$, il est préférable d'utiliser la méthode de quantification de type K-L. Notons que l'abscisse de la projection du point i sur l'axe orthogonal à la droite d'équation $a_r x + b_r y = 0$ associée à la mesure r est définie par:

$$\frac{a_r x_i + b_r y_i}{\sqrt{a_r^2 + b_r^2}} \ .$$

Il est important de remarquer que cette quantité est proportionnelle à $S_{ir} = a_r x_i + b_r y_i$. Nous pouvons attribuer un rang correspondant à la position de cette projection et ceci pour chaque mesure. Ce but peut être atteint en déterminant, d'une part, les points par la quantification de type e_{ij} ou $K - L$ et, d'autre part, les axes correspondant à chaque mesure r, de telle façon que les rangs obtenus géométriquement reproduisent le mieux possible les données du tableau 11.1. La détermination des axes peut être obtenue de façon algorithmique. Par exemple, nous pouvons considérer les 360 droites dans l'espace euclidien associées aux 360 degrés. Nous obtenons la position des projections et leur rang et nous sélectionnons l'axe qui reproduit le mieux les classements du tableau 11.1. Le coefficient de corrélation de Spearman entre les rangs réels (tableau 11.1) et les rangs obtenus graphiquement permet d'apprécier la reproductibilité du classement. Nous pouvons alors déterminer l'axe par maximalisation du coefficient de corrélation de Spearman. La solution n'est pas toujours unique: dans certains cas, nous obtenons deux solutions qui conduisent au même classement. Nous choisissons alors la bissectrice de l'angle défini par les deux axes correspondant aux deux solutions. Nous pouvons exprimer le degré d'adéquation du modèle par le coefficient de corrélation de Spearman. Nous appelons cette méthode la méthode points et flèches (MPF) que nous illustrons ci-dessous par divers exemples.

3. Exemple I: traitement de tabulation simple pour différents groupes

Prenons pour exemple (voir tableau 11.3) une enquête par questionnaire conduite dans 5 pays (Etats-Unis, Angleterre, France, Allemagne et Japon).

Nous effectuons une tabulation par population puis classons chaque population en fonction de l'importance donnée aux différents thèmes (voir tableau 11.4).

Pour résumer ce tableau, nous appliquons la méthode "points et flèches" (MPF) et obtenons une représentation simultanée des thèmes et des pays (voir figure 11.2). Nous projetons chaque point représentant un pays sur l'axe associé à chaque thème et ordonnons ces projections. Nous déterminons alors le coefficient de corrélation des rangs entre cette information et le rang donné dans le tableau 11.4 (voir la dernière colonne de ce tableau). Le coefficient de corrélation des rangs est très élevé sauf dans le cas de "carrière et travail". La figure 11.2 résume et représente donc l'information contenue dans le tableau 11.4 avec une grande précision.

Tableau 11.3. Extraits du questionnaire

Question	Degré d'importance							
	pas du tout					très		sans opinion
1. Votre famille proche	1	2	3	4	5	6	7	0
2. Carrière professionnelle	1	2	3	4	5	6	7	0
3. Temps libre	1	2	3	4	5	6	7	0
4. Amis et connaissances	1	2	3	4	5	6	7	0
5. Famille élargie	1	2	3	4	5	6	7	0
6. Religion	1	2	3	4	5	6	7	0
7. Politique	1	2	3	4	5	6	7	0

Légende. Le répondant doit se positionner sur une échelle de 1 (pas important du tout) à 7 (très important)

Nous distinguons deux groupes, les Américains et les Japonais d'une part, les Anglais et les Français d'autre part. Les Allemands ont une position isolée. Ces relations mutuelles sont exprimées en fonction des 7 questions dans un espace de dimension 2. Les thèmes 4, 6 et 7 forment un groupe, les autres thèmes sont assez différents. Les thèmes 1 et 3 sont ceux qui présentent le plus de différence.

Tableau 11.4. Classement des pays en fonction du degré d'importance de chaque item

	Allemands	Français	Anglais	Américains	Japonais	Correlation des rangs
1. Votre famille proche	5	4	2	1	3	1.00
2. Carrière professionnelle	5	2	4	3	1	0.50
3. Temps libre	1	3	5	3	2	0.95
4. Amis et connaissances	3	5	4	2	1	1.00
5. Famille élargie	5	4	3	1	2	1.00
6. Religion	3	5	4	1	2	0.90
7. Politique	3	4	4	2	1	0.95

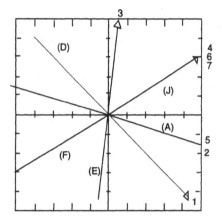

Fig. 11.2. Classification simultanée des pays et des questions par la méthode MPF

Légende. A: Américains; E: Anglais; F: Français; D: Allemands; J: Japonais

4. Exemple II: traitement des données ordinales

Nous poursuivons l'analyse des données de l'enquête ci-dessus. Les questions sont classées selon les thèmes suivants:

a. économie et classe sociale (4 questions);
b. anxiété (5 questions);
c. famille, religion (8 questions);
d. science et technologie (9 questions);
e. santé et satisfaction de vivre (14 questions);
f. argent (8 questions);
g. attentes sur le plan économique et social (5 questions);

h. confiance (3 questions);

i. famille et mariage (5 questions).

Les résultats de l'analyse des correspondances multiples (méthode de quantification III) montrent que, pour chaque pays et pour chaque thème, l'attitude est décrite par une échelle unidimensionnelle; de plus la configuration des mêmes catégories de réponse est semblable. Chaque pays se caractérise donc par une attitude semblable aux différents thèmes. Nous obtenons la position de chaque pays sur chacune des échelles et ceci pour chacun des thèmes. Par exemple, les figures 11.3 et 11.4 décrivent l'attitude envers la science et la technologie. La figure 11.3 précise la configuration des catégories de réponses. Trois groupes de réponses se distinguent nettement: les réponses positives, négatives et intermédiaires. Chaque pays peut être situé sur une échelle opposant une attitude positive à une attitude négative: Amérique et France (attitude positive), Japon et Angleterre (attitude nuancée), Allemagne (attitude négative). Le tableau 11.5 décrit les classements obtenus pour les différents pays et pour chacun des thèmes. La méthode MPF permet de résumer ce tableau. Nous procédons comme à la section 2: les coefficients de corrélation des rangs sont fournis dans la dernière colonne du tableau 11.5. Ces coefficients de corrélation sont très élevés, leur moyenne étant de .89. Le graphique (voir figure 11.5) reflète donc l'information du tableau 11.5 avec une grande précision. Plusieurs groupes se caractérisent par des attitudes similaires: Amérique, Angleterre et Japon d'une part, France et Allemagne d'autre part. Les thèmes définissent la classification hiérarchique suivante:

$$\left. \begin{array}{l} f, c, i \to +d \\ g, h \to +b \to +e \end{array} \right\rangle$$

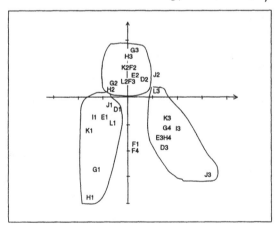

Fig. 11.3. Représentation des modalités des questions (science et technologie) dans le premier plan factoriel

Légende. Les symboles correspondent aux modalités des questions

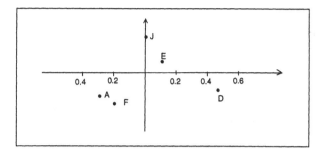

Fig. 11.4. Représentation des pays dans le premier plan factoriel déterminé par le thème science et technologie

Légende. A: Américains; E: Anglais; F: Français; D: Allemands; J: Japonais

Tableau 11.5. Tableau condensé

	D	F	E	A	J	Signification du rang inférieur	Caractère des rangs
b. Anxiété	1	5	3	4	2	Pas d'anxiété	1.00
c. Famille, religion	5	3	3	1	2	???	0.95
d. Science, technologie	5	2	4	1	3	Positif	1.00
e. Santé et satisfaction de vivre	4	5	1	3	2	Positif	0.60
f. Argent	5	4	2	1	3	Pas orienté vers l'argent	0.90
g. Attentes sur le plan économique et social	2	5	4	3	1	Positif, optimiste	0.90
h. Confiance	1	5	3	1	4	Confiant	0.85
i. Famille et mariage	5	4	3	2	1	Traditionnel	0,90

Plusieurs groupes de thèmes apparaissent: "famille et religion", "famille et mariage" et "argent" d'une part, "attentes sur le plan économique et social" et "confiance" d'autre part; "science et technologie" a une certaine parenté avec le premier groupe, alors que "anxiété" et "santé et satisfaction" s'apparentent respectivement avec les deux groupes.

Pour l'ensemble des thèmes, nous remarquons que les Anglais occupent une position intermédiaire entre le groupe des Américains, des Japonais et des Allemands d'une part, et entre le groupe des Américains, des Japonais et des Français d'autre part.

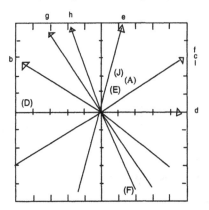

Fig. 11.5. Résumé graphique du tableau 11.5

Légende. Légende. A: Américains; E: Anglais;
F: Français; D: Allemands; J: Japonais

5. Application de la méthode dans le cas d'un questionnaire

5.1 Idées fondamentales

Nous décomposons les réponses à un questionnaire suivant les modalités (ou attributs) de variables signalétiques et nous examinons comment diffèrent les distributions de réponses entre plusieurs décompositions. Cette information peut être évaluée par la valeur de la variance interclasse. Une décomposition donnée est pertinente si la valeur de la variance interclasse est importante. La variance interclasse de la $r^{\text{ième}}$ décomposition pour la $i^{\text{ième}}$ question σ_{ir}^2 est définie de la façon suivante: soit $\sigma_{ir}(u_i)^2$ la variance interclasse de la $r^{\text{ième}}$ décomposition dans la $i^{\text{ième}}$ catégorie de la $u_i^{\text{ième}}$ question. $\sigma_{ir}(u_i)^2$ est défini par:

$$\sigma_{ir}(u_i)^2 = \sum_{m_r=1}^{C_r} (x_{im_r}(u_i) - \bar{x}(u_i))^2 P_{m_r} \,,$$

où $x_{im_r}(u_i)$ est le pourcentage de réponses d'une catégorie donnée u_i de la $i^{\text{ième}}$ question dans le sous-groupe m_r de la $r^{\text{ième}}$ décomposition. Un exemple concret est le pourcentage d'accord (i.e. catégorie donnée u_i) de la $i^{\text{ième}}$ question pour le groupe d'âge des 20 à 24 ans (i.e. m_r). L'âge correspond ici à la $r^{\text{ième}}$ décomposition. $\bar{x}(u_i)$ est défini par:

$$\bar{x}(u_i) = \sum_{m_r=1}^{C_r} x_{im_r}(u_i) P_{m_r} \,,$$

où P_{m_r} est la proportion de la population appartenant au sous-groupe m_r et $\sum_{m_r=1}^{C_r} P_{m_r} = 1$. C_r est le nombre total de sous-groupes dans la $r^{\text{ième}}$ décomposition. Par exemple dans le cas où la $r^{\text{ième}}$ décomposition est le sexe, $C_r = 2$; dans le cas de l'âge, C_r est un nombre qui dépend de l'échelle utilisée. Cette variance est basée sur la catégorie u_i. $\sigma_{ir}(u_i)^2$ est d'autant plus grande que les pourcentages entre les sous-groupes de la décomposition sont différents. σ_{ir}^2 est défini en fonction des $\sigma_{ir}(u_i)^2$ par la relation suivante:

$$\sigma_{ir}^2 = \sum_{u_i=1}^{U_i} \sigma_{ir}(u_i)^2 W_{ir}(u_i) \ ,$$

où le poids $W_{ir}(u_i)$ est le pourcentage total de réponses de la $u_i^{\text{ième}}$ catégorie dans la $i^{\text{ième}}$ question. U_i est le nombre total de catégories de la $i^{\text{ième}}$ question. Nous obtenons ici une mesure σ_{ir}^2 qui exprime les différences d'opinion pour la $r^{\text{ième}}$ décomposition dans la $i^{\text{ième}}$ question. Si nous remplaçons les valeurs numériques des σ_{ir}^2 par les rangs S_{ir} associés, nous obtenons alors un résumé clair de l'information par la méthode "points et flèches".

Afin de pouvoir obtenir une vision claire des différences d'opinion pour plusieurs décompositions, nous utilisons la matrice des S_{ir} ($i = 1, 2, \ldots N$, $r = 1, 2, \ldots R$) au lieu de la matrice des variances interclasses. Nous précisons maintenant comment appliquer la méthode "points et flèches" dans cette situation.

Nous pouvons envisager deux façons de procéder (voir tableaux 11.6a et 11.6b), soit croiser les questions par les décompositions, soit croiser les décompositions par les questions.

Tableau 11.6a. Exemple d'analyse des distributions de réponses à des questions en fonction de plusieurs décompositions, les questions étant les sujets et les décompositions étant les mesures

Questions	Décompositions					
	1	2	3	4	.....	R
	sexe	âge	éducation		.....	
1			Classement par colonne			
2						
3						
:						
N						

Tableau 11.6b. Exemple d'analyse des distributions de réponses à des questions en fonction de plusieurs décompositions, les questions étant les mesures et les décompositions étant les sujets

Décompositions		Questions				
		1	2	3	.....	N
1	sexe	Classement par colonne				
2	âge					
3	éducation					
⋮						
R						

Les tableaux 11.6a et 11.6b sont très différents l'un de l'autre, chacun ayant sa propre signification. Dans le tableau 11.6a, les items sont ordonnés selon la taille de leur variance en commençant par la plus petite. Dans le tableau 11.6b, les décompositions sont classées dans l'ordre des variances en commençant par la plus petite. La décomposition de rang N a le plus haut degré d'efficacité, c'est-à-dire qu'elle induit les différences les plus nettes. Nous présentons ci-dessous un exemple réel.

5.2 Exemple d'enquête sur des phénomènes surnaturels

Dans le cadre d'une enquête sur la représentation de certains phénomènes surnaturels chez les Japonais, nous posons une série de questions faisant intervenir trois dimensions: l'existence ("pense que cela existe"/"ne pense pas que cela existe"); le souhait ("espère que cela existe"/"espère que cela n'existe pas"); l'émotion ("est effrayant"/"n'est pas effrayant"; "est amusant ou agréable"/"n'est pas amusant"). Nous obtenons ainsi 8 catégories de réponse. Nous considérons douze phénomènes surnaturels fréquemment mentionnés dans la vie de tous les jours (voir tableau 11.7). Nous posons la question suivante: "Choisissez l'une des 8 catégories de réponses qui s'accorde le mieux à vos sentiments quand vous entendez le nom de l'être surnaturel suivant." Les enquêtes portent sur un échantillon aléatoire de 861 individus âgés de 20 ans et plus, appartenant à 23 zones urbaines de Tokyo. La réponse du répondant est supposée non aléatoire.

Soit x_{im_r} le pourcentage de réponses affirmatives pour le $i^{\text{ème}}$ item surnaturel dans le groupe m_r de la $r^{\text{ème}}$ décomposition. Nous explorons les différences qui émergent dans chaque décomposition: sexe, âge, etc. C_r représente le nombre de sous-groupes pour la $r^{\text{ème}}$ décomposition. Soit M_s ($s = 1, 2, \ldots, C_r$) la fréquence du $s^{\text{ème}}$ objet surnaturel pour la $r^{\text{ème}}$ décomposition; on pose $\sum_{s=1}^{C_r} M_s = M$. On désigne par Q_s le pourcentage de réponses caractérisant le $s^{\text{ième}}$ objet surnaturel (pour une décomposition donnée) et $\bar{Q}$ le pourcentage total de ces réponses. Pour identifier l'effet respectif de chaque décomposition, nous considérons σ_b^2 définie par:

$$\sigma_b^2 = \sum_{s=1}^{C_r} \frac{M_s}{M}(Q_s - \bar{Q})^2 \; .$$

Nous pouvons donc supposer que $u_i = 1$ pour chaque i. σ_b^2 devient alors un indice pour mesurer l'influence de chaque décomposition sur la distribution des réponses. Pour une plus grande clarté, nous classons les variances en attribuant le rang le plus bas à la plus petite variance. L'influence de la décomposition est fonction de la taille de σ_b^2. Dans le tableau 11.8, nous classons les objets surnaturels qui différencient le mieux les décompositions (ce tableau correspond au tableau théorique 11.6a). Par exemple, ce tableau montre que l'objet surnaturel "esprits vengeurs" est celui pour lequel les opinions varient le moins en fonction de l'âge. Avec cette approche, nous pouvons ainsi identifier les décompositions qui influencent les réponses concernant certains objets surnaturels.

Tableau 11.7. Matrice des variances interclasses pour l'enquête sur les phénomènes surnaturels

Items	Décompositions				
	sexe	âge	éducation	lieu de naissance	parti politique
homme des neiges	4.56	193.60	104.25	16.70	30.87
Nessie	0.29	289.08	119.27	17.51	16.61
soucoupes volantes	5.55	268.30	115.98	3.46	40.74
fantômes	40.76	149.14	41.93	1.18	9.44
génies des eaux	6.75	41.17	45.15	19.91	15.95
lutins	31.09	49.21	20.19	7.47	16.41
perceptions extrasensorielles	5.77	139.29	33.13	11.73	6.35
malédictions	55.42	34.04	10.79	2.25	3.70
esprits vengeurs	79.11	22.54	17.52	18.39	15.27
machine à remonter le temps	0.29	248.66	65.86	8.39	22.20
dragons	0.22	30.14	30.90	11.25	24.64
démons	0.59	26.89	31.14	21.39	9.59

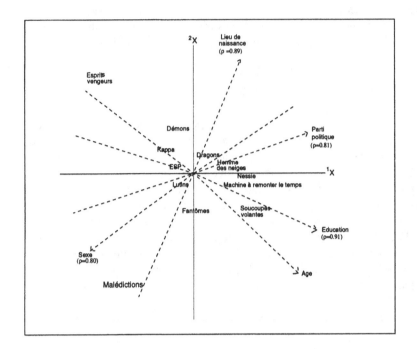

Fig. 11.6. Relation entre les entités surnaturelles et le classement des effets pour chaque décomposition

Légende. ρ = coefficient des rangs de Spearman

La représentation graphique nous permet de visualiser clairement les résultats. La figure 11.6 montre les objets surnaturels projetés dans un espace à deux dimensions. Les décompositions sont représentées par des axes. La position respective des projections des objets surnaturels sur les axes permet de classer les objets suivant la variance. Par exemple, si nous considérons la projection de chacun des objets surnaturels sur la droite représentant les classes d'âge, nous remarquons qu'apparaissent, dans l'ordre, "soucoupes volantes" suivies par "Nessie". Nous voyons donc que la représentation de ces deux phénomènes surnaturels varie le plus en fonction des classes d'âge. Par contre, "démons" et "esprits vengeurs" arrivent en fin de classement; l'âge n'a donc pas d'influence sur les représentations de ces deux objets. Par rapport à la décomposition par âge, il y a peu de différences entre les classements tels qu'ils apparaissent à la figure 11.6 et ceux du tableau 11.8. En effet le coefficient de corrélation des rangs de Spearman est égal à .93.

Plus généralement, la figure 11.6 donne une bonne représentation des données du tableau 11.8. En effet, on sait que les axes associés aux décompositions sont définis de telle façon que le coefficient de corrélation de Spearman entre les rangs issus des données et les rangs des points projetés soit maximal.

Ici, la moyenne de ces coefficients de corrélation est de .87. Sur le graphique, si les objets sont proches, ils ont des caractéristiques semblables pour l'ensemble des décompositions. Au contraire, si les objets sont éloignés l'un de l'autre sur la périphérie, leur effet diffère pour l'ensemble des décompositions. Certains objets ont un effet important alors que d'autres n'en ont pas. Les objets situés près de l'origine se trouvent n'avoir aucun effet pour aucune décomposition. Les axes qui sont proches l'un de l'autre ont un effet semblable. Par exemple, la figure 11.6 montre que "éducation" et "parti politique" ont des effets semblables. En général, les axes orthogonaux diffèrent dans leurs effets. La figure 11.6 donne ainsi une information claire qui résume l'effet des décompositions et classe les objets surnaturels.

Tableau 11.8. Classement de l'effet des décompositions dans l'enquête sur les phénomènes surnaturels

Questions	Décompositions				
	sexe	âge	éducation	lieu de naissance	parti politique
homme des neiges	5	9	10	8	11
Nessie	2.25	12	12	9	8
soucoupes volantes	6	11	11	3	12
fantômes	10	8	7	1	3
génies des eaux	8	5	8	11	6
lutins	9	6	3	4	7
perceptions extrasensorielles	7	7	6	7	2
malédictions	11	4	1	2	1
esprits vengeurs	12	1	2	10	5
machine à remonter le temps	2.5	10	9	5	9
dragons	1	3	4	6	10
démons	4	2	5	12	4

Si nous adoptons maintenant un point de vue contraire, nous pouvons déterminer quels objets surnaturels ont une grande et une petite variance et pour quelles décompositions. Cette étude correspond au tableau théorique 11.6b et aux données du tableau 11.9. Comme nous avons adopté un point de vue contraire, notre méthode d'interprétation est maintenant tout à fait différente. La figure 11.7 illustre les données présentées dans le tableau 11.9. La moyenne des coefficients de corrélation de rang est très élevée (.95). Dans plusieurs cas, le coefficient de corrélation est même égal à 1, ce qui correspond à une identification complète des rangs entre ceux de la figure 11.7 et ceux du tableau 11.9. Sur la figure 11.7, les décompositions s'écartent les unes des autres et leur effet n'est pas uniforme. Des classes d'objets surnaturels sont représentées par un même axe, ce qui signifie que, pour ces objets, les classements des différentes décompositions sont identiques. Les droites qui sont proches ont des effets semblables, alors que les droites orthogonales ont des effets très différents. Des axes opposés ont des effets contraires.

Tableau 11.9. Classement des effets des décompositions dans l'enquête sur les phénomènes surnaturels; perspective inverse au tableau 11.8

| Questions | Décompositions | | | | |
	sexe	âge	éducation	lieu de naissance	parti politique
homme des neiges	1	5	4	2	3
nessie	1	5	4	3	2
soucoupes volantes	2	5	4	1	3
fantômes	3	5	4	1	2
génies des eaux	1	4	5	3	2
lutins	4	5	3	1	2
perceptions extrasensorielles	1	5	4	3	2
malédictions	5	4	3	1	2
esprits vengeurs	5	4	2	3	1
la machine à remonter le temps	1	5	4	2	3
dragons	1	4	5	2	3
démons	1	4	5	3	2

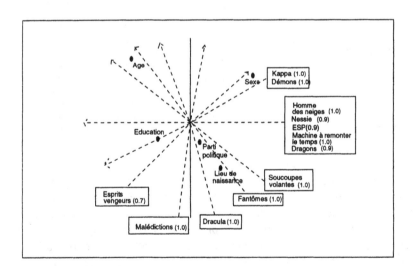

Fig. 11.7. Relation entre l'effet de chaque décomposition et les entités surnaturelles

Légende:ρ: coefficient des rangs de Spearman

Ce graphique permet une compréhension globale montrant les représentations des répondants par rapport aux objets surnaturels ainsi qu'une classification de l'effet des décompositions.

6. Conclusion

L'analyse des correspondances ne tient pas compte dans sa procédure du caractère ordinal des données. Dans certaines situations, l'ordre peut être une information importante à conserver dans l'analyse. La méthode "points et flèches" permet justement une synthèse de données ordinales complexes et leur visualisation. Elle peut être employée conjointement à l'analyse des correspondances. L'analyse des correspondances permet d'obtenir des classements en fonction des coordonnées factorielles, la méthode "points et flèches" permettant alors de les visualiser.

Ce chapitre reprend une conférence donnée dans le cadre de l'Association Internationale de Sociologie à Bielefeld en Allemagne, en juillet 1994.

Annexe

Liste des variables

Les 19 variables mesurées sur ces cantons sont les suivantes:

V01 = Dépense publique par élève (canton et commune)

V02 = Taux de diplômés de la formation professionnelle à la fin du secondaire

V03 = Taux de diplômés de la formation générale à la fin du secondaire

V04 = Taux d'élèves admis après des exigences élémentaires en 1993/1994

V05 = Taux d'élèves admis après des exigences étendues en 1993/1994

V06 = Taux d'élèves admis sans sélection en 1993/1994

V07 = Taux de redoublement en 1993

V08 = Taux de redoublement sans changement du type d'enseignement (1993)

V09 = Taux de redoublement avec changement du type d'enseignement (1993)

V10 = Taux d'élèves suivant un enseignement spécial par canton (1993/1994)

V11 = Taux de diplômes universitaires en 1993

V12 = Taux d'élèves de langue étrangère fréquentant l'école obligatoire (1993/1994)

V13 = Chômeurs inscrits (moyenne annuelle) en 1993

V14 = Nombre d'élèves par enseignant au degré primaire en 1993/1994

V15 = Nombre d'élèves par enseignant au degré secondaire en 1993/1994

V16 = Taux masculin d'entrée universitaire en 1993

V17 = Taux féminin d'entrée universitaire en 1993

V18 = Taux masculin de maturité en 1993

V19 = Taux féminin de maturité en 1993.

Liste des cantons

ZH = Zurich
BE = Berne
LU = Lucerne
UR = Uri
SZ = Schwytz
OW = Obwald
NW = Nidwald
GL = Glaris
ZG = Zoug
FR = Fribourg
SO = Soleure
BS = Bâle-ville
BL = Bâle-campagne
SH = Schaffhouse
AR = Appenzell extérieur
AI = Appenzell intérieur
SG = Saint-Gall
GR = Grisons
AG = Argovie
TG = Turgovie
TI = Tessin
VD = Vaud
VS = Valais
NE = Neuchâtel
GE = Genève
JU = Jura

Bibliographie

Abbott, A. & Hrycak, A. (1990): Measuring resemplance in sequence data: an optimal matching analysis of musicians' careers. American Journal of Sociology **96**, 144-185

Abdesemed, L. (1989): Applications des méthodes d'analyse des données au commerce extérieur de l'Algérie de 1976 à 1985. Thèse de Magister. Alger: USTHB

Agresti, A. (1984): Analysis of ordinal categorical data. New York: John Wiley

Agresti, A. (1990): Categorial data analysis. New York: John Wiley

Alevizos, P. (1990): Analyse factorielle conditionnelle et analyse de la structure. Thèse. Université de Paris

Aluja Banet, T. & Lebart, L. (1984): Local and partial principal component analysis and correspondence analysis. In T. Havránek, Z. Sidak and M. Novák (Eds.), Compstat'84: proceedings in computational statistics [113-118]. Heidelberg: Physica-Verlag

Aluja Banet, T. & Lebart, L. (1985): Factorial analysis upon graph. Bulletin Technique du Centre de Statistique et Informatique Appliquées **3**, 4-34

Balbi, S. (1992): On stability in non symmetric correspondence analysis using bootstrap. Statistica Applicata **4**, 543-552

Balbi, S. & Siciliano, R. (1994): Analisi longitudinale non simmetrica di tabelle di contingenza a tre vie. XXXVII Riunione Scientifica della S.I.S. **1**, 345-356

Baudelot, C. (1990): Aimez-vous les maths? In Actes des 1ères Journées Internationales d'Analyse des Données Textuelles [pp. 13-27]. Barcelona: Servei Publicacions Universitat Politècnica de Catalunya

Baudelot, C. & Establet, R. (1992): Allez les filles! Paris: Seuil

Bedecarrax, C. (1989): Classification Automatique en Analyse Relationnelle: La Quadri-décomposition et ses Applications. Thèse de doctorat. Paris: Université Paris VI

Bedecarrax, C. & Warnesson, I. (1988): Relational analysis and dictionaries. Proceedings of the Fourth International Symposium on Applied Stochastic Models and Data Analysis. Nancy: INRIA

Benali, H. (1987): Données manquantes et modalités à faibles effectifs en analyse des correspondances multiple et conditionnelle. Proceeding of the International Symposium on data analysis and informatics, Versailles [pp. 257-264]. Amsterdam: North Holland

Benali, H. (1989): Analyse statistique spatiale. Application à la mortalité par cancer chez l'homme en France pour la période 1978-1984. Rapport technique du CIRC **7**, 101-114

Benali, H. & Escofier, B. (1988): Smooth factorial analysis and factorial analysis of local differences. In R. Coppi & S. Bolasco (Eds.), Analysis of Multiway Data Matrices [pp. 327-339]. Amsterdam: North Holland

Benali, H. & Escofier, B. (1990): Analyse factorielle lissée et analyse des différences locales. Revue de Statistique Appliquée **38**(2), 55-76

Benzécri, J.-P. (1977): Sur l'analyse des tableaux binaires associés à une correspondance multiple [Bin. Mult.]. Les Cahiers de l'Analyse des Données **2**(1), 55-71

Benzécri, J.-P. (1983): Analyse de l'inertie intraclasse par l'analyse d'un tableau de correspondance [Ana. Interclasse]. Les Cahiers de l'Analyse des Données **8**(3), 351-358

Benzécri, J.P. et al. (Eds.) (1973): L'Analyse des données. Tome 1: La taxinomie. Tome 2: L'Analyse des correspondances. Paris: Dunod

Bilan Formation-emploi (1973): Volume D59 [pp. 102-103]. Paris: INSEE, CEREQ, SEIS

Blossfeld, H.P., Hamerle, A. & Mayer, K.U. (1989): Event history analysis: Statistical theory and applications in the social sciences. Hillsdale, NJ.: Lawrence Erlbaum

Bock, R.D. (1960): Methods and applications of optimal scaling. Resarch Memorandum No. 25. Chapel Hill, NC: The University of North Carolina Psychometric Laboratory

Borkowski, J. (1985): Signs of intelligence: Strategy generalization and metacognition. In S. Yussen (Ed.), The growth of reflection in children [pp. 105-144]. Orlando: Academic Press

Cailliez, F. & Pagès, J.P. (1976): Introduction à l'analyse des données. Paris: SMASH

Carlier, A. (1985): Applications de l'analyse factorielle des évolutions et de l'analyse intra-périodes. Statistique et Analyse des Données 10(1), 27-53

Carlier, A. & Kroonenberg, P.M. (1996): Biplots and decompositions in two-way and three-way correspondence analysis, Psychometrika 61(2), 355-373

Carroll, J.D. (1972): Individual differences and multidimensional scaling. In R.N. Shepard et al. (Eds.), Multidimensional scaling: Theory and applications in the behavioral sciences. Vol. 1. New York: Seminar Press

Carroll, J.D. & Chang, J.J. (1970): Analysis of individual differences in multidimensional scaling via an N-way generalization of "Eckart-Young" decomposition. Psychometrika 35, 283-319

Caussinus, H. (1986): Quelques réflexions sur la part des modèles probabilistes en analyse des données, data analysis and informatics. In E. Diday (Ed.), Data analysis and informatics [pp. 151-165]. Amsterdam: North Holland

Cazes, P. & Moreau, J. (1991): Analysis of a contingency table in which the rows and the columns have a graph structure. In E. Diday and Y. Lechevallier (Eds.), Symbolic-numeric data analysis and learning [pp. 271-280]. New York: Nova Science Publishers

Cazes, P. & Moreau, J. (1995): Tableaux de Burt et tableaux de Condorcet associés à un tableau dont l'un des ensembles I et J est muni d'une partition. Publications de l'Institut de Statistique de l'Université de Paris 39(1), 49-66

Cazes, P., Chessel, D. & Doledec, S. (1988): L'analyse des correspondances interne d'un tableau partitionné: son usage en hydrobiologie. Revue de Statistique Appliquée 46(1), 39-54

Cazes, P., Moreau, J. & Doudin, P.-A. (1994): Etude des variabilités interindividuelles et intra-individuelles dans un questionnaire où toutes les questions ont le même ensemble de modalités. Application à une recherche sur le développement de l'intelligence. Revue de Statistique Appliquée 42(2), 5-25

Chessel, D., Lebreton, J.D. & Yoccoz, N. (1987). Propriétés de l'analyse canonique des correspondances: une illustration en hydrobiologie. Revue de Statistique Appliquée 35(4), 55-77

Choulakian, V. (1988): Analyse factorielle des correspondances de tableaux multiples. Revue de Statisitique Appliquée 36(4), 33-41

Christensen, R. (1997): Log-linear Models and Logistic Regression, 2nd edition, Heideleberg: Springer-Verlag

Cliff, A.D. & Ord, J.K. (1981): Spatial process: Models and applications. London: Pion

Cronbach, L.J. (1951): Coefficent alpha and the internal structure of tests. Psychometrika 16, 297-334

D'Ambra, L. & Lauro, N.C. (1989): Non symmetrical analysis of three-way contingency tables. In R. Coppi and S. Bolasco (Eds.): Multiway Data Analysis [pp. 301-315]. Amsterdam: North Holland

D'Ambra, L. & Lauro, N.C. (1991): Non symmetrical exploratory data analysis. Proceedings of the International Workshop on Multidimensional Data Analysis. Meeting of Dutch & Italian Schools (Anacapri, October 2-5). Curto Editore

D'Ambra, L. & Lauro, N.C. (1992): Analisi in componenti principali in rapporto ad un sottospazio di riferimento. Rivista di Statistica Applicata 1, 511-529

Daudin, J.-J. & Trécourt, P. (1980): Analyse factorielle des correspondnces et modèle log-linéaire: comparaison des deux méthodes sur un exemple. Revue de Statistiques Appliquées 28, (1), 5-24

de Leeuw, J. (1973): Canonical Analysis of Categorical Data. Leiden: Department of Data Theory (Reissued by DSWO Press, Leiden, in 1984)

de Leeuw, J. & van der Heijden, P.G.M. (1991): Reduced rank models for contingency tables. Biometrika 78, 239-242

de Leeuw, J. & van Rijckevorsel, J.L.A. (1980): HOMALS and PRINCALS: Some generalizations of principal components analysis. In E. Diday, L. Lebart, J.P. Pagès and R. Tomassone (Eds.), Data analysis and informatics [pp. 231-241]. Amsterdam: North Holland

de Leeuw, J., van der Heijden, P.G.M. & Kreft, I. (1985): Homogeneity analysis of event history data. Methods of Operations Research 50, 299-316

de Ribaupierre, A., Rieben, L. & Lautrey, J. (1991): Developmental change and individual differences: A longitudinal study using piagetian tasks. Genetic, Social and General Psychology Monographs 111(3), 285-311

Denimal, J.-J. (1992): Analyse factorielle des interactions de k partitions prises 2 à 2 (vol. 27). Lille: IRMA

Denimal, J.-J. (1994a): Analyse des interactions entre k partitions prises 2 à 2. Théorie et application en biologie. Revue de Statistique Appliquée 42(1), 19-40

Denimal, J.-J. (1994b): Application de l'analyse interne multiple à l'étude d'un tableau de contingence à 3 entrées. Revue de Statistique Appliquée 42(4), 25-37

Deville, J.-C. (1982): Analyse de données chronologiques qualitatives: comment analyser des calendriers? Annales de l'INSEE 45, 45-104

Deville, J.-C. & Saporta, G. (1980): Analyse harmonique qualitative. In E. Diday, L. Lebart, J.P. Pagès and R. Tomassone (Eds.), Data analysis and informatics [pp. 375-389]. Amsterdam: North Holland

Deville, J.-C. & Saporta, G. (1983): Correspondence analysis, with an extension towards nominal time series. Journal of Econometrics 22, 169-189

Doledec, S. & Chessel, D. (1987): Description d'un plan d'observation complet par projections des variables. Acta Oecologica; Oecologia Generalis 8(3), 403-426

Doudin, P.-A. (1992): Une comparaison de sujets de 11-13 ans avec et sans difficultés scolaires: variabilité intra- et interindividuelle du niveau d'acquisitions opératoires. Bulletin de Psychologie 45(404), 47-55

Doudin, P.-A., Martin, D. & Albanese, O. (Eds.) (1999): Métacognition et éducation. Berne: Peter Lang

Droesbeke, J.J., Fichet, B. & Tassi, Ph. (1992): Modèles pour l'analyse des données multidimensionnelles. Paris: Economica

Eckart, C. & Young, G. (1936): The approximation of one matrix by another of lower rank. Psychometrika 1, 211-218

Eckart, C. & Young, G. (1939): A principal axis transformation for non-hermitian matrices. Bulletin of the American Mathematic Association 45, 118-121

Escofier, B (1983a): Généralisation de l'analyse des correspondances à la composition des tableaux de fréquences. Rennes: IRISA (publication interne no 190)

Escofier, B. (1983b): Analyse de la différence entre deux mesures définies sur le produit de deux mêmes ensembles. Cahier de l'Analyse des Données 8(3), 325-329

Escofier, B. (1984): Analyse factorielle en référence à un modèle. Application au traitement des tableaux d'échanges. Revue de Statistique Appliquée 32(4), 25-36

Escofier, B. (1987): Analyse des correspondances multiples conditionnelles. In E. Diday (Ed.), Data Analysis and Informatics [pp. 13-22]. Amsterdam: North Holland

Escofier, B. (1989): Multiple correspondence analysis and neighbouring relation. In E. Diday (Ed.), Data Analysis, learning symbolic and numeric knowledge [pp. 55-62]. New York: Nova Science Publisher

Escofier, B. & Benali, H. (1990): Analyse factorielle lissée et analyse factorielle des différences locales. Revue de Statistique Appliquée 38(2), 55-76

Escofier, B. & Pagès, J. (1988): Analyses factorielles simples et multiples. Objectifs, méthodes et interprétation. Paris: Dunod

Escoufier, Y. (1985): L'analyse des correspondances: ses propriétés et ses extensions. Bulletin of the International Statistical Institute 4, 2-28

Escoufier, Y. (1988): Behond correspondence analysis. In H.H. Bock (Ed.), Classification and related methods of data analysis [pp. 505-514]. Amsterdam: North Holland

Gallego, F.G. (1982): Codage flou en analyse des correspondances. Les Cahiers de l'Analyse des Données 7(4), 413-430

Garcia, H. & Proth, J.M. (1985): Group technology in production management. Journal of Applied Stochastic Models and Data Analysis 1(1), 25-35

Gibello, B. (1983): Dysharmonie cognitive, intelligence et psychopathie: étude différentielle sur une population de 126 cas. Bulletin de Psychologie 36(359), 457-468

Gifi, A. (1990): Non-linear multivariate Analysis. New York: John Wiley

Gilula, Z. & Haberman, S.J. (1986): Canonical analysis of contingency tables by maximum likelihood. Journal of the American Statistical Association 81, 780-788

Gilula, Z. & Haberman, S.J. (1988): The analysis of multivariate contingency tables by restricted canonical and restricted association models. Journal of the American Statistical Association 83, 760-771

Goodman, L.A. (1985): The analysis of cross-classified data having ordered and/or unordered categories: association models, correlation models and asymmetry models for contingency tables with or without missing entries. The Annals of Statistics 13, 10-69

Goodman, L.A. (1986): Some useful extensions to the usual correspondence analysis approach and the usual log-linear approach in the analysis of contingency tables: International Statistical Review 54, 243-270

Goodman, L.A. & Kruskal, W.H. (1954): Measures of association for cross classifications. Journal of American Statistical Association 49, 732-764

Gray, L.N. & Williams, J.S. (1975): Goodman and Kruskal's tau b: multiple and partial analogs. Proceedings of the American Statistical Association, 444-448

Greenacre, M.J. (1984): Theory and applications of correspondence analysis. London: Academic Press

Greenacre, M.J. (1989): The Carroll-Green-Schaffer scaling in correspondence analysis: A theoretical and empirical appraisal. Journal of Marketing Research 26, 358-365

Greenacre, M.J. (1993): Correspondence analysis in practice. London: Academic Press

Guttman, L. (1941): The quantification of a class of attributes: A theory and method of scale construction. In The Committee on Social Adjustment (Ed.), The prediction of personal adjustment [pp. 319-348]. New York: Social Science Research Council

Guttman, L. (1946): An approach for quantifying paired comparison and rank order. Annals of Mathematical Statistics 17, 144-163

Guttman, L. (1950): The utility of scalogram analysis. In S.A. Souffer, L. Guttman, E.A. Suchman, P.F. Lazarsfeld, S.A. Star and J.A. Clausen (Eds.), Measurement and prediction [pp. 122-171]. Princeton, NJ: Princeton University Press

Harshman, R.A. (1970): Foundations of the PARAFAC procedure: models and conditions for an "explanatory" multi-modal factor analysis. UCLA Working Papers in Phonetics 16, 1-84

Hayashi, C. (1950): On the quantification of qualitative data from the mathematico-statistical point of view. Annals of the Institute of Statistical Mathematics 2, 35-47

Hayashi, C. (1952): On the prediction of phenomena from qualitative data and the quantification of qualitative data from the mathematico-statistical point of view. Annals of the Institute of Statistical Mathematics 3, 69-98

Hayashi, C. (1976): Minimum Dimension analysis MDA-OR and MDA-UO. In S. Ikeda et al. (Eds.), Essays in Probability and Statistics [pp. 395-412]. Tokyo: Shinko Tsusho

Heiser, W.J. (1981): Unfolding analysis of proximity data. Doctoral Dissertation. Leiden: University of Leiden

Hirschfeld, H.O. (1935): A connection between correlation and contingency. Proceedings of the Cambridge Philosophical Society 31, 520-524

Hotelling, H. (1936): Relations between two sets of variates. Biometrika 28, 321-377

Hudon, G. (1990): Une comparaison des résultats de modèles log-linéaires et de généralisation de l'analyse des correspondances. Revue de Statistiques Appliquées 38(2), 43-53

Husain, O., Moutinot, F., Speierer, D., Spira, A., de Ribaupierre, A. & Rieben, L. (1986): Analyse d'une épreuve d'image mentale chez des adolescents présentant des difficultés d'apprentissage scolaire. International Review of Applied Psychology 35, 463-488

Iglesias A. (1975): Contribution à l'analyse des tableaux de distances et de similarités. Applications à la biologie. Thèse de doctorat de 3ème cycle. Université de Lyon 1

Israëls, A.Z. (1987): Eigenvalue techniques for qualitative data. Leiden: DSWO Press

Israëls, A.Z. et al. (1982): Multivariate analysis methods for discrete variables. Metron 40, 193-212

Iwatsubo, S. (1987): Foundation of Quantification methods. Tokyo: Asakura- Shoten (en japonais)

Kazmierczack, J.B. (1985): Analyse logarithmique: deux exemples d'application. Revue de Statistique Appliquée 1, 13-24

Komazawa, T. (1978): Foundations of Multiway data analysis. Tokyo: Asakura- Shoten (en japonais)

Komazawa, T. (1982): Quantification theory and data analysis. Tokyo: Asakura- Shoten (en japonais)

Kretschmer, E. (1955): Körperbau und Character: Untersuchungen zum Konstitutionsproblem und zur Lehre von der Temperamenten. Heidelberg: Springer

Kroonenberg, P.M. (1983): Three-Mode Principal Component Analysis. Leiden: DSWO Press

Kuhn, M.H. & McPartland, T.S. (1954). An empirical investigation of self-attitudes. American Sociological Review 19, 68-75

Lancaster, H.O. (1958): The structure of bivariate distributions. Annals of Mathematical Statistics 29, 719-736

Lauro, N.C. & Balbi, S. (1994): The analysis of structured qualitative data. In A. Rizzi (Ed.), Some relations between matrices and structures of multidimensional data analysis [pp. 53-92]. Pisa: Giardini Editori e Stampatori

Lauro, N.C. & D'Ambra, L. (1984): L'analyse non symétrique des correspondances. In E. Diday et al. (Eds.): Data Analysis and Informatics III [pp. 433-446]. Amsterdam: North Holland

Lauro, N.C. & Siciliano, R. (1989): Exploratory methods and modelling for contingency tables analysis: an integrated approach. Statistica Applicata. Italian Journal of Applied Statistics 1, 5-32

Lautrey, J., de Ribaupierre, A. & Rieben, L. (1986): Les différences dans la forme du développement cognitif évalué avec des épreuves piagétiennes: une application de l'analyse des correspondances. Cahiers de Psychologie Cognitive 6(6), 575-613

Lautrey, J., de Ribaupierre, A. & Rieben, L. (1990): L'intégration des aspects génétiques et différentiels du développement cognitif. In M. Reuchlin, F. Longeot, C. Marendaz and T. Ohlmann (Eds.), Connaître différemment [pp. 181-208]. Nancy: Presses Universitaires de Nancy

Le Foll, Y. (1982): Pondérations des distances en analyse factorielle. Statistique et Analyse des Données 1, 13-31

Lebart, L. (1969): Analyse statistique de la contiguïté. Publication de l'Institut de Statistique de l'Université de Paris 18, 81-112

Lebart, L. (1984): Correspondance analysis of graph structure. Bulletin Technique du Centre de Statistique et Informatique Appliquées 3, 5-19

Lebart, L. & Salem, A. (1994): Statistique Textuelle. Paris: Dunod

Lebart, L., Morineau, A. & Tabard, N. (1977): Techniques de la description statistique: méthodes et logiciels pour l'analyse des grands tableaux. Paris: Dunod

Lebart, L. Morineau, A. & Warwick, K.M. (1984): Multivariate descriptive statistical analysis. New York: John Wiley

Lebart, L. Morineau, A. & Piron, M. (1995): Statistique exploratoire multidimensionnelle. Paris: Dunod

Lebreton, J.D., Chessel, D., Prodon, R. & Yoccoz, N. (1988a): L'analyse des relations espèces-milieu par l'analyse canonique des correspondances. Variables de milieu quantitatives. Acta Oecologica; Oecologia Generalis 9(1), 53-67

Lebreton, J.D., Chessel, D., Richardot-Coulet, M. & Yoccoz, N. (1988b): L'analyse des relations espèces-milieu par l'analyse canonique des correspondances. Variables de milieu qualitatives. Acta Oecologica; Oecologia Generalis 9(2), 137-151

Lerman, I.C. (1979): Les représentations factorielles de la classification. R.A.I.R.O 13, 2-3

Light, R.J. & Margolin, B.H. (1971): An analysis of variance for categorical data. Journal of the American Statistical Association 66, 534-544

Lombardo, R., Carlier, A. & D'Ambra, L. (1996): Nonsymmetric correspondence analysis for three-way contingency tables, Methodologica

Lord, F.M. (1958): Some relations between Guttman's principal components of scale analysis and other psychometric theory. Psychometrika 23, 291-296

Marcotorchino, F. (1987): Block seriation problems: A unified approach. Journal of Applied Stochastic Models and Data Analysis 3(2), 73-91

Marcotorchino, F. (1989): L'analyse factorielle-relationnelle. Partie I et II. Etude MAP 003. Paris: Centre Européen de Mathématiques Appliquées

Marcotorchino, F. (1991): L'analyse factorielle-relationnelle: Parties I et II. Etude MAP-03. Paris: Centre Européen de Mathématiques Appliquées

Marcotorchino, F. & Michaud, P. (1978): Optimisation en analyse ordinale des données. Paris: Masson

Markus, M.Th. (1994): Bootstrap confidence regions in nonlinear multivariate analysis. Leiden: DSWO Press

Martens, B. (1994): Analyzing event history data by cluster analysis and multiple correspondence analysis: an example using data about work and occupations of scientists and engeneers. In M. Greenacre and J. Blasius (Eds.), Correspondence analysis in the social sciences [pp. 233-251]. London: Academic Press

Mártìnez, M., Bécue, M. & Iñìguez, L. (1988): Réflexion sur une méthode d'approche de l'identité à l'adolescence: l'analyse automatique de contenu. In Actes du Colloque Européen "Construction et Fonctionnement de l'identité" [pp. 67-76]. Aix-en-Provence: CREPCO

Maung, K. (1941): Measurment of association in contingency table with special reference to the pigmentation of hair and eye colours of Scottish school children. Annals of Eugenics 11, 189-223

Meester, A. & de Leeuw, J. (1983): Intelligence, social milieu and the school career. Leiden: Department of Data Theory (en hollandais)

Messatfa, H. (1990): Unification relationnelle des critères et structures de contingences. Thèse de doctorat. Paris: Université de Paris VI

Meulman, J. (1982): Homogeneity analysis of incomplete data. Leiden: DSWO Press

Michaud, P. (1987): Condorcet, a man of avant-garde. Journal of Applied Stochastic Models and Data Analysis 3(3), 173-191

Michaud, P. (1989): Agrégation à la majorité 4: nouveaux algorithmes de résolution. Paris: Etude du Centre Scientifique IBM France (F113)

Mola, F. & Siciliano, R. (1996): Visualizing data in tree-structured classification, IFCS 96 Proceedings. Heidelberg: Physica Verlag

Moreau, J. (1990): Tableaux, blocs et graphes. Lausanne: CVRP

Moreau, J. (1992): Analyse de données structurées par des graphes: cas de l'analyse des correspondances. Thèse de doctorat. Lausanne: EPFL

Morineau, A., Nakache, J.P. & Krzyzanowsky, C. (1996): Le modèle log-linéaire et ses applications (la procédure LOGI de SPAD.N). Saint-Mandé (France): CISIA-CERESTA

Nishisato, S. (1972): Optimal scaling and its generalizations: Methods, measurement and evolution of categorical data. Technical report no 1. Toronto: Department of measurement and evaluation. The Ontario Institute for Studies in Education

Nishisato, S. (1975): Psychological scaling: Analysis and interpretation of qualitative data. Tokyo: Seishin Shabo (en japonais)

Nishisato, S. (1978): Optimal scaling of paired comparison and rank order data. An alternative to Guttman's formulation. Psychometrika 43, 263-271

Nishisato, S. (1980a): Analysis of categorical data: Dual scaling and its applications. Toronto: University of Toronto Press

Nishisato, S. (1980b): Dual scaling of successive categories data. Japanese Psychological Research 22, 134-143

Nishisato, S. (1982): Quantification of qualitative data. Tokyo: Askura-Shoten (en japonais)

Nishisato, S. (1984a): Forced classification: A simple application of a quantification technique. Psychometrika 49, 25-36

Nishisato, S. (1984b): Questionnaire "as compared with an average person..." Unpublished workshop handout

Nishisato, S. (1986): Generalized forced classification for quantifying categorial data. In E. Diday (Eds.), Data analysis and informatics [pp. 351-362]. Amsterdam: North Holland

Nishisato, S. (1988): Forced classification procedure of dual scaling: Its mathematical properties. In H.H. Bock (Ed.), Classification and related methods of data analysis [pp. 523-532]. Amsterdam: North-Holland

Nishisato, S. (1993): On quantifying different types of categorial data. Psychometrika **58**, 617-629

Nishisato, S. (1994): Elements of dual scaling: An introduction to practical data analysis. Hillsdale, NJ.: Lawrence Erlbaum

Nishisato, S. & Nishisato. I. (1984): DUAL3 Statistical software series. Toronto: MicroStats

Nishisato, S. & Nishisato. I. (1994): Dual scaling in a nutshell. Toronto: MicroStats

Nishisato, S. & Sheu, W.J. (1984): A note on dual scaling of successive categories data. Psychometrika **49**, 493-500

OFS (1995). Les indicateurs de l'enseignement en Suisse. Berne: OFS

Paour, J.-L., Jaume, J. & de Robillard, O. (1995): De l'évaluation dynamique de l'éducation cognitive: repères et questions. In F.-P. Büchel (1995), L'éducation cognitive [pp. 47-102]. Neuchâtel et Paris: Delachaux et Niestlé

Piaget, J. & Inhelder, B. (1941, 4e édition, 1978): Le développement des quantités physiques chez l'enfant. Neuchâtel et Paris: Delachaux & Niestlé

Piaget, J. & Inhelder, B. (1948, 2e édition, 1973): La géométrie spontanée de l'enfant. Paris: PUF

Pontier, J. & Normand, M. (1992): A propos de généralisations de l'analyse canonique. Revue de Statistique Appliquée **40**(1), 57-75

Pontier, J., Dufour, A.-B. & Normand, M. (1990): Le modèle euclidien en analyse des données. Bruxelles: Editions de l'Université de Bruxelles, Editions Ellipses

Rao, C.R. (1964): The use and interpretation of Principal Component Analysis in applied research. Sankhya, A 26.4, 329-358

Reuchlin, M. (1964): L'intelligence: conception génétique opératoire et conception factorielle. Revue Suisse de Psychologie **23**, 113-134

Rezvani, A., Doyon, F. & Flamant, R. (1986): Statistiques de santé. Atlas de mortalité par cancer en France. Paris: INSERM

Richardson, M. & Kuder, G.F. (1933): Making a rating scale that measures. Personnel Journal **12**, 36-40

Rieben, L., de Ribaupierre, A. & Lautrey, J. (1983): Le développement opératoire de l'enfant entre 6 et 11 ans. Elaboration d'un instrument d'évaluation. Paris: CNRS

Rieben, L., de Ribaupierre, A. & Lautrey, J. (1986): Une définition structuraliste des formes du développement cognitif: un projet chimérique? Archives de Psychologie **54**, 95-123

Rouanet, H. & Le Roux, B. (1993): Analyse des données multidimensionnelles. Paris: Dunod

Sabatier, R. (1987a): Analyse factorielle de données structurées et Métriques. Statistique et Analyse des Données **12**(3), 75-96

Sabatier, R. (1987b): Méthodes factorielles en analyse des données. Approximation et prise en compte de variables concomitantes. Thèse d'Etat. Montpellier: Université de Montpellier

Salem, A. (1987): Pratique des Segments répétés: Essai de statistique textuelle. Paris: Klincksieck

Saporta, G. (1979): Théories et méthodes de la statistique. Paris: Technip

Saporta, G. (1981): Méthodes exploratoires d'analyse de donnéees temporelles. Thèse de doctorat. Paris: Université Pierre et Marie Curie

Saporta, G. (1985): Data analysis for numerical and categorical individual time-series. Applied Statchastic Models and Data Analysis **1**, 109-119

Schriever, B.F. (1983): Scaling of order dependent categorical variables with correspondence analysis. International Statistical Review **51**, 225-238

Schriever, B.F. (1986): Order dependence. CWI Tract 20. Amsterdam: Mathematisch Centrum

Siciliano, R. (1990): Asymptotic distribution of eigenvalues and statistical tests in non symmetric correspondence analysis. Statistica Applicata. Italian Journal of Applied Statistics **2-3**, 259-276

Siciliano, R. (1992): Reduced-rank models for dependence analysis of contingency tables. Statistica Applicata. Italian Journal of Applied Statistics **4**, 481-502

Siciliano, R. & Mooijaart, A. (1995): Three-Factor Association Models for Three-Way Contingency Tables, Leiden Psychological Reports, Psychometrics and Research Methodology, PRM 2. Leiden: Leiden University

Siciliano, R. & van der Heijden, P.G.M. (1994): Simultaneous latent budget analysis of a set of two-way tables with constant-row-sum data. Metron **53**(1-2), 155-180

Siciliano, R., Lauro, N.C. & Mooijaart, A. (1990): Exploratory approach and maximum likelihood estimation of models for non symmetrical analysis of two-way multiple contingency tables. In K. Momirovi and V. Mildner (Eds), Compstat'90: proceedings in computational statistics [157-162]. Heidelberg: Physica-Verlag

Siciliano, R., Mooijaart A. & van der Heijden, P.G.M. (1990): Non symmetric correspondence analysis by maximum likelihood. Technical Report - PRM 05-90: Leiden: University of Leiden

Siciliano, R., Mooijaart, A. & van der Heijden, P.G.M. (1993): A probabilistic model for non symmetric correspondence analysis and prediction in contingency tables. Journal of Italian Statistical Society **2**(1), 85-106

Slater, P. (1960): The analysis of personal preferences. British Journal of Statistical Psychology **3**, 119-135

SPAD.N (1989): Système portable d'analyse des donnés numériques. Saint-Mandé (France): Centre International de Statistique et d'Informatique Appliquées

Takane, Y. (1980): Analysis of categorizing behavior. Behaviormetrika **8**, 75-86

Takane, Y., Yanai, H. & Mayekawa, S. (1991): Relationships among several methods of linearly constrained correspondence analysis. Psychometrika **56**(4), 667-684

Taris, T.W. (1994) Analysis of career data from a life-course perspective. Bussum, thèse de doctorat

Tenenhaus, M. (1994): Méthodes statistiques en gestion. Paris: Dunod

Tenenhaus, M. & Young, F.W. (1985): An analysis and synthesis of multiple correspondence analysis, optimal scaling, dual scaling, homogeneity analysis and other methods for quantifying categorical multivariate data. Psychometrika **50**(1), 91-119

Ter Braak, C.J.F. (1986): Canonical correspondence analysis: a new eigenvector technique for multivariate direct gradient analysis. Ecology **67**(5), 1167-1179

Ter Braak, C.J.F. (1987): The analysis of vegetation-environment relationships by canonical correspondence analysis. Vegetatio **69**, 69-77

Todd, E. (1981): L'invention de l'Europe. Paris: Seuil

Tucker, L.R. (1960): Intra-individual and interindividual multidimensionality. In H. Gulliksen and S. Messick (Eds.), Psychological Scaling. New York: John Wiley

Valois, J.-P. & Benali, H. (1995). La mortalité par cancer en France: contribution à l'interprétation des résultats. Rapport interne. Direction de Recherche Technologique et Environnement, Elf Aquitaine, France

van Buuren, S. & de Leeuw, J. (1992): Equally constraints in multiple correspondence analysis. Multivariate Behavioral Reserach **27**, 567-583

van Buuren, S. & van Rijckevorsel, J.L.A. (1992): Imputation of missing categorical data by maximizing internal consistency. Psychometrika **57**, 567-580

van der Heijden, P.G.M. (1987): Correspondence analysis of longitudinal categorical data. Leiden: DSWO Press

van der Heijden, P.G.M., de Falguerolles A., de Leeuw, J. (1989): A combined approach to contingency table analysis with correspondence analysis and log-linear analysis (with discussion). Applied Statistics **38**, 249-292 van der Heijden, P.G.M. & de Leeuw, J. (1989): Correspondence analysis, with special attention to the analysis of panel data and event history data. In C.C. Clogg (Ed.), Sociological Methodology [pp. 43-87]. Oxford: Basil Blackwell

van der Heijden, P.G.M. & Escofier, B. (1988): Multiple correspondence analysis with missing data. Rennes: IRISA (publication interne no. 423)

van der Heijden, P.G.M. & van den Brakel, J. (1993): Three data reduction methods for the analysis of time budgets. In ISTAT (Ed.), Time use methodology: Towards consensus [pp. 151-159]. Roma: ISTAT

van der Heijden, P.G.M., Mooijaart, A. & de Leeuw, J. (1992): Constrained latent budget analysis. In P. Marsden (Ed.): Sociological Methodology [pp. 279-320]. Cambridge: Blackwell

van Rijckevorsel, J.L.A. (1986): About horseshoes in multiple correspondence analysis. In W. Gaul and M. Schrader (Eds.), Classification as a tool of research [pp. 377-388]. Amsterdam: North Holland

van Rijckevorsel, J.L.A. & de Leeuw, J. (1979). An outline to PRINCALS. Leiden: University of Leiden

van Rijckevorsel, J.L.A. & de Leeuw, J. (1988) (Eds.): Component and Correspondence Analysis. Dimension reduction by functional approximation. New York: John Wiley

Worsley, K.J. (1987): Un exemple d'identification d'un modèle log-linéaire grâce à une analyse des correspondances. Revue de Statistiques Appliquées 35(3), 13-20

Yamaguchi, K. (1991): Event history analysis. Newbury Park, CA: Sage

Young, F.W. (1981): Quantitative analysis of qualitative data. Psychometrika 46, 357-388

Index des matières

Index des auteurs

Printing: Druckhaus Beltz, Hemsbach
Binding: Buchbinderei Schäffer, Grünstadt